地球温暖化論への挑戦

薬師院仁志
yakushiin hitoshi

はじめに

ネットワーク「地球村」なる組織の代表を務める高木善之氏という人がいる。「年間三〇〇回の公演やテレビ・ラジオ出演を通じて、地球環境の深刻な実態を伝える」という活動を行い、「ブラジル地球サミット、モントリオール会議、グローバルフォーラムなどに出席」してきた人だそうである。彼は、自らの著書の中で、地球温暖化等の環境問題に対して強い警告を発している。何度も版を重ねた――要するによく売れた――その書物は、次のような書き出しで始まっているのである。

ある宗教団体が大きな社会問題になっています。「ハルマゲドン（世界の破局）の時、自分たちだけが助かる」と信じ、理解しがたい行動をしているとのことです。多くの人がその異常さに驚いていますが、でも異常なのは彼らだけでしょうか。……私たちは大量消費と大量廃棄を続けています。冷静にこの事実を眺めるならば、「経済は無限に成長を続けなければならない」という妄想を抱いた巨大宗教『モア・アンド・モア教』の姿が浮かび上がってくるのではないでしょうか。世界中の人々が同じことをすれば、一発で地球がダメになるほどのぜいたくを続けながら、「もっと豊かに、もっと便利に」と願って、ハルマゲドンに向かって突っ走っている私たち自身が、その信者であり、幹部なのではないでしょうか。……私たちにはまだチャンスがあります。

しかし、最後のチャンスなのです。手遅れにならないうちに私たちが変わることができれば、子どもたちに美しい地球を残すことができるのです。それは、〝もっと、もっと！〟のマインドコントロールから脱することです[†1]。

この文章は、明らかに、オウム真理教（アレフと改称）のことを念頭において書かれたものであろう。言うまでもなく、オウム真理教とは、ハルマゲドン（人類最終戦争）がやってくるなどという根拠不明の予言を盲信し、人類救済計画と称して、とんでもない事件を引き起こした集団である。ところで、オウム真理教は、なぜ驚くほど異常だと言われたのであろうか。無差別殺人や拉致監禁、あるいは金品詐取といった犯罪ならば、何もオウム事件だけがそれほど大規模であったわけではないであろう。オウム信者たちが異常だと言われた理由は、殺した人数や罪状の凶悪さばかりではないのである。むしろ、異常性が感じられたのは、犯罪行為を犯すに至った動機や思考や心理の方であろう。つまり、教祖の発した根拠不明の予言を疑うことなく盲信してしまった点に、多くの人々が強烈な異常性を感じ取ったのである。教祖の予言に対するひとかけらの批判的熟慮もなしに、すなわち、それがどのような根拠に基づくのか、論理的な整合性はあるのか、事実認定は正確なのかといったことを何ら深慮することなしに、ハルマゲドンなどという人類的規模の危機の到来を盲信してしまったことが、部外者にとっては信じがたいことだったのである。そして、われわれがこの信じがたい事態を何とか解釈しようとするならば、オウム信者たちが巧妙な「マインド・コントロール」を受けているのだと考える他はなかった。マインド・コントロールによって正常な思考が阻害されていたがために、根拠不明の予言を正しいと思い込まされてしまったというわけである。だが、これらのことを異常事態であると言うのなら、異常なのはオウム信者たちだけであろうか。

現在、多くの人々が、人為的地球温暖化という人類的規模の危機が到来することに不安を覚えている。実際、地球温暖化防止京都会議の前に総理府が行った世論調査（一九九七年九月二七日発表）を見ても、地球温暖化を「心配だ」という回答が八二％を超えているのである。[†2]また、アメリカのブッシュ政権が京都議定書への不支持を表明した際（二〇〇一年）にも、各方面から多くの非難が浴びせられ、新聞の投書欄にも次のような読者の声が掲載されたのである。

……二酸化炭素の大量排出が続けば、温室効果による気温の上昇が進みます。海面水位上昇による土地の喪失、豪雨や干ばつ、砂漠化の進行、生態系の破壊、熱帯性の感染症の発生など、地球規模の環境破壊が加速します。……世界は環境問題で日本が国際的な主導権を発揮することを望んでいます。今こそ日本が世界に貢献できるチャンスではないでしょうか。[†3]

要するに、二酸化炭素の人為的大量排出が続けば、まさにハルマゲドン級の危機が到来するというわけだ。そして、言わば人類救済計画の実現のために、世界に率先して日本が行動を起こさねばならないというのである。ところで、この投稿者、およびそれを掲載した編集者は、何を根拠にこのような断定を行うのであろうか。なぜ二酸化炭素の大量排出によって気温が上がるのか。二酸化炭素分子の変角振動や伸縮振動についての知っての上の断定であろうか。さらに、なぜ二酸化炭素が増加すれば豪雨や干ばつが起こるのか。なぜ砂漠化まで進行するのか……。気象学や地球物理学や地質学や天文学や海洋学等を厳密に吟味した上で断定しているのだろうか。知識の量が少ないのではないかと非難しているのではない。かく言う私にしたって、一般庶民の一人であり、素人レベルの知識しか持ちあわせていないことには変わりない。逆に、だからこそ、なぜ断定できるのか、その根拠が分からないのである。少なくとも、多くの一般読者にとって、なぜ二酸化炭素の人為的排出がそのような危機的事態を招くのか、科学的にはさっぱり理解できないに違いない。にもかかわらず、このような見解が大新聞の紙面を飾っているのだ。この種の見解は、単に一投稿者の特殊意見ではない。なぜなら、先に紹介した世論調査の結果にも表れているように、地球温暖化を心配している者の方が、世間では圧倒的に多数派を占めているからである。

世間の八割以上の者が気象学や気候変動論等に精通しているとは、とても考えにくい。となれば、多くの人々は、自分では根拠がさっぱり分からないことを信じ、心配していることになる。それがどのような根拠に基づくのか、論理的な整合性はあるのか、事実認定は正確なのかといったことを何ら深慮することなしに、地球温暖化という人類的規模の危機の到来を心配しているというわけである。もちろん、このまま温室効果ガスを排出し続ければ地球が温暖化することは、ＩＰＣＣ（気候変動に関する政府間パネル）によって予言されているではないか、という反論もあるかもしれない。だが、なぜＩＰＣＣの予言が正しいと断言できるのか、そのメンバーの誰を信頼しているのか、その信頼の根拠は何なのか。少なくとも、圧倒的大多数の一般市民は、それに答えることができないであろう。どこの誰でどのような人物なのか全く知らない人の言うことを信じるというのであれば、それこそまさに盲信に他ならない。その盲信は、自分が直接知っている教祖の予言を信じることより、はるかに重症であろう。つまるところ、ＩＰＣＣを御本尊のごとく持ち出したところで、少なくとも一般市民にとって、その予言に対する信頼は根拠無視の信仰の域をほとんど出ていないということなのである。

昨今の新聞紙面には、二酸化炭素等の人為的排出によって地球が温暖化することをすでに自明視したような記事が相次いでいる。たとえば、「地球温暖化は防げるか」、「温暖化防止の後退はＮＯ」、「温暖化防止へ市民率先」、「CO_2減らそう出前講座」、「すごろくで学ぶ温暖化防止策」、「温暖化どうなるどうする・早めの一手が地球を救う」等々と題された記事や論説が、ここ数年、きわめて頻繁に掲載されているのである。

新聞だけではない。単行本を見ても雑誌の特集号を見ても、『地球温暖化への挑戦』、『地球温暖化を防ぐ』、『地球温暖化日本はどうなる?』、『地球が熱くなる』、『熱くなる地球』、『地球は救えるか2：温暖化防止へのシナリオ』、『地球温暖化とCO_2の恐怖』、『地球温暖化の時代』、『地球温暖化で何が起こるか』、『温暖化を防ぐ快適生活』、『しのびよる地球温暖化』、『地球温暖化対策と環境税』、『CO_2ダブル』、『よくわかる地球温暖化問題』、『地球温暖化防止に向けたアクション』、『地球温暖化防止政策の課題』、『CO_2——どうすれば減らせるか』……といった題名を冠した出版物が、次々と刊行されているのである。しかも——もちろん例外もあるが——これらの書物の多くは、温暖化そのものを論証する科学的な解説部分が非常に少ないのだ。[†4] 論証や検討を放棄して、ただ単にＩＰＣＣ報告の受け売りだけで終わっている書物も少なくない。たとえば、『よくわかる地球温暖化問題』と題された二二九頁にわたる書物の中で、地球温暖化自体の科学的メカニズムを取り上げているのは、以下に引用する数行だけなのである。

> 太陽から届くエネルギーは、地表面に達して海や陸を暖めたり植物に取り込まれたりする。暖められた地表面からは赤外線が大気中に放射される。この赤外線が温室効果ガスに吸収され、吸収された熱の一部が再び下向きに放射され地表を暖める。これが「温室効果」である。地球を被う温室のビニールの役目をしているのが温室効果ガスである。これらの気体が全く存在しなければ、地球の平均気温は今よりずっと低いマイナス一八℃になる。このように温室効果ガスが適度にあることは、地球の生態系にとって必要なことである。地球上には大量の炭素があり、大気中ではCO_2として存在している。この炭素は人間活動で排出されるほか、自然界からも排出され、その多くは森林や海洋に貯蔵され、その一部はまた大気に放出されて循環している。地球上の炭素循環はこうした微妙なバランスのもとに成り立ってきた。ところが、近年、人間活動によってCO_2をはじめとする温室効果ガスの排出が急激に増加して自然のバランスを崩している。人間

活動による温室効果ガス排出の急増によって温室効果ガスの大気中濃度が増加し、温室効果が強くなることで引き起こされる気温の上昇を「地球温暖化」という。つまり、現在進行している「地球温暖化」は自然の現象ではなく、人間の活動が引き起こしている問題なのである。[†5]

ここには、高校で習う地学の初歩を超える科学的知見は何もない。たったこれだけの説明の上に、地球温暖化による影響や被害、温暖化対策の国際条約、あるいは温暖化防止のための方策等々が、以後二〇〇頁以上にわたって延々と書かれているのである。だいたい、「温室効果ガス排出の急増によって温室効果ガスの大気中濃度が増加し、温室効果が強くなることで引き起こされる気温の上昇を『地球温暖化』という」などといった、単純かつ同語反復的な説明で、人類全体に関わる危機を納得せよとでも言うのだろうか。いずれにせよ、ここでもまた、人為的活動による地球温暖化自体はすでに自明なことで、多くの頁を割く必要などないという姿勢が見て取れる。極端な場合、いきなり「地球温暖化が次の世紀の最も深刻な環境的脅威の一つであることはまちがいない」[†6]という断定で始まり、科学的な原因論は一切無視されていたりすることさえある。

われわれの周りでは、新聞、テレビ、雑誌、書物などのメディアが、連日のように地球温暖化問題についての情報を発信し続けている。このような、温暖化問題に関する情報洪水のごとき状況下で、多くの人々は、科学的根拠も理論もデータもほとんど知らないまま、人為的活動によって地球温暖化が生じるのだと、いつの間にか思い込むようになっているのではないだろうか。ここで問いかけているのは、地球温暖化がホントかウソかといった、単純な二分法的問題ではない。そうではなくて、本質的な問題は、よく考えてみればホントかウソか自分では見当もつかない大問題に関して、自ら熟考することなく勝手にホントだと決めつけ、思い込まされてしまっているという事態なのである。冷静にこの事実を眺めるならば、飽くなき豊かさを追求しようとする人たちに対して、「『もっと、もっと！』のマインドコントロール」を受けているなどと指弾できるであろうか。

かつて、オウム信者たちは、〝世間の人々はマスコミにマインド・コントロールされている〟としきりに主張していた。そして、〝目を覚まして！〟と絶叫していた。一方、地球温暖化論の権威、シュナイダー氏は、「ぐずぐずしていては、取返しのつかない事態を招く」[†7]と言い、佐和隆光氏は、「八〇年代末、地球環境問題とりわけ地球温暖化問題が突如浮上したことは、バブル経済期の日本人の生きざまに対して、神の『見えざる手』が打ち鳴らした警鐘ではなかったろうか、と私には思えてならない」[†8]と言うのである。神の鳴らした警鐘が鳴り響いている、これまでの生きざまではいけない、早く目を覚まさなければ、ぐずぐずしていては大変なことになる……。かつてのオウム信者たちがマインド・コントロールを受けていたと言うのであれば、これがマインド・コントロールではないなどと、本当に言えるであろうか。私は、何も極端なことを言っているわけではない。物事を、もう少し落ち着いて、一人一人が自分の頭でじっくりと考えてみる必要があるのではないかと思うだけなのである。これは、私一人だけの感覚ではあるまい。たとえば、「CO_2温暖化脅威説は世紀の暴論」[†9]という論文を書いた物理学者の槌田敦氏もまた、次のように述べているのである。
気象学者や解説者のいうことをそのまま信じて、政策立案に参加してはいけない。温暖化の解説書はたくさん出ているから、その内容を自分の頭で吟味していただきたい。そして不審に思い、納得できないことが少しでもあれば、その政策立案から離れる勇気を持っていただきたい。宗教ならば、偉大な教祖のいうことを信ずることによって成り立つ。しかし、学者間で信じあうことによって成り立つ科学は存在しない。そのようなエセ科学による政策は必ず無理が生じ、まぐれ当たりを除いて失敗することになる。[†10]

科学者らしい、極めて妥当な主張であろう。私は、地球温暖化脅威論を何がなんでも否定してやろうと思っているわけではない。ただ、昨今の地球温暖化問題とは何なのかということを、科学的な側面も含めて、時流や大勢に流されることなく、今一度深く考えてみたいと思うのである。なお、科学的な疑問点にのみ関心がある方は、第2章から読み始めていただいて差支えない。その方が、かえって論点が明確になるかもしれない。

注

1　高木善之『地球大予測―選択可能な未来』総合法令出版、一九九五年、「はじめに」。（段落は無視）
2　北野康・田中正之編著『地球温暖化がわかる本』マクミラン・リサーチ研究所、一九九〇年の「まえがき」にも、同様の指摘がある。

平成二年三月に、総理府が、全国五、〇〇〇人を対象として実施した世論調査によれば……。心配な環境問題としては、海洋汚染、オゾン層破壊、地球温暖化が、おのおの八〇パーセント以上の高率で並んでおり、国民の殆どが、これらの環境問題を切実な事態として、とらえていることがわかります。(iii頁)

3 朝日新聞、二〇〇一年四月五日。なお、投稿者は四六歳の主婦である。ちなみに、同月一四日の朝日新聞の川柳欄には、「アメリカのエゴが地球を暑くする」という句まで掲載されていた。

4 例外の代表例は、田中正之『温暖化する地球』読売新聞社、一九八九年である。同書は、一般向けの書物であるが、さすがに一線級の気象学者の著書らしく、科学的な知見が的確に記されている。しかし、私が分からないのは、自ら詳細な知識を持つこの著者が、なぜ「科学を多数決で判断するのはおかしな話なのですが」(一三八頁)とまで認めながら、結局は多数派の人為的温暖化被害論を支持してしまっているのかという点である。

5 気象ネットワーク編『よくわかる地球温暖化問題』中央法規出版、二〇〇〇年、六―七頁。(段落は無視)

6 地球の友編『市民が地球を採点した―環境サミット'90』岩波書店、一九九一年、五頁。

7 スティーブン・H・シュナイダー『地球温暖化の時代―気候変化の予測と対策』内藤正明・福岡克也監訳、ダイヤモンド社、一九九〇年、三七頁。

8 佐和隆光『地球温暖化を防ぐ』岩波書店、一九九七年、二八頁。

9 環境経済・政策学会編『地球温暖化への挑戦』東洋経済新報社、一九九九年所収。

10 槌田敦「リプライ―反論になっていない松岡コメント」環境経済・政策学会編『地球温暖化への挑戦』

前掲書、二五四頁。このリプライは「CO_2温暖化脅威説は世紀の暴論」に対する松岡譲氏のコメントに対して応えたものである。

目次

第1章 コンピュータの中で生まれた危機

1 人類にとって望ましい未来とは何か

地球温暖化問題は、当然のことながら、特定の個人や集団だけが抱える問題ではなく、人類全体の未来に関わる問題である。また、自分たちの子や孫や子孫たちの行く末を案じることは、多くの人々にとって、大なり小なり率直な感覚であろう。後に続く世代の生きる世界が、受け入れがたいような未来像としてしか与えられないのであれば、現代人がそこに何らかの危惧を抱くことも、当然と言えば当然なのである。未来は、薔薇色とまでは言わないまでも、少なくとも残酷なものであって欲しくない。この素朴な心情を拒絶してしまうことは容易ではない。だからこそ、多くの良心的な人々が、未来の世界について心を砕いているのだ。自分たちが望まないような世界を、自分たちの手で、子孫に残すわけにはいかないというわけである。地球温暖化問題への関心や対策も、このような意思に導かれるところが大きいのであろう。たしかに、そのような意思や活動もまた、現在に生きる人間にとって、重大な事柄であるに違いない。ただし、それらには、一つの重大な問いが欠けているのである。

人間にとって未来とはそもそも何なのか。現に生きている人間にとって、自らがとうの昔に消滅してしまった後の世界とはいったい何なのか。けっして顔を合わせることもできない未来の子孫の生活を、どのような顔をして心配してやればよいのか。世界の未来像を真摯に考えるのであれば、この根源的な問いを無視してしまうことはできないであろう。未来とは何なのかを考えずして未来を危惧するなどという姿勢は、少なくとも学問的に見れば、ある意味で非常に不誠実な態度だと言えよう。したがって、地球温暖化問題が人類全体の未来に関わる問題なのであれば、何よりもまず、この問いに正面から取り組んでおかなければならない。そうでなければ、そもそも未来を懸念する資格などないのである。これまで、多くの論者たちが、人為的な活動による気候変動の問題に対して発言を重ねてきた。しかし、そこには、この根源的な問いかけがほとんど欠落していると言わざるをえないのである。

実は、この問いかけは、前世紀の半ばに、一人の日本人作家によってすでになされていた。安部公房氏の遺した作品に、『第四間氷期』という題名の小説がある。もともとは、一九五八年から一九五九年にかけて、雑誌『世界』（岩波書店）に連載されたものである。なお、題名は『第四間氷期』となっているが、気候変動や地球史を直接の主題とした作品ではない。むしろ、それは、人間にとって未来とは何なのかを鋭く問うた作品である。ともあれ、その筋書きを、きわめて非文学的に再構成してみると――いささか冗長ではあるが――以下のようになる。

中央計算技術研究所の勝見博士という人物が中心になって、予言機械なるものが開発された。文字どおり、既知のデータを入力すれば、それに関する未来を正確に予知する機械である。その一方、全く別系列の研究によって、五〇〇〇万年に一度の地球的大変動が現在急速に進行中であり、四〇年後には海面が一〇〇〇メートル以上も上昇し、陸地の大部分が水没するという事実が密かに突き止められていた（第四間氷期終末説）。そして、この大変動に対処して人類が生き残るため、生物の計画的改造実験が秘密裏に進められていたのである。それは、不法に集めた中絶胎児を実験材料にして、ヒトの個体発生過程で染色体を人為的に操作しながら、人間を「水棲人間」という新種に改造しようというものであった。陸地ではなく水中で生活するという方策で人類を存続させようとして、闇で集めた中絶胎児を実験台にしながら、エラ呼吸の人間を製造していたのである。もちろん、それは、大胆な賭けのような要素を含む計画であった。だから、水棲人間の未来に一〇〇％の確信を持ちきれない当事者たちは、勝見博士の予言機械に、その行く末を判定してもらう決断をしたのである。人類改造計画は、予言機械に伺いを立てた上で推進しようというわけである。しかし、そこには大きな難点があった。水棲人間の開発計画は、部外者に一切漏れてはならないことだったからである。中絶胎児を実験材料にして人体改造操作を行っているなどということが明るみに出れば、そのような計画は即座に中止に追い込まれるに違いない。かと言って、あらゆる真実を公開して、その計画に理解をえるというのは甘すぎる。五〇〇〇万年に一度の天変地異が間近に迫っているのだなどということまで公表してしまえば、さらに大きな社会的混乱まで誘発してしまうだろうからである。いずれにせよ、いくら丁寧に事態を説明したところで、世間の心情的な大反発を免れることはできないに違いない。したがって、勝見博士が水棲人間の秘密開発計画を受け入れてくれるかどうかが、極めて重大な問題だったのである。もし、勝見博士のような権威ある学者が、その秘密計画を容認せず、世間に暴露するような行動に出れば、何もかもが頓挫することになってしまうからである。そこで、予言機械の開発者である勝見博士自身の行動が、密かに予言機械にかけられることになった。本人の知らぬうちに、彼がこの秘密開発計画にどう対応するかが予知されたのである。その結果、彼は水棲人間開発計画を決して受け入れず、その中止に奔走するという予言がえられることになる。そんなことになれば、すべての計画が無に帰する……。一方、水棲人間たちの未来世界もまた、秘密裏に予言機械にかけられていた。こちらの方は、何とかそれなりに上首尾な予測結果がえられた。だが、いくらこっそりやったとはいえ、いつまでも開発者である勝見博士の目をごまかすことはできないだろう。となれば、勝見博士こそが、人類の未来にとっての障碍物になってしまう。あの手この手で時間をかせぎながら、何とか勝見博士を救済しようとする努力もなされるのであるが、最終的に、勝見博士は闇へ葬られることになる。人類の未来のためには、彼を黙らせる必要があったのだ。彼は、未来を予知する機械を自ら開発しながら、自分には想像もつかないような未来、自分が絶対に望まないような未来を機械が予測してしまうと、どうしてもそれを受け入れることができなかった。ある意味で、彼は非常に良心的な人物だったのである。勝見博士は、水棲人間の姿を酷いものだと感じた。自らは決してそのようになりたくないと思った。自分たちの子孫には、そんな姿になって欲しくないと感じた。だからこそ、水棲人間開発計画などを肯定することができなかったのである。だが、未来人たる水棲人間たちにとっては、自らが水棲人間であることがありのままの日常なのである。水棲人間にとっては、昔の地上人たちの方こそが、苦難に満ちた大地で暮らさざるをえなかった不自由な存在でしかないのである。勝見博士は、そのことを、理論的と言うより、むしろ心情的に、どうしても納得することができなかったのである。

作者の安部公房氏は、この小説の「あとがき」に次のように記している。その一部を抜粋してみよう。——それにしても、すぐれた文学者の感性というものは、ある意味で非常に畏ろしいものである。

真の未来は、おそらく、その価値判断をこえた、断絶の向うに、「もの」のように現われるのだと思う。たとえば室町時代の人間が、とつぜん生きかえって今日を見た場合、彼は現代を地獄だと思うだろうか、極楽だと思うだろうか？　どう思おうと、はっきりしていることは、彼にはもはやどんな判断の資格も欠けているということだ。この場合、判断し裁いているのは、彼ではなくて、むしろこの現在なのである。

　だからぼくも、未来を裁く対象としてではなく、逆に現在を裁くものとして、とらえなければならないと考えたわけである。それは、ユートピアでもなければ、地獄でもなく、またどんな好奇心の対象にもなりえない。要するに一箇の未来社会にほかなるまい。そして、それがもし、現在よりもはるかに高度に発展し進化した社会であるにしても、日常性という現在の微視的連続感に埋没している眼には、単に苦悩をひきおこすものにしかすぎないだろう。

　未来は、日常的連続感へ、有罪の宣告をする。この問題は、今日のような転形期にあっては、とくに重要なテーマだと思い、ぼくは現在の中に闖入してきた未来の姿を、裁くものとしてとらえてみることにした。日常の連続感は、未来を見た瞬間に、死ななければならないのである。未来を了解するためには、現実に生きるだけでは不充分なのだ。日常性というこのもっとも平凡な秩序にこそ、もっとも大きな罪があることを、はっきり自覚しなければならないのである。

　おそらく、残酷な未来、というものがあるのではない。未来は、それが未来だということで、すでに本来的に残酷なのである。その残酷さの責任は、未来にあるのではなく、むしろ断絶を肯んじようとしない現在の側にあるのだろう。

　われわれの運命もまた、室町時代人と異なるところはないであろう。五〇〇年後の世界は、きっと、自分には想像もつかない、自分では絶対に望むことなどない、自分にとっては受け入れがたい未来でしかありえないのだ。われわれが望ましいと考える世界の姿は、室町時代の人々が望んでいた世界像とは大いにかけ離れている。そして、五〇〇年後の人たちが望む世界と、現代人にとって望ましい世界とは、それと同じくらいかけ離れているに違いないのである。われわれが、室町時代より現在の方が望ましいと考えるとき、そこには、上に立って過去を意味づける眼差しがある。自分たちの判断基準を一方的に適用することによって、過去を裁いているのである。未来に対しても同様であろう。われわれが未来人の不幸を危惧するときにも、そこには、未来を裁くという態度が潜んでいるのである。だが、未来を裁くことはできない。未来とは、現在の日常的連続を単純に延長したものではないし、それを望ましいと思われる方向に延長したものでもありえない。未来を、延長や連続という枠組みで捉えきることは不可能なのである。未来は、断絶の向こう側にしか存在しない。日常の連続感は、未来を見た瞬間、死ななければならないのである。だからこそ、具体的に生きる人間たちにとって、それは本質的に残酷なものとならざるをえない。ドゥルーズ、ガタリ両氏が指摘しているように、そもそも世界の歴史とは「種々の切断と境界線とからなる歴史であって、連続の歴史ではない」[†2]のである。であれば、自分たちの判断基準で、望ましい未来やそうでない未来を考えること自体、不毛かつ不遜な作業だと言わざるをえないであろう。はっきりしていることは、未来の世界が望ましいものか否かに関して、われわれにはどんな判断の資格も欠けているということである。われわれは、もし未来についてあえて何かを語ろうとするのであれば、それが断絶の向こう側にしか存在しえないのだということを、まず承知しておかなければならない。

　しかしながら、予言機械など実際に存在しなければ、われわれはそんな残酷な未来像を目の当たりにしなくてすんだであろう。苦悩をもたらすような断絶にも直面しなくてもよかったのだ。たいていの時代の人々もそうであったように、自分たちが望む世界だけを夢見ていればよかったのである。だが、「すんだ」や「よかった」という言葉は、文字どおり過去形である。二一世紀を迎えた今日、われわれは、すでに予言機械の前に立たされている。衆知のとおり、地球温暖化のシナリオは、コンピュータ・シミュレーションとして与えられている。そのシナリオは、予言機械と化したコンピュータによってわれわれに見せつけられている未来像――その精度はともかく――なのである。

　今となっては、『第四間氷期』という作品そのものが、不気味なくらい、一種の予言機械の様相を呈している。コンピュータ・シミュレーション（＝予言機械）と遺伝子操作技術（＝生物改造）、これらは、まさに現在のわれわれにとっての日常になりつつある。すなわち、われわれは、予言機械の前に立たされた勝見博士が直面したのと同様の断絶を、実はすでに目の当たりにしてしまっているのである。人間にとって未来とは何なのか、この問いかけは、いよいよもって差し迫ったものになりつつあると言えよう。

　以上のことを謙虚に勘案すれば、人為的な活動が未来の自然環境を変えるのはよろしくないというだけの理由で、温暖化阻止を自明な価値と見なすことはできないであろう。温暖化阻止という大義は、たしかに常識的ではあるが、一方で安易な発想でもあるのだ。そもそも、われわれの日常生活の大部分は、過去の人為的活動に何らかの影響を受けている。狩猟、農耕、鉱工業、経済活動、交通、戦争、思想、科学、芸術、宗教……、これらのどれをとっても、現在のわれわれが置かれている諸環境——自然、文化、文明、社会等々——に影響を及ぼさなかったものはないのである。おびただしく多数多様な人為的活動が偶発し、交錯し、累積しながら、まるで予想のつかない結果を残してきたのである。もちろん、現代人が温室効果ガスを排出し続けることもまた、きっと、未来に何らかの影響を及ぼすのであろう。ただし、その一方で、地球温暖化を問題視し、その事態に予言機械（コンピュータ・シミュレーション）を用いて対処するという活動自体も、人類の未来に影響を及ぼすのである。その影響は、今日からは予想もつかないような形をとって具現してゆくに違いない。予言機械の発展がもたらす未来に関して、現代人は全く想像もできない。となると、われわれがそれに責任を負うこともまた、とうていできない相談なのである。だが、われわれは、それをやろうとしている。コンピュータ・シミュレーションのシナリオに従って行為するというやり方を、この世界に持ち込もうとしているのである。

それが悪いと言っているのではない。良いと言っているのでもない。それが良いか悪いか、現代人には、それに関するどんな判断の資格も欠けているのだ。われわれは、この事実を直視しなければならないのである。

要約しよう。地球温暖化問題は、未来にのみ関わる問題ではない。自然や政治や経済だけに関わる事柄でもない。それは、初めて予言機械の前に差し出された人間に関する問題でもあるのだ。今現在生きている人間のあり方に関する難問が、まさに突きつけられているのである。われわれにとって未来とは何なのか。未来というものの意味が、予言機械の登場によって、大いに変わりつつある。そして、それは、必然的に、現在というものの意味も変えてしまわざるをえないであろう。こう考えると、さまざまな問いが持ち上がってくるのである。たとえば、化石燃料によって支えられている現在のわれわれの生活は、文明発展の達成点ではなく、未来に対する障碍として意味づけられるのか。すなわち、われわれ自身のあり方そのものが、未来に対する害悪として葬られるべきものでしかないのか。逆に、未来に対して責任を負うということは、予言機械が指示する望ましいシナリオを忠実に演じるということなのか。つまり、人間を予言機械の命令に忠実に従う下僕へと改造することで地球温暖化が防げるのなら、それが未来の人間を幸福にするということなのか……。

いずれにせよ、次の点だけは確認しておく必要があろう。すなわち、残酷な未来というものがあるのではなく、ましてや望ましい未来というものがあるのでもないということ。そして、どう転んだところで、未来は、それが未来だということで、現代人にとってはすでに本質的に残酷なのだということである。だからと言って、そんなに面倒なことを考えるくらいなら何もかも放棄して地球が暑くなった方がまだましだなどという短絡的な発想もまた、馬鹿げているに違いない。ただし、地球温暖化問題は、われわれに、気候変動に関連する問題だけではなく、人間のあり方の本質に関わる難問を突きつけているということ、これだけは決して忘れてはならないのである。

注

1 安部公房『第四間氷期』新潮文庫、一九七〇年、二七〇—二七一頁。
2 G・ドゥルーズ＝F・ガタリ『アンチ・オイディプス』市倉宏祐訳、河出書房新社、一九八六年、一七二—一七三頁。

2　科学的証拠が出そろってからでは遅すぎる

われわれは、一グラムにも満たない銀製の指輪を一〇〇リットルの濃硫酸の中に放り込めばどうなってしまうのかについて、実際にやってみなくとも、その結果を予測することができる。もちろん、予言機械のお世話になる必要もない。なぜなら、この場合、われわれがすでに持っている科学的知識によって、事態の結末は充分予測可能だからである。例としては単純すぎるかもしれないが、科学的な推論というものは、大筋においてこのようなものであろう。すなわち、それは、既知の理論および経験的事実に基づいて演繹的に導き出されるものなのである。少なくとも、かつての常識はそうであった。しかし、地球温暖化問題に関して言えば、このような常識がもはや通用しなくなっているようなのである。

スティーブン・シュナイダー氏が著した『地球温暖化の時代』は、今日注目されている地球温暖化問題に関して、間違いなく、最も権威ある書物の一つである。地球温暖化問題について論じようとする者であれば、おそらく、この書物を読んでいない人物など一人もいないであろう。この書物の邦訳を初めて手にしたとき、私は軽い衝撃を受けた。私を戸惑わせたのは、この書物に巻かれた帯の背に記された文言である。そこには、「科学的証拠が出そろってから行動したのでは遅すぎる」と書かれていた。この文言の内容そのものは、別に目新しい事柄ではない。政治的あるいは経済的な決断において、完全なる科学的証明がなされるまで何の対策も講じないなどというのは、ほとんど馬鹿げているからである。それは、老朽化した船舶や航空機を、次の運航でトラブルを生じることが科学的に証明されるまで利用し続けるというような方針に他ならない。特に、われわれ日本人は、水俣での苦い経験を背負っているのである。[†1]

チッソ水俣工場付属病院の院長（当時）が原因不明の中枢神経疾患の続発に驚き、水俣保健所にその事実を届けたのは、一九五六（昭和三一）年五月一日のことであった。熊本県衛生部を通じて原因究明の依頼を受けた熊本大学医学部は、同年八月水俣病研究班を組織し、同年一〇月には、病気の原因が「汚染された港湾生棲の魚貝類」にあることを早くも見抜いていた。しかも、その汚染源がチッソ水俣工場であるということもほぼ確実だと見ていたのである。つまり、チッソ水俣工場の廃液が病気の原因としてきわめて疑わしいということは、すでに一九五六年の時点で、大学医学部の研究によって事実上突き止められていたということになる。人々は、水俣病の「発生当初から魚を疑い、工場排水を疑っていた」[†2]のである。たしかに、この時点では、水俣病の原因物質はまだ特定されていなかった。だが、チッソ水俣工場の排水によると思われる汚染は、古くは大正年間から漁業被害の形で記録されており、特に一九五四（昭和二九）年以後は、水俣漁協の魚の水揚げも毎年前年の二分の一から三分の一へと極端に減少してしまっていた。さらに、昭和三〇年代になると、水俣湾に面した漁村の猫は死滅してしまい、ニワトリ、犬、ブタ、イタチまでもが変死するようになっていたのである。要するに、科学的証拠は出そろっていなかったが、状況証拠は誰の目にも真っ黒だったのだ。にもかかわらず、チッソ水俣工場からの水銀排出が完全に止まったのはようやく一九六八年五月になってからであり、水俣病の原因がチッソ水俣工場の工場排水であることを政府が正式に認定したのは、さらに遅れて同年九月のことであった。熊本大学水俣病研究班による最初の調査がなされてから、一二年もの歳月が経っていたのである。その間、アミン系毒物説、爆薬説等々、中には政府や業界に好都合な学説もまた、しきりに提起され続けていた。たとえば、一九五九年「十一月十一日には、東京工大清浦教授が、水俣病の原因は工場排水とは考えられないとの論文を、通産省に提出」[†3]したのである。水俣病の原因が科学的に解明されたのは、ようやく一九六二年のことであった[†4]。そして、政府の正式認定にいたっては、それからさらに六年も遅れた。科学的証拠がもうこれ以上ないというところまで完全に出そろい、どこの誰がどのような立場から見ても因果関係が明らかになるまで待っていた結果が、とんでもない惨状をもたらしたのである。もし、一九五六年の時点で工場からの排水を止めていれば……。今となっては、誰もがそう考えるであろう。

われわれは、水俣での過ちを決して繰り返すべきではない。科学的証拠が出そろってから行動したのでは遅すぎる――という教訓自体は、おそらく、間違いないであろう。だが、地球温暖化問題は、水俣病問題と同じなのであろうか。なるほど、環境問題と政府・産業界の対応という単純な図式を適用するならば、両者の間に似たような構造が浮かび上がってくるのかもしれない。しかし、両者には、大きな相違点が一つある。それは、いかにして問題が問題として認知されたのかという点である。水俣病の場合、特異かつ悲劇的な現象が具体的に経験されたがゆえに、人々がそれを問題視したという順序を踏んだ。人間を含む多くの生き物が次々と重篤な病に襲われ、悲惨な死に方をし、おまけに漁獲量まで激減するという具体的な被害が、まず経験され、確認されていたのである。その事実を眼前にして、科学的証拠が出そろうまで本気で行動を起こさないというのは、たしかに遅すぎる。馬鹿げているとさえ言えるであろう。しかし、地球温暖化問題の場合、問題の大きさが地球規模だという割には、水俣病ほどの具体的損害さえ——少なくとシュナイダー氏が『地球温暖化の時代』を著した時点においては——確証されていないのである。被害が発生し、問題が具体的経験として認知されるのは、未来においてだというわけである。この点において、地球温暖化と水俣病とでは、問題の性質を異にしていると言うことができるのである。

これまでの常識に従えば、未来において生じるであろう災害や異変を事前に予測するのは——それがどの程度可能であるかは別にしても——科学に対してのみ与えられた役割であった。科学的根拠の伴わない危機[†5]をいくら喧伝したところで、良識ある人々の信頼を得ることは不可能であるに違いない。あるいは、ある現象の未来について相対立した予測がなされた場合なども、どちらがより科学的な証拠を持ち合わせているのかを基準に、その妥当性が競い合われるのが通例であろう。これは、地球温暖化問題にしても同様である。未来の予測に信頼を与えるのは、科学的根拠以外にありえない。したがって、もしシュナイダー氏が未来における損害や破局に対処するために一般市民の行動を促したいのであれば、その説得をより力強いものにするためになすべき努力は、なるたけ多くの科学的証拠に訴えること以外にはありえないはずなのである。間違っても、科学的証拠の薄弱さを弁解するようなことは言うべきではなかったのではなかろうか。

たしかに、帯に記された文言そのものは、シュナイダー氏自身が発した言葉ではないのかもしれない。おそらく、日本語版の訳者か編集者が考案した文言なのであろう。だが、たとえそうだとしても、帯の背という最も目を引く場所にこの文言——科学的証拠が出そろってから行動したのでは遅すぎる——が記されている以上、責任ある関係者たちが、シュナイダー氏の主張をこの文言に要約して伝えようとしたことだけは事実なのである。実際、本文を読んでみても、帯の文言は的確であった。シュナイダー氏自身、「いま行動に移らなければならない必要性を、科学的疑問などという決まり文句でごまかすべきではない」[†6]と述べているのだ。気鋭の気象科学者として高名なシュナイダー氏ともあろう者が、なぜ科学的証拠の重要性をいささかでも軽んじるような論を展開したのであろうか。少なくとも科学者が自らの専門分野について著す書物というものは、事態を少しでも科学的に論証することに主眼を置くのが通例だったはずである。仮に証拠の量が完全だとは言えないにしても、科学的に充分説得力のある根拠を示したいがために、シュナイダー氏は『地球温暖化の時代』を著したのではないのだろうか。もしそうでないのならば、著者本人は、科学的証拠以外の何物をもって、未来の破局的事態を確信するに至ったと言うのだ。私にとっては、この点が少々衝撃的だったのである。勝手な思い込みに過ぎないと言われればそれまでだが、私としては、科学者の著書に——たとえ不完全であるにせよ——科学的証拠を強調した説得を期待していたのである。しかし、シュナイダー氏の立場は異なっていた。彼の抱いた危惧の主要な源泉は、伝統的な意味での科学的論証ではなかった。その懸念の主源泉は、予言機械（＝コンピュータによる気象のシミュレーション）の予測値なのである。極論すれば、予言機械が予測している以上、科学的証拠が出そろうのを待つ価値などないというわけである。

考えようによっては、未来との断絶を鋭く突いた小説『第四間氷期』でさえ、今となっては、いささか牧歌的にさえ思える。と言うのは、この小説の中で、「第四間氷期終末説」自体は、予言機械の予測値として与えられたものではなく、科学的証拠によって明らかにされた事実として描かれているからである。裏返せば、物質的世界の法則に準拠するような事柄は、科学的研究によって予測されるべき対象であり、予言機械に頼るようなものではないと思われていたということになる。主人公の勝見博士は、「天気予報なら、気象台でやってもらいます[↑7]」とさえ発言しているのである。小説中の役柄としての自然現象——小鳥を驚かせれば急に飛び立つ、コップを床に落とせば割れる等々——は、初期段階の予言機械の性能を検証する試金石として扱われているに過ぎない。要するに、科学的証拠の方が予言機械の出来栄えを採点しているのだ。予言機械というものは、科学的な理論だけでは計測や証明が不可能な——主として人間的な行為が介在する——事柄を予測する道具として了解されていたのである。たしかに、今日の地球温暖化問題は、人為的な活動によって二酸化炭素等の温室効果ガスが大量排出されていることに由来しているのかもしれない。しかし、二酸化炭素の排出源が人為的なものであろうと何であろうと、その排出量と大気中における濃度の関係、大気中の濃度と気候変化との関係、気候変化と海面上昇度との関係等々は、基本的に物質的世界の法則に従属する現象である。このような現象に対してさえ、シュナイダー氏を始めとする多くの温暖化論者たちは、伝統的な科学的説明より、コンピュータ・シミュレーションを上位に据えている。人類が、自らの頭脳で考え、自らの手で実験を繰り返してきた科学的思考の時代は、終わりつつある。われわれが迎えつつある未来は、「地球温暖化の時代」（シュナイダー）であるとともに、予言機械の時代なのである。ここで本質的な問題となるのは、コンピュータによる気象のシミュレーションの正確さ——もちろんそれも重要ではあるが——に対する疑念ではない。むしろ、それが正確であればあるほど、われわれは断絶した未来世界に直面してゆくことになるのである。

注

1　以下の水俣病に関する記述は、原田正純『水俣病』岩波書店、一九七二年、原田正純『水俣病は終っていない』岩波書店、一九八五年を参考にした。
2　原田『水俣病』前掲書、二三頁。
3　原田『水俣病』前掲書、五六頁。ちなみに、ここに登場する清浦雷作氏は、後の四日市公害ぜんそく裁判において被告企業側の証人になり、病気の主因は工場から排出される亜硫酸ガスではないと主張したことでも有名である。
4　原田『水俣病』前掲書、六八―六九頁を参照。
5　たとえば、いわゆる「ノストラダムスの大予言」などがこれに該当しよう。
6　スティーブン・H・シュナイダー『地球温暖化の時代―気候変化の予測と対策』内藤正明・福岡克也監訳、ダイヤモンド社、一九九〇年、二九頁。
7　安部公房『第四間氷期』新潮文庫、一九七〇年、二二二頁。

3　地球温暖化問題の誕生

水俣病の場合、多くの被害者が現実に発生しているにもかかわらず、それが国家的な大問題として認知されるまでには、長い時間がかかった。それに対して、二酸化炭素等の人為的排出による地球温暖化問題は、その具体的な被害者や犠牲者が発見される前に、人類全体に関わる環境危機として国際的な関心を引くようになった。二〇世紀末頃から世間を騒がせ始めた今般の地球温暖化問題に関して言えば、それがマス・コミや一般市民まで巻き込んだ議論として誕生した日付と場所を、はっきりと特定することができる。[†1] この時点から、「それまで専門家のレベルに留まっていた地球温暖化問題が一躍脚光を浴びることになった」[†2] のである。

一九八八年六月二三日、地球温暖化の脅威を周知させようとして、アメリカ議会上院のエネルギー委員会の公聴会が開かれた。開催日をこの日に決めたのは、過去の気象を調べ、ワシントンのこれまでの最高気温がこの日に記録されているなど、統計的に一番暑い日になる可能性が高かったためである。上院議員ティモシー・ワースは六月二三日を開催日に選ぶとともに、当日は委員会室の冷房を切ってしまうなど、デモンストレーションに苦心した。果たせるかな、当日は非常に暑い日となり、証言に立ったアメリカ航空宇宙局ゴダード宇宙研究所のジェームズ・ハンセンハ博士は、「最近の異常気象、とりわけ暑い気象が地球の温暖化と関係していることは九九％の確率で正しい。この地球温暖化により、一九八八年一月から五月の地球の気温は過去一三〇年間で最高を示した」と証言した。これをマスコミが大々的に報道し、多くの人々が当年の酷暑は地球温暖化に原因があると思うようになった。[†3]

かの有名な、ハンセン氏の「九九％発言」である。これがなされた「一九八八年、アメリカの五月と六月は、めったにない異常な気候」であり、「旱魃と猛暑が国じゅうが警戒するほど高まっ」ていた。[†4]そんな中で、しかも一番暑い日を選んで、「暑い気象が地球の温暖化と関係していることは九九％の確率で正しい」という議会証言がなされたのである。それは、非常に衝撃的な効果を生むことになった。だが、考えてもみよう。あなたが、自分たちの主張を冷静に聞いてもらいたいならば、本当に理解してもらいたいと願うのならば、ティモシー・ワース議員のような行動を取るであろうか。記録的な酷暑の夏の、しかも一番気温の高そうな日に、冷房を切ったような条件の下で話をしたいと思うだろうか。私なら、そうは思わない。むしろ、聴衆が少しでも自分の話に集中できるように、できるだけ快適な状況を作ろうと考えるだろう。それが、論理的な説得を試みる者が取る態度というものである。逆に、ティモシー・ワース議員らのやり方は、どちらかと言えばマインド・コントロールの手法なのである。暑い夏の暑い日に暑い部屋へ人々を集めて「暑い気象が地球の温暖化と関係している」と語るというやり口は、どう考えても、クールな科学的判断を追求したものではないであろう。

いずれにせよ、一九八八年六月二三日、地球温暖化問題が、人類規模の環境危機として誕生したのである。そして、ハンセン氏の「九九％発言」は、非常に大きな衝撃をもたらした。シュナイダー氏は、その様子を、次のように描写している。

たちまちこの「九九パーセント」はあらゆるところに知れわたった。ジャーナリストは、この数字がとても気に入った。環境問題専門家も夢中になった。そして、気象学者の多くは狼狽した。ハンセンは全国放送のテレビ番組に一〇回以上も出演し、『ニューヨーク・タイムズ』紙は第一面に彼の言葉をとりあげた。[†5]

ハンセン氏の議会証言は、社会的に大いに注目されたと同時に、気象学者を狼狽させたのである。実は、シュナイダー氏もまた、狼狽した気象学者の一人であった。シュナイダー氏は、「GISS（ゴダード宇宙研究所）の科学者が使った統計学的方法を用いて『九九パーセント』確実というような量的な結論を引き出すのは、技術的に見て問題がある」と指摘した上で、「ハンセンは『九九パーセント』の数字を使わなかったほうがよかった」[†6]と述べている。というのは、温暖化論者のシュナイダー氏自身でさえ、「温室効果はまだ、重力の理論ほど確立した理論であるとは思っていません」[†7]と自認しているからである。温暖化を断定するには充分な科学的根拠が未だ不足しているというのが、多くの気象学者の見解なのだ。シュナイダー氏らの立場は、むしろそれを認めた上で、充分な科学的根拠を待っていたのでは対策が遅れてしまうということなのである。

にもかかわらず、多くの気象学者を狼狽させたこのハンセン証言は、いつのまにか一人歩きしてしまう。[†8] たとえば、東京大学名誉教授にして日本学士院会員でもある宇沢弘文氏でさえ、「ハンセン博士の証言は、人々がもっていた漠然とした不安には、充分な科学的証拠があることを示したわけです」[†9] と断言するのである。この認識は、シュナイダー氏の見解とは大きくかけ離れている。しかも、ハンセン氏が示したのは、充分とか不充分とか言う以前に、そもそも――少なくとも伝統的な意味での――科学的証拠などではない。彼は、「われわれのコンピューターによる気象シミュレーションによれば、温室効果は、夏の熱波のような異常現象を起こし始めるのに十分なほど大きくなっている」[†10] と述べたのである。言い換えれば、「九九%発言」の根拠は、「コンピューターによる気象シミュレーション」、つまるところ予言機械の予言なのだ。通常の自然科学観に立つならば、これのような予言は、単なる仮説として取り扱われるべきであろう。実際、どのような学説であれ、厳密な経験的実験や実地検証を経てからでなければ、信頼に足る科学的根拠を認められてはこなかった。この点に関しては、科学者の頭脳で考えた学説であれ、電子頭脳や人工知能が予言したことであれ、区別はできないはずなのである。問題は、ここにある。米本昌平氏は、コンピュータ・シミュレーションという作業に依拠するハンセン氏の研究方法に関して、次のように論及している。

まず、彼が、この作業を実験（experiment）と称し、成果を科学的結論（scientific result）と言っている点である。ここでは実験の意味が変質している。本来、科学実験とは純化された素材を用いて繰り返し実験を重ね、データを集めてその中から何らかの傾向を見つけ出すことである。数式化ができれば、それが理論化である。しかしこの場合、伝統的な意味で実験をやっているわけではない。あえて言えばシミュレーション実験（計算実験）であり、従来の実験が実証的であるとすれば、こちらは操作的・観念的な想定計算である。……この種のシミュレーション結果を科学的結論という区分に繰り込むのを認めようというのであれば、科学哲学者は、現行科学のふるまいを分析し直す必要がある。[†11]

いわゆる「九九％発言」に対しては批判的だったシュナイダー氏にしても、コンピュータによるシミュレーションが科学的実験に値すると見なしている点では、ハンセン氏と同様である。というのは、シュナイダー氏が批判したのは、「技術的に見て問題がある」という事柄に過ぎないからである。これを逆に言えば、技術が向上しさえすれば、コンピュータ・シミュレーションは、定量的な結論までも導き出せるようになるということになろう。結局のところ、行き着く先は同じなのだ。すなわち、コンピュータの予言能力が向上すれば、人間の経験や観察に頼った科学的実験など不要になるということである。人間が考えなくとも、観察しなくとも、実験や実地検証をしなくとも、自然界の姿はコンピュータが自動的に啓示してくれるというわけである。そして、その天啓さえあれば、いちいち伝統的な科学的証拠など待っている必要などないということになるのである。「科学的証拠が出そろってから行動したのでは遅すぎる」という認識は、このような立場に基づいている。だが、考えようによっては、これほど空恐ろしい話はない。いったい、人間の知性とは何なのか、思考とは何なのか、経験とは何なのか、さらに言えば、生きるとは何なのだろうか。長い間、人類は、大自然の姿を自分たちの頭脳で理解するために、観察を重ね、思考をめぐらせ、経験を積み上げ、実験や試行錯誤を繰り返してきた。コンピュータは、このような人間的な営みを、すべて旧式かつ不要なものとして退けるのだろうか。そうなってしまえば、われわれは、もはや自らを生きる主体ではない。世界を認識する主体でもない。人間は、予言機械の予言に従い、予言機械の命ずることを忠実に請け負うだけの存在へと化さざるをえないであろう。なぜなら、「科学的証拠が出そろってから行動したのでは遅すぎる」という認識は、人間的な思考や経験などに頼って行動していたのでは間に合わないというのと同じだからである。つまり、人間的な知性が証拠を知るまで待つ必要はないというわけだ。

このような論理を延長するならば、近年の地球温暖化問題は、単に気候変動の問題であるばかりでなく、農業や災害の問題であるばかりでなく、初めて予言機械の前に差し出された人間に関する問題でもあるということになろう。人間存在のあり方そのものが、この問題を介して問われているのである。すなわち、未来の世代に対して責任を負うということは、予言機械が指示する望ましいシナリオを忠実に請け負うということなのかという点が問われているということである。自ら予言機械の下僕へと化すことで人為的な地球温暖化が防げるのなら、そのことが人類の未来を幸福にするということなのだろうか。本当にそれでいいのだろうか。また、たとえそれを致し方ないとしても、現在に生きるわれわれは、人類の未来像として、予言機械の忠実なる請負人という姿を受け入れることができるであろうか。少なくとも――受け入れようが受け入れまいが――それがわれわれにとって残酷であることには違いないであろう。というのは、そのような世界の行き着く先は、コンピュータによってあらゆる予防措置が完全に施されている世界であり、あらゆる危険や災害や事故が事前に予測され、予防され、保険をかけられ、それらを決して自ら体験することのない世界だからである。もちろん、誰しも災難や混乱には巻き込まれたくないだろう。しかし、いかに安全で平穏であろうとも、完璧な飼育機械のような世界で生きることにわれわれは耐えられるのであろうか。私には、そのような未来像が残酷なものに思えてならない。もちろん、それは勝手な感じ方に過ぎないのかもしれない。しかし、昨今の地球温暖化問題を考えるにあたっては、人間にとって未来とはそもそも何なのかという問いを無視してはならないことだけはたしかである。未来はそれが未来であるというだけで残酷なものであるとしても、その残酷さを直視することなしに、人類の未来について考えることなどできはしないのである。

しかし、それにしても、コンピュータ・シミュレーションによる予測は――少なくとも将来的には――人間による科学的思考に取って代わりうるような代物なのであろうか。スーパーコンピュータが予測した以上、人間の科学的思考など待つ必要など本当にないのであろうか。予言機械たるコンピュータが作り出す未来世界を考える前に、次章では、まずこの点を考察してみよう。だが、この考察は困難である。というのは、予言機械が真に精確かどうかは、未来になってみなければ誰も分からないからである。それでも、予言機械の予測値が、明らかに既知の科学的理論と矛盾するというのであれば、予言機械そのものの可能性を疑わざるをえないであろう。そこで、次章では、ハンセン氏やシュナイダー氏らの預言（＝コンピュータからの神託）に対して、伝統的な科学的見地からの疑問を提示することによって、コンピュータ・シミュレーションによる予測の可能性を診断してみることにする。もし、自然科学者でもない私の提示する疑念さえ解消されないとするならば、昨今幅を利かせつつあるコンピュータ的神託は、怪しげなマインド・コントロールであると言われても仕方がないであろう。

注

1　後述するが、二酸化炭素の人為的排出による脅威が世間を騒がせたのは、実は今回が初めてではない。少なくとも、二〇世紀後半の五〇年間に、議論の高まりが四回も起こっている。だが、今回ほど長期間、しかも大規模な騒動になったのは初めてである。

2　歌川学「止められないのか温暖化」本間慎編著『データガイド地球環境』〔新版〕青木書店、一九九五年、一八頁。

3　江澤誠『欲望する環境市場―地球温暖化防止条約では地球は救えない』新評論、二〇〇〇年、六二―六三頁。（段落は無視）

4　スティーブン・H・シュナイダー『地球温暖化の時代―気候変化の予測と対策』内藤正明・福岡克也監訳、

ダイヤモンド社、一九九〇年、二二二頁。
5 シュナイダー『地球温暖化の時代—気候変化の予測と対策』前掲訳書、二二三頁。
6 シュナイダー『地球温暖化の時代—気候変化の予測と対策』前掲訳書、二二五—二二六頁。括弧内は引用者の補足。
7 シュナイダー『地球温暖化の時代—気候変化の予測と対策』前掲訳書、二二七頁。
8 たとえば、グリビン氏は、ハンセン証言がイギリス政府（それまでは環境問題に不熱心であった）にもたらした影響について、次のように述べている。
一九八八年九月末のこと、イギリスの政治評論家の面々は、環境問題に対する政府の姿勢の豹変ぶりにうろたえた。最初に、当時の首相マーガレット・サッチャーが王立協会でスピーチを行ない、酸性雨やオゾン層破壊、温室効果などのような環境問題の重要性を強調すると、その数日後には、サー・ジェフリー・ハウ外相が、国連総会に対して、気候変動の脅威に関する「真剣な討論」の実行を要求したのである。……このような政府の心がわりの動機は単純である。それは、熱心な記者によって究明されたのだが、サッチャー首相が、アメリカの議会におけるハンセンの証言を読み、彼の提出した「成り行き注視」の時は過ぎたという証拠に納得させられたからである。（ジョン・グリビン『地球が熱くなる』山越幸江訳、地人書館、一九九二年、一五—一六頁）
9 宇沢弘文『地球温暖化を考える』岩波書店、一九九五年、三頁。
10 米本昌平『地球環境問題とは何か』岩波書店、一九九四年、二六頁。
11 米本『地球環境問題とは何か』前掲書、三五—三六頁。

第2章 地球温暖化論の理論的問題点

昨今しきりに取りざたされている地球温暖化問題とは、いったい何なのか。もちろん、そんなことは言うまでもない事柄だと反論されるかもしれない。すなわち、地球温暖化問題とは、二酸化炭素（CO_2＝炭酸ガス）を始めとする温室効果ガスの人為的な大量排出に起因して、地球が不自然に温暖化してしまうことに決まっているだろうというわけである。誰だって、それくらいは知っている。しかし、人類の将来に破壊的な影響を及ぼすとさえ言われている大問題に対して、この程度の説明で納得するわけにはいかないであろう。地球温暖化問題とはいったい何なのか、それを真剣に理解したいと思うのであれば、最低限、二酸化炭素等がどの程度人為的に排出されれば、いかなる物理的、化学的、生物的な原理によって、気象のメカニズムにどのような影響をもたらし、結果的にどのくらい地球を温暖化させるのかということくらいは、正確に把握しておく必要がある。この程度の、言わば最低限の科学的知識がなければ、地球温暖化を自分たちの問題として捉え、それを自分の頭で考えて理解し、その対策のために自分の意志で行動することなど、とうてい不可能なのである。人類の将来がかかった大問題に対して、物理学、化学、気象学、生物学、天文学などを深く吟味しもせず行動に走ることほど、不誠実で短絡的な態度はないであろう。

私は、単に社会学者としてだけではなく、この世界に暮らす一人の人間として、子を持つ親として、地球環境の将来が知りたいと思った。地球温暖化問題を真面目に考えたいと思った。だから、多くの本や論文を読んで自分なりに勉強した。ところが、分からないのである。科学的に基本的な部分が、どうしても納得できないのである。私がこだわっているのは、ただ単に科学的証拠が量的に不充分だという点ではない。むしろ、説明が論理的に不整合をきたしていたり、人によって言っていることがまちまちであったり、同じ人でも言っていることが矛盾していたりする点である。もちろん、「お前がアホやねん」と言われればそれまでかもしれない。だが、たとえそうだとしても、自分がアホかどうかを検証しておかないと、私としては納得できない。そこで、本章では、地球温暖化の科学的部分について、私がどうしても納得できなかった事柄を列挙してゆこうと思う。言うまでもなく、素人が提起する素朴な疑問である。だが、私が目にしたどの文献も、その素朴な諸疑問に答えてくれていないのである。

地球温暖化問題が、文字どおり、人類全体に関わる地球規模の大問題であるならば、私のような一般市民もまた、それを充分に理解しておく必要があるだろう。だから、私は、素人である一般市民の代表として、素朴な科学的疑問を提示しておこうと思う。もし、私が以下に提示する疑問の全てに対して、誰かが科学的に明晰な解答を与えてくれるのであれば、少なくとも、地球温暖化問題の科学的部分に関しては——これまで周知されなかったという問題は残るとしても——私を含む一般市民を納得させることができるであろう。しかし、万一明晰な解答がえられないとするならば、われわれは根拠不明の予言を盲信させられていると言わざるをえないのである。本章の課題は、この点をしっかり確認しておくことである。以下では、論点を整理しやすくするため、箇条書き的に一つ一つ疑問を挙示していくことにする。

1　気候の予測は野球の予想と同じなのか——気候の予測可能性の問題

　ここで問題にするのは、現時点での知識や技術の水準ではない。すなわち、数十年以上先の気候を予測するためには、知識や技術がまだまだ不充分だという批判を行おうというわけではないのである。もちろん、知識や技術の限界もまた、重要な問題であるに違いない。しかし、より重要な事柄は、気候というものが、そもそも予測可能な現象なのかどうかという点である。というのは、われわれの世の中には、予測可能な事柄と、そもそも予測など不可能な事柄があると思われるからである。たとえば、ハレー彗星が次に地球に再接近するのはいつなのかというのは、予測可能な事柄に属するであろうし、次のジャンボ宝くじの一等当選番号等は、予測不可能な事柄に属すると言えよう。いくら人間の知識や技術が発展しようとも、現象自体がそもそも予測不可能な性格を持つ場合には、結果の事前予知などできるわけがないし、そのような試みは全く無意味なのである。問題は、気候というものが、予測可能な現象に属するのか、予測不可能な現象に属するのかという点である。そんなことは予測可能に決まっている、天気予報は毎日行われているではないか、という反論もあるかもしれない。しかし、天気、天候、気候はそれぞれ異なった事象を指すのであって、天気予報と気候予測とは同じものではないのである。詳しい議論に入る前に、この三者の違いを概説しておこう。

ある地点の気象状態を表すのに、天気、天候、気候などという言葉がある。これらは似ているが、少し違う。天気というのは、ある日またはある瞬間の気象状態であり、数日間の総合された気象状態が天候である。そして気候というのは正確に定義すると、地球上のある地点におけるある期間の天気の総合された平均状態である。気候は、年々あまり変化しないが天気や天候は年によってかなり変化する。†1

要するに、気候という用語には、「長年の平均的な状態†2」という意味が含まれているのである。たとえて言うならば、大阪は明日晴れるでしょうという類が天気予報であって、百年後には釧路が熱帯になっているでしょうというのが気候の予測である。したがって、天気を予想する場合、太陽定数や大気組成といった、短期的にはほとんど一定と見なしうる要素は無視して行われる。天気予報の場合、今日と明日の二酸化炭素濃度の違いを考慮に入れて、翌日の最高気温が予想されているわけではないのである。だが、気候の予測となると、そうはいかない。気候は、太陽活動、生物活動、地殻変動、地球軌道の離心率、歳差運動や黄道面の傾き、地磁気変化、火山活動、人為的活動等々といった、さまざまな要因の影響を受ける。中には、未知の要因もあるかもしれない。しかも、これらの要因には、一定方向の小さな影響を長期的に及ぼすものもあれば、突発的に影響を及ぼすものもあり、周期的に変化するものもある。周期の問題だけを見ても、一〇万年単位で変化する要因もあれば、一〇年単位で変化するものもある。さらに、さまざまな要因が単独で気候に影響を与えるのではなく、要因間で緊密に相互作用がなされ、あらゆるものが複雑にからみ合いながら気候を変えてゆくのである。長期的な気候をある程度正確に予測するためには、これらの諸要因を全て考慮に入れておかなければならないであろう。とは言え、たとえいくら複雑で多様だとしても、気候の変化が有限個の要素の組み合わせで事前に決定される事象であるならば、それは予測可能な現象に属することになる。問題は、ここである。本当に、気候は有限個の要素の組み合わせとして決定されるのであろうか。言い換えれば、気候は偶然や成り行きや巡り合わせによって変動するものではなく、先行する諸要因によって必然的に決定されるものなのであろうかということである。

突然だが、野球の例で考えてみよう。あるプロ野球選手の、あるシーズンにおける打率をシーズン開幕前から予測することができるであろうか。私（野球には詳しいつもりである）には、基本的に不可能だと思える。たしかに、ある選手があるシーズンに残す打率は、その選手の野球歴、健康状態、打順といった諸要因の影響下にある。しかし、どれほどの要因を収集し分析したところで、結局のところ、やってみなければ分からないというのが、率直な感覚である。[†3] ある選手のシーズン打率が、有限個の既存要素の関数として決定されえない事象に属するのであれば、いくら情報収集やデータ分析の技術が発展しようとも、慧眼の野球評論家の勘を超える予測はできないであろう。だが、シュナイダー氏[†4]の考え方は違う。彼は、次のように述べているのである。

たとえば、天候（weather）と気候（climate）の予測に似ているものとして、野球選手の打率を取り上げてみよう。打者は自分の打席において、シングルヒット、三振、フォアボール、ホームランなどの結果を、ある固有の順序で実現していく。つまり、打率とは、ある期間にわたって何度も打席に立った長期の平均である。ある特定の打者が今度の七月二十三日に本塁を四回踏むかどうかを確実に予測するのは不可能であるが、その打者のシーズン終了時の打率を予測することはできるし、彼の野球歴、健康状態、打順、その他の要素を知っていれば、それはシーズン前でさえも予測できる。天候と気候についても、同じように予測することができる。……打者の打率を予測するように……平均的な気候状況を予測できる場合は多い。[†5]

じゃあ、まず実際にプロ野球選手たちの打率を正確に予測してみろ！　などとは言わないでおこう。シュナイダー氏にとって、実際にそれができるか否かは、技術論の問題でしかないにちがいない。もし、充分な情報量と、充分な処理能力を持ったコンピュータさえあれば、野球選手の打率でさえ事前に予測可能だと言いたいだけなのであろう。ともあれ、温暖化論者の気候予測とは、そもそも野球選手の打率予測と同レベルの行為だということである。この点だけは確認しておこう。シュナイダー氏は、打率の事前予測が可能だという例示のもとで、気候もまた予測可能だと主張している。逆に言えば、コンピュータ・シミュレーションによる気候予測が可能だと信じることは、野球選手の打率予測が事前に可能だと信じることと同じなのである。

これらを信じるか否かは、世界観の問題である。シュナイダー氏は、個別具体的な出来事は予測不能であっても、長期的に平均化した事象は予測可能だと見なしている。簡単に言えば、未来は大筋で予言可能だという世界観であり、多数多様な諸要素の複雑な相互関係の連鎖でさえ、基本的には偶然的巡り合わせの余地はほとんどないというわけである。シュナイダー氏だけでなく、コンピュータ・シミュレーションによる地球温暖化予測を信じる者は皆、同じ世界観に立っていることになろう。一方、私も含めて、伝統的な世界観に立つ人間は、にわかにこの世界観に納得することはできない。おびただしく多数多様な要因が刻々と変化しながら複雑にからみ合ってもたらされるような現象には、偶然や成り行きやアクシデントといった部分がかなり含まれると考えるのが普通ではないだろうか。つまり、野球選手の打率などは事前予測が不可能または困難な事象に属すると考えるのが、一般人の普通の感覚だと思われるのである。もちろん、ある野球選手が好成績を収めたり不成績に終わったりした場合、事後的に、その成績を規定した要因を探ることはある程度可能であろう。いわゆる結果論というやつである。だが、何についてであれ、事前予測となると話は別である。はたして、気候は予測可能な現象に属するのであろうか、それとも偶然や成り行きに大きく左右される現象なのであろうか。この点について、気象学者の朝倉正氏は、次のように指摘している。なお、これは一九八五年の記述である。

　実のところ、気候予測ができるのかどうかわかっていない。もしかしたらできないかもしれない。[†6]

気象学の専門家でさえ、このように述べていたのだ。その後、気候の予測可能性が科学的に実証されたという話も聞かない。いずれにせよ、野球選手の打率と同列に説明されても、気候が予測可能な現象だという根拠にはならない。少なくとも、科学的には全く説得力のない説明でしかありえない。そんなことを信じるのは、信仰の域を一歩も出ないであろう。むろん、打率の例は説明のための方便だと言うのかもしれない。だが、そうであるならば、改めて気候が予測可能な現象だという明確な証明をして欲しい。多くの論者の予測がだいたい一致しているなどというのでは、全く理由にならない。多数決による科学など、ありえないのだ。地球温暖化を真摯に論じるのであれば、まず、何よりも、気候が偶然に左右されるものではなく、基本的に予測可能な現象であることを証明しておかなければならない。でなければ、全ての議論が砂上の楼閣だということになってしまうのである。

以上のような疑問を提示したことには、それなりの理由がある。というのは、気象学者の中にも、気候の変動にはかなり偶発的な契機が含まれると指摘している者があるからである。もし、気候が偶発的な自然変動性を強く持っているのであれば、そもそも気候の将来予測など不可能であろう。偶然に変動する事象を予測することなど、どんな科学者にもできはしないからである。また、気候が偶然性に左右されるのであれば、仮に現在地球が温暖化しつつあること自体は事実であるとしても、それは単なる偶発的現象に過ぎないのかもしれないことになる。すなわち、二酸化炭素等の濃度に変化がなくとも、地球の気温は偶発的に自然上昇しうるということになってしまうのである。現在、多くの地球温暖化論者は、人為的な温室効果ガスの大量排出が地球規模の昇温傾向の原因であると主張している。逆に言えば、昇温の原因は偶発的な自然変動ではないという主張である。だが、多数派の温暖化論者の意見を正しいと言うのであれば、気候は偶発的に自然変動するという説を、明確な根拠をあげて否定しておく必要があろう。対立する学説をきちんと論駁できないような主張には、大した信頼性などないのである。以下では、このような立場から、人為的地球温暖化説とは異なった、気候の自然変動説とでも呼ぶべき考え方を提示しておこうと思う。

ただし、ここで問題にするのは、温暖化の原因が人為的なのか自然的なのかという事柄ではない。気候の自然変動というのは、気候が自然に変化するという意味であって、気候が自然界の要因によって規定されるという意味ではないのである。すなわち、二酸化炭素の大量排出等の人為的要因がなくても、日射量の変動や火山噴火といった自然的要因がなくても、気候はそれ自体として偶発的に自然変動するというのが、自然変動説の着眼点である。たとえば、三上岳彦氏は、次のように指摘している。

……気候システム自体に内在する自然変動性も無視することはできない。火山噴火や太陽活動、温室効果などの気候変動要因とは無関係に働くとされる自然変動性も数十年の時間スケールに対応している。[†7]

三上氏は、気候が偶発的な自然変動性を備えていることを肯定している。もちろん、太陽活動の変化や大規模な火山噴火といった外的要因もまた、地球の気候に強い影響を与えるに違いない。それを否定するわけではない。しかし、気候というシステムは、仮に外的な影響を全く受けなかったとしても、それ自体として自然に変動するというわけである。このことを、コンピュータ・シミュレーションによって検証しようとしたのが、アラン・ロボック氏である。[†8] 彼のシミュレーションからは、以下のような結果が読み取られている。[†9]

……このシミュレーションから、実際の大気の温度が、外的な力の影響を受けなくても、大気の渦によって熱が偶然に再配分されることにより、数百年の間には一・五度Cの範囲を自ら上下するということがわかったのである。[†10]

……気候変動は単なる「偶然に生ずる変動の一つであり」、実際の大気の温度は何らの外的な力(日射量の変動、大気中の炭酸ガス、ダストの変化、その他)の影響を受けなくても、大気中の渦動によって熱が再配分されることにより、数百年の期間に気温は一・五度C程度の範囲では自ら上下する可能性もある[†11]……。

となれば、温暖化論者の言うとおり、仮に一九世紀末頃から百年ほどの間に〇・五℃程度の気温上昇が実際に起こっていたとしても、それは充分に自然変動の範囲内に収まりうるということになる。実際、ロボック氏は、自らのシミュレーションによって描き出されたグラフを観察しながら、次のように強調しているのである。

事実、外的な強制力(external forcing)を全く抜きにして、ここで観察された規模の内的変化は、

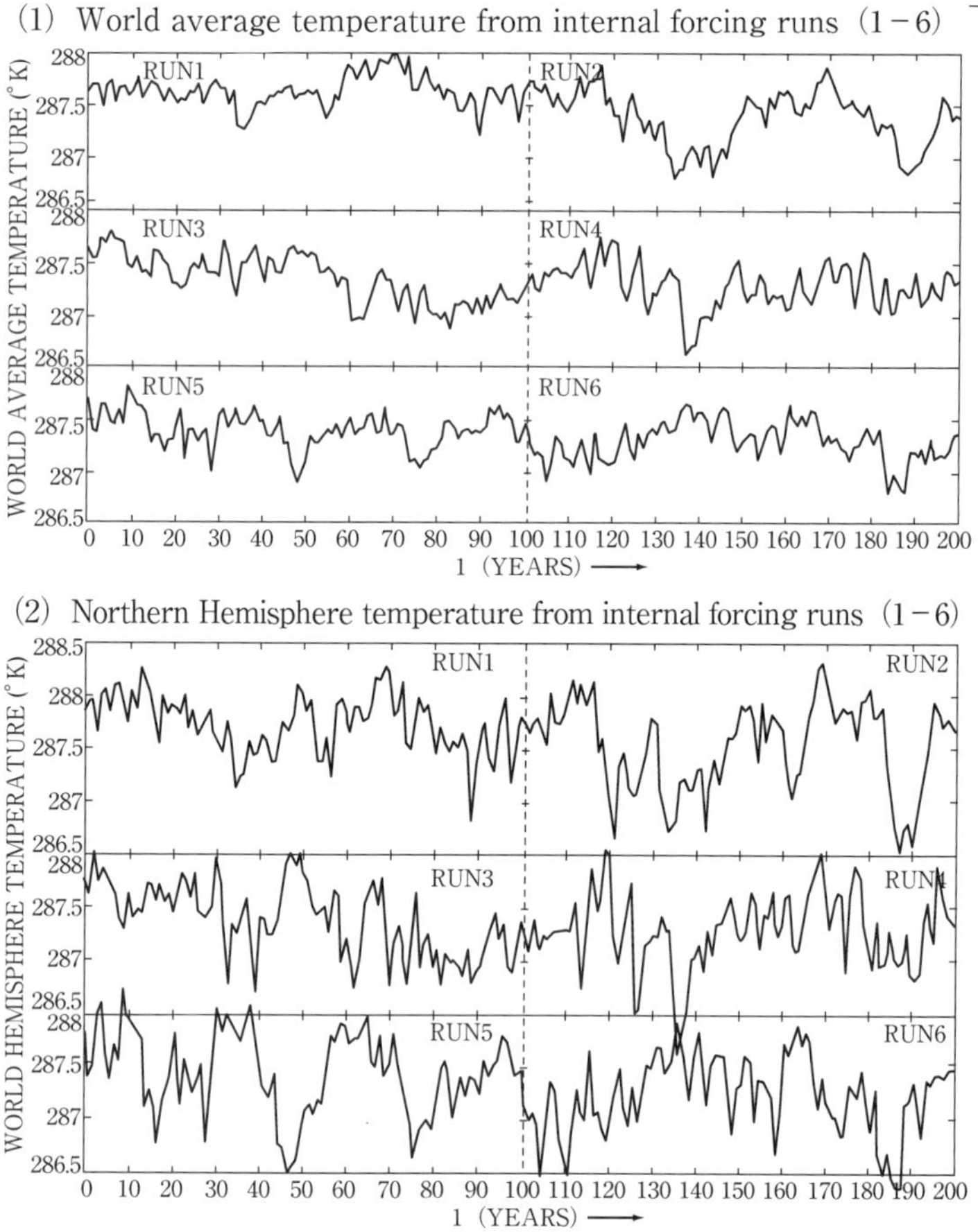

図2－1　ロボック氏によるシミュレーション

出所：Alan Robock, "Internally and Externally Caused Climate Change," *Journal of the Atmospheric Sciences*, Vol. 35, June 1978 (pp. 1111–1122), American Meteorological Society, p. 1114.

過去百年間に観察された北半球の気温高下と同じ大きさの高下を示しているのだ[12]!

種々の考察の末、ロボック氏のたどり着いた結論は、「過去百年間の気候変動は、内的な強制(internal forcing)の積み重なりで説明しうる[13]」というものである。もちろん、この説だけでは、人為的な地球温暖化を否定しうるものにはなってない。しかし、気候は多数多様な外的要因の複雑な相互関係に影響を受けるばかりではなく、気候そのものが自ら偶然的に自然変動するというのであれば、ますますもって、気候は予測不能な事象だと言わざるをえなくなってくる。プロ野球の世界では、偶然だけでシーズンを通じた高打率を残す選手などいない。技術や体力がなければ、好成績をあげることは不可能であろう。一方、ロボック氏の見解によると、地球の気温は偶然だけでかなり上下するということである。こう考えると、気候の予測は、野球選手の成績予想よりも難しいかもしれないということになる。野球選手の成績をシーズン前から予測することでさえ、現状では至難だと思われるのに、なぜ気候は予測できるのであろうか。この点を説明してくれないことには、どんなに立派なスーパーコンピュータを用いた気候予測でさえ、その土台からして疑わしいと言わざるをえないのである。

ところが、ロボック氏の実施した「シミュレーションの結果について見向きもされない[14]」というのが実状なのである。なぜ見向きもされないのか。もし、地球温暖化が人類にとって重大な問題であり、それに対する科学的な理解を深めようとするのであれば、当然、さまざまな学説が検討されなければならないであろう。にもかかわらず、大多数の人為的温暖化論者は、二酸化炭素濃度が二倍になれば気温は何度上がるのかといった問題ばかりに注目している。人為的温暖化論者にとって利用価値のない少数意見は、全く無視されている形なのである。しかし、多数決による科学などありえない。先に指摘したとおり、地球温暖化を真摯に論じるのであれば、まず、気候が偶然に左右されるものではなく、基本的に予測可能な現象であることを証明しておかなければならない。そのためには、少なくともロボック氏の学説くらいは、明確な根拠を示して否定しておく必要があるのである。

もちろん、多くの地球温暖化論者と同様、ロボック氏の学説もまた、コンピュータ・シミュレーションに依存して導出されたものである。その点は、たしかに問題をはらんでいる。だが、たとえそうであっても、気候の自然変動説をほとんど無視して人為的な地球温暖化を主張するような態度は、極めて非科学的だと思われるのである。

ちなみに、IPCCは、人為的な地球温暖化を「確信する」[†15]（第一レポート）と断言しているのであるが、気候の自然変動に関しては、次のように言及しているのである。

内部要因による気候の自然変動及び全自然変動の見積もりのいずれにおいても、特に十年スケールから世紀スケールの時間スケールにおいて、依然として不確実性が残っている。[†16]

こうした自然変動の空間・時間構造を明らかにしておかなければ、過去あるいは今後一〇〜二〇年間の気候変化が主に人間活動によるのか自然の原因によるのか判断できないことになる。[†17]

では、なぜ人為的な地球温暖化を「確信する」のであろうか。もし、「気候変化が主に人間活動によるのか自然の原因によるのか判断できない」のであれば、そんなことを確信するのは不可解だと言わざるをえない。判断できない事柄を確信するなどという感覚は、宗教的な信念とほとんど変わらないのではないであろうか。

注

1 高橋浩一郎・宮沢清治『理科年表読本―気象と気候』丸善、一九八〇年、一二一頁。
2 高橋・宮沢『理科年表読本―気象と気候』前掲書、一二一頁。
3 もちろん、三歳の子どものように、極端に力量が欠ける者をプロ野球に参加させれば、打率ゼロになると予測がつくかもしれない。しかし、そんなことは、太陽が突然一〇倍のエネルギーを放射し始めれば地球の気温が上がると予想がつくのと同じである。また、元オリックスのイチロー選手などは、毎年パ・リーグ一位の打率を残すことが予測されていたではないかと言うかもしれない。たしかにそのとおりである。イチロー選手は、日本球界を離れるまで七年連続で首位打者（打率一位）に輝いた。しかし、打率という数字を詳しく見ると、最高の年は三割八分七厘、最低の年は三割四分二厘であり、その間には四分五厘もの開きがあるのである。四分五厘といえば、二割五分五厘と三割との差に相当するほどの大差である。つまり、イチロー選手のように、毎年予想どおり首位打者を獲得してきた飛び抜けた実力者であっても、残す打率の数字まで予測することは非常に困難だと思われるのである。
4 野球の世界では、しばしば「運も実力のうち」と言われる。要するに、野球では「運」としか言いようのない出来事が起こるのが普通であり、結果的に残した成績もまた、当然「運」までも含めたものであるというわけである。たとえば、五〇打数一五安打なら三割打者である。しかし、五〇打数一四安打なら、二割八分にしかならない。この成績の差は大きい。つまり、五〇回に一回の割合で、打ち損じが偶然ヒットになるか、会心の当たりが相手野手の正面に飛んでアウトになるかの違いで、打撃成績は大きく変わるのだ。それだけではない、公式記録員の判断——ヒットなのかエラーなのか——や審判の判定もまた、打率に同様の影響を与えるのである。

5 スティーブン・H・シュナイダー『地球温暖化の時代—気候変化の予測と対策』内藤正明・福岡克也監訳、ダイヤモンド社、一九九〇年、一〇八—一〇九頁。(段落は無視)

6 朝倉正『気候変動と人間社会』岩波書店、一九八五年、二〇九頁。

7 三上岳彦「小氷期—気候の数百年変動」『科学』第六一巻一〇号、一九九一年(六八一—六八八頁)、六八八頁。

8 Alan Robock, "Internally and Externally Caused Climate Change," *Journal of the Atmospheric Sciences*, Vol. 35, June 1978 (pp. 1111–1122).

9 以下の二つの引用は、Alan Robock, "Internally and Externally Caused Climate Change" の一一一四頁Fig・4に基づくと思われる。なお、同頁Fig・5によると、北半球だけを見れば気温の自然変動は全世界の平均よりさらに大きいことが読み取れる。

10 H・ストンメル＝E・ストンメル『火山と冷夏の物語』山越幸江訳、地人書館、一九八五年、一七六頁。

11 長尾隆・星野常雄『炭酸ガスと地球環境の変遷』地人書館、一九九一年、一二頁。

12 Robock, "Internally and Externally Caused Climate Change," *ibid.*, p. 1116.

13 Robock, "Internally and Externally Caused Climate Change," *ibid.*, p. 1121.

14 長尾・星野『炭酸ガスと地球環境の変遷』前掲書、一二頁。

15 霞が関地球温暖化問題研究会編訳『IPCC地球温暖化レポート』中央法規出版、一九九一年、四頁。

16　気象庁編『地球温暖化の実態と見通し―世界の第一線の科学者による最新の報告（IPCC第二次報告書）』大蔵省印刷局、一九九六年、三五頁。
17　気象庁編『地球温暖化の実態と見通し―世界の第一線の科学者による最新の報告』前掲書、四三四頁。

2　未来を予言する機械はあるのか
——数理シミュレーションの信頼性に関する問題

本節では、百歩譲って、気候が予測可能な現象だと仮定して議論を進めよう。その上で、現在なされている予測が、どれほど信頼に足るものかどうかを検討することにする。地球温暖化問題は、ハンセン氏の「九九％発言」（本書「はじめに」参照）の根拠がそうであったように、全てコンピュータ・シミュレーションによる予測値の上で成立している。しかし、コンピュータによる数理シミュレーションというものは、そもそもどれほど信頼できるものなのであろうか。それは、地球規模の未来を予知しうるほどの予言機械なのであろうか。もし、われわれが利用しうる予言機械の性能に問題があるのならば、それに依存した対策もまた、大いに問題をはらむことになる。そこで、本節では、仮に未来というものが基本的に予測可能な——偶然や成り行きでは決まらない——事象だとしても、その予測は現在の予言機械たるコンピュータ・シミュレーションによってなしえるのか否かという点を問題にする。と言うのは、昨今の地球温暖化問題がコンピュータ・シミュレーションによる予測の上で成立している以上、コンピュータ・シミュレーション自体に信頼性が欠けるのであれば、全ての議論がその土台を失ってしまうことになるからである。

ところで、昨今しきりに行われている、気候モデルを用いたコンピュータ・シミュレーションとはいったい何なのか。もちろん、普段から地球温暖化問題に関心を抱いている人々にとっては自明なことであろうが、ここで念のため簡単に説明しておくことにする。

まず、気候モデルとは、気候システム内の諸過程を、物理法則（流体力学方程式、状態方程式、質量保存則、熱力学第一法則等）に基づいて数式化し、気候を数値で再現するモデルであると定義することができよう。要するに、地球全体を数字のデータに置き換えたものだと考えればよい。と言っても実感がつかみにくいので、無理を承知で比喩的に説明しよう。たとえば、貴方が自分の未来を知りたいと思うとする。だが、実際に未来になってみなければ結果が分からないというのでは、やり直しがきかない。そこで、自分の未来を事前に知るためには、あらかじめ自分のコピーを作っておいて、そのコピー（＝自分の分身）を先に未来へ行かせてみればよいということになる。具体的には、まず、貴方という人物のコピーをコンピュータの中に作る。このコピーが、モデルと呼ばれるものである。ただし、貴方のモデル（＝コピー）は、すべて数値から構成されることになる。数字のワンセットが、貴方自身の全てを表現しているというわけである。つまり、身長、体重、座高などから始まって、視力、握力、学力、歌唱力、知能、性格、生年月日、病歴、学歴、職歴、前科前歴、収入、資産、趣味、特技、人種、国籍、性別、肺活量等々、知りうる限りあらゆるデータを集め、それらを数値化（数字や番号に置き換える）してコンピュータに入力し、貴方という人物の全特性を数値のワンセットとして再現するのである。そして、このコンピュータ内に作られた貴方の分身に、さまざまな〈実験〉をさせる。たとえば、この会社に入ればどうなるか、この相手と結婚すればどうなるかといったことを、コンピュータの中で試験的にやらせるのである。これが、コンピュータ・シミュレーション（模擬実験）と呼ばれるものである。コンピュータの中の貴方の分身が、時間を早送りして、将来の結果を先に体験してくれるというわけである。

気候のシミュレーションにしても、基本的には同様である。ごく大雑把に言えば、気候システム——大気、海洋、氷雪、陸地、生物圏等々の諸過程——の分身（＝モデル）をコンピュータ内に作り、二酸化炭素の量が二倍になったらどうなるかといった〈実験〉を、この分身にあらかじめ経験させてみるということである。この疑似体験的操作が、気候シミュレーションと呼ばれるものである。ただし、気候システムは動的な性質を強く持っているので、データの数値化が非常に難しい。そこには、流体の力学やパラメータ化といった厄介な問題が関与しているのである。だからこそ、多くの気象学者の労力は、いかに精巧なモデルを作り上げるかに注がれてきた。その結果生まれたのが、大気大循環モデル（GCM：General Circulation Model）と呼ばれるものである。最初の大気大循環モデルは、すでに一九五〇年代に登場している。地球温暖化論において中心的な役割を演じてきたのが、この種のモデルである。シュナイダー氏らもまた、大気大循環モデルを使用してきた。そして、一九九〇年代に入ると、大気と海洋の相互作用までも取り込もうとして、大気・海洋結合モデル（CGCM：Coupled

General Circulation Model）というものが盛んに用いられるようになり、現在ではこちらが主流になりつつある。いずれにせよ、コンピュータによる気候シミュレーションとは、気候システムの仮想モデル（＝分身）をコンピュータ内に作り上げ、時間を早送りにしながら、そのモデルにコンピュータ上での模擬体験をやらせて見るというもので、予測値はその模擬体験の結果なのである。ちなみに、シュナイダー氏は、モデルに関して次のように説明している。

> 基本的に、モデルとは、コンピューターのアルゴリズムにしたがってコード化された一連の数学的方程式のことで、（モデルが真似ようとしている）現実の現象をコンピューターの中で再現しようとするものである。[†2]

ここで、大きな問題となるのは、モデルが実物を正確に写し取っているのかという点である。簡単に言えば、お見合い相手の情報を山ほどもらっても、実際に会って見たら大違いなんてことはないのかということである。

ちなみに、環境保護の観点から多大の非難が浴びせられた長崎県諫早湾の干拓にしても、その実施に科学的な追認を与えたのは、コンピュータ・シミュレーションであった。諫早湾の干拓工事にあたっては、事前に九州農政局（国の機関）による環境影響評価が行われていた。その結果、環境への影響は計画地の近傍に限られ許容の範囲内であるという評価が下されたのである。この調査結果を受けて、周辺の各漁協は漁業協定の締結を決め、干拓事業が実行に移されたのである。もちろん、この環境影響評価に関しては、国が主体となって実施されたものであり、中立性が疑わしいとの批判があることは承知している。だが、実際の分析にあたっては、気象大学校のスタッフ等の学者が参加して行われたことも事実なのである。ともあれ、その環境影響評価で中心的な役割を演じたのが、コンピュータによる数理シミュレーションであった。そして、何度も繰り返されたそのシミュレーションにおいて、環境への影響は大したものではないという結果が出されたのである。ところが、いざ干拓が実施されてみればさまざまな悪影響が観察され、再調査の実施等が検討されていることは衆知のとおりであろう。実は、諫早湾の干拓が環境に与える影響については、九州農政局の評価よりずっと以前に、佐賀県庁が佐賀大学に依頼して独自に調査していたのである。[†3] その方法は、模型実験と呼ばれるものであった。すなわち、一年ほどかけて二〇メートルプールのような諫早湾全体の模型を制作し、それに実際に水を流したりせき止めたりしながら、干拓が環境に与える影響を分析したのである。こちらの方の結論は、干拓が環境に及ぼす影響はかなり大きいというものであった。かつての模型実験は、最新式のコンピュータ・シミュレーションに比べると、原始的な方法に見えるかもしれない。だが、何でも最新式のものが優れているとは限らない。はたして、最新の数理シミュレーションは、自然界のように複雑でスケールの大きなものを再現できるほどの力量を持っているのだろうか。自然界の現象をデータとして数量化し、コンピュータの中で再現するという方法が、はたして可能なのであろうか。諫早の実状を見る限り、この点はどうにも疑わしいのである。

蛇足ながら、逸話を一つ紹介しておこう。諫早湾の干拓に関しては、「亡き昭和天皇が『有明の干拓を憂う』と題して、あえて禁句である『いのる』という言葉を使われ『めずらしき海蝸牛（ウミマイマイ）も海茸（ウミタケ）もほろびゆく日のなかれといのる』と歌われた[†4]」そうである。この憂いは、コンピュータ・シミュレーションに由来するものではなく、伝統的な科学的認識に基づくものであったに違いない。もちろん、利権や利害に絡む憂いであろうはずもない。おそらく、多くの生物学者は、数理シミュレーションの結果がどうであれ、珍種絶滅の憂いを共有していたのではないだろうか。ともあれ、数理シミュレーションの予想に基づく政策は、大きな後悔を残したのである。

話を戻そう。実は、シュナイダー氏らの科学者は、コンピュータ・モデルによる予測に対して、ある程度慎重な態度を採っているのである。シュナイダー氏自身、「モデルは現実を完全に複製したものではない[†5]」ことを認めた上で、次のように述べている。

コンピューターによるモデル化は、人間が未来におよぼす影響……など、もしこうすればどうなるかという仮定にもとづく実験をするうえで、われわれにとって唯一の手段である。しかし、よく確立された多くの事実がある反面、合理的に不確定と考えられる多くの領域もあるので、当然ながら、油断のならない、しかも間違えやすい実験である。[†6]

これほど慎重な立場を採りながらも、なぜコンピュータによるモデル予測を信じるのだろうか。もちろん、地球の実物模型を作ることができない以上、他に方法がないということは事実である。だが、だからと言って、それは「間違えやすい実験」を信じる根拠にはならない。それでも敢えてコンピュータ・モデルを信じる理由の一つとして、シュナイダー氏は、一応次のような例をあげている。

一年のうちに起こる大きなフィードバック作用について、誤りがあったり、ひどい計算違いをしていたりすれば、大気のGCMが地表温度の季節循環を現実世界とほぼ同様にシミュレートできる見込みはほとんどない。われわれのモデルが季節循環をうまく再現できることから、二酸化炭素の倍増がわれわれにどのような影響を与えるかについての予測は三分の二の確率で正確である、

と私は確信した。[†7]

要するに、コンピュータは季節が順繰りに変化していくことを言い当てるのだから、温暖化の予測も言い当てるだろうという説明である。しかし、季節循環など、小学生でも言い当てる。たしかに、小学生でも言い当てるようなことを間違うようでは、「誤りがあったり、ひどい計算違いをしてい」ることには間違いない。だが、その程度の力量で気候予測の可能性まで肯定することができるのであろうか。シュナイダー氏は、コンピュータによるシミュレーションが季節循環を言い当てることを強調する一方で、「一〇日以上にわたる気象を詳しく予測することは最近の気象状況の最高の観測結果を使ってさえ不可能」[†8]だと認めている。これでは結局、誰でも分かることはコンピュータにも分かるが、誰にも分からないことはコンピュータでも分からないということである。誰も分からなかったことがコンピュータ・モデルを利用することで分かるようになったのであれば、温暖化の予測もそれに

頼ろうという気にもなろう。たとえば、数理モデルの導入によって、「一〇日以上にわたる気象を詳しく予測すること」ができるようになったというのであれば、その威力を認めてもよい。しかし、他に新発見を何も示さずにおいて、温暖化の予測だけはやたらに詳しいというのでは、とうてい納得できないのである。

気象予報と気候予測は違うのだというかもしれない。すなわち、モデルは、短期的な気象予報はできなくとも、長期的な平均である気候予測はできるのだという反論である。しかし、このような主張にも、にわかに同意しがたい。というのは、「本来、この大気大循環モデルは、天気予報をするために開発された[†9]」ものだからである。したがって、短期予報用に開発されたモデルでは何十年も先の予測などできないというのならともかく、逆に長期的な平均的気候なら予測できるというのでは、根拠に乏しいと言わざるをえない。少なくとも、モデルの正確さを示す明確な根拠がないのに、それを信じろというのは無理な話であろう。そんなことは、無反省のコンピュータ信仰であって、科学ではないのである。

そもそも、現代人は、コンピュータを始めとする科学技術を過信しているのではないだろうか。たしかに、現在の科学技術は日進月歩であろう。一線級の科学者は、他の人物に比べれば格段に優秀かもしれない。しかし、それは人間的な尺度で見た場合である。昔の人に比べて博識であっても、同時代の他の人間に比べて優秀であっても、それは大自然のスケールからすれば微々たることにしか過ぎないのかもしれないのだ。実際、天気予報の現場を目の当たりにしてきた気象学者は、次のように述べている。

たとえば、科学技術が今日のように非常に発達し、人間が宇宙船に乗って月まで行けるようになったというのに、明日の天気予報の的中率は明治時代と比べて、それほどよくはなっていない。これは気象学者や気候学者がなまけているわけではない。科学の一つの基礎である力学の面からいうと、宇宙船が月に行く問題は質点の力学で解けるが、天気予報の場合は流体力学の問題であり、多体問題になるからである。そして、気象、気候の状態は非常に多くの因子が複雑に絡みあって決まってくるからである。[†10]

コンピュータはおろか、気象レーダーもなければ人工衛星もなく、ラジオゾンデや飛行機さえなかった明治時代と比べて、「明日の天気予報の的中率」さえあまり変わらないというのが実状なのである。[†11] 逆に言えば、天気予報用に開発された大気大循環モデルは、レーダーや人工衛星の助けを借りてさえ、天気予報の精度向上にさえ大した力を発揮しなかったということになる。それなのに、なぜ長期の気候予測には有効だと言えるのだろうか。もちろん、ここで「気象学者や気候学者がなまけている」と言いたいわけではない。気象や気候は、第一線級の学者や予報官にとってさえ予測困難であるほど複雑かつ多様な動きをするということなのである。

にもかかわらず、シュナイダー氏は「予測は三分の二の確率で正確である」と確信したそうであるが、たかだか三分の二の確率でしかない上、なぜ三分の二なのかさっぱり分からない。しかも、ハンセン氏が議会証言で具体的な確率値をあげたことに批判的であった本人が、「私は八〇パーセントから九〇パーセントの確率で、二十世紀の地球温暖化傾向と温室効果ガスの強制力のあいだに因果関係があると考え」[†12]るようになったと述べる根拠もまるで分からない。さらに、モデル予測の精度が「三分の二の確率」である一方、温室効果の強制力に関しては「八〇パーセントから九〇パーセントの確率」になる理由もまた、はっきりしない。どこからそんな数字が出てくると言うのだ。いずれにせよ、地球温暖化のモデル予測が正しいと言うのであれば、その確率も含めて、科学的な根拠を明確に示すことが不可欠なのである。

たしかに、シュナイダー氏は、コンピュータ・モデルを利用した気候予測の正しさを示すものとして、別の例もあげている。その一つは、以下のようなものである。

……三次元地域的気候モデル（CCM：community climate model）は、クッズベックと同僚によって、夏の太陽放射が増加した九〇〇〇年前の状態に条件設定された。……この実験結果からクッズベックは、アフリカ大陸の内部にもっと大きな湖があったこと、アジアとアフリカの川の水量がもっと多かったことを推測した。この発見を検証するためにクッズベックは、国際的な研究プログラムに参加した。……アレイン・ストリート－ペレット（Alayne Street-Perrott）は、長いあいだ中央アフリカの古代の土地を掘りつづけ、動植物の化石から古代の湖の大きさを推定した。

……彼女の発見は、アフリカの雨の量は地球の軌道の変化に大きくコントロールされているという、クッズベックのCCMの実験結果と驚くほど一致していた。[†13]

なるほど、ひょっとすれば、これはこれでよいのかもしれない。しかし、シュナイダー氏自身の記した註によると、クッズベック氏らの論文が発表されたのは一九八六年、ペレト氏らの論文が発表されたのは一九八五年なのである。これでは話の辻褄が合わない。前後が逆なのだ。つまり、まず気候モデルによる推測がなされ、次いでこれを検証するために国際的な研究プログラムに参加し、その結果として推測の正しさが検証されたというのならともかく、論文発表の順序だけからすると、推測が発表される前に実地調査の結果が発表されていたことになるのである。この順序逆転に関しては、何の説明もなされていない。しかも、「アフリカ大陸の内部にもっと大きな湖があった」ということに限れば、別に新知識でも何でもないと思われる。そんなことは、クッズベック氏にコンピュータ推理をしてもらわなくとも、前々から知られていた事実だったはずである。たとえば、気象学者の根本順吉氏は、一九七六年の時点で、すでに次のように指摘している。

サハラとはアラビア語で〝不毛〟のことだが、現在は不毛のこの大乾燥地帯がかつては湿潤だったことを示す証拠は数多い。たとえばチャド湖はいまの十倍も広がりを持った大湖水だった。東アフリカの紅海からエチオピア、ケニア、タンザニア、マラウイを経てザンベジ河口に至る地溝帯の中には、現在でもルドルフ湖、マルガリータ湖などいくつかの湖があるが、これらはどれももっと大きく、あるものは連結して長大な湖となっていた。[14]

これは、クッズベック氏らの論文より一〇年も前に書かれたものである。「アフリカ大陸の内部にもっと大きな湖があった」ことなど、わざわざ気候モデルを用いて御推測いただくまでもなく、すでに衆知の事実だったのである。であれば、上のシュナイダー氏の記述は、コンピュータ・モデルの信頼性を例証しうるものにはなっていないことになる。少なくとも、明らかに説明不足であって、人々を納得させるものにはなっていないのである。

そもそも、数値モデルによる気候予測に関しては、かねてからその可能性に疑念がなげかけられていた。いくらコンピュータの技術が発展しようとも、地球の気候のような不確定性の高い複雑な現象をモデルで再現することは、どうしたって不可能だというわけである。たとえば、高名な気象学者として知られるH・H・ラム氏は、次のように述べていた。

……現象を詳細にみればあまりにも複雑でかつ不確定な問題が多く、数値モデルが実際に季節予報をだしたり、数年や数十年先の予報をだすことは、決して起こらないだろう。[15]

これは、コンピュータ・モデルの技術レベルを問題にしているのではない。気候のように複雑かつ繊細で、しかも偶発性を備えた現象をモデルによって複製することなど、いくら技術が向上したところで、そもそも不可能だと指摘しているのである。実際、現在に至っても、「モデルは現実を完全に複製したものではない」（シュナイダー氏）というのが常識であって、ほんの少し――観測誤差の範囲内で――初期入力値を操作するだけで、予測値が大きく変わることも珍しくないのである。例えば、次のような事例である。

……W・ワシントン博士は、世界の人口が二〇〇億人になったとき……大気の温度がどう変化するか調べた。答えは、コンピュータ・モデルは四五日間で平衡状態に達し、平均四度の気温上昇があると出た。これと並行して別の実験をした。この計算に使った大気循環モデルを使い、一三・五キロメートル上空で、毎秒一メートルの風速誤差を入れてみた。ゾンデ観測でよくある程度の誤差である。計算の結果は、四五日間で平衡状態に達し、やはり平均四度気温が変化することがわかった。[†16]

これは一九七〇年代の報告であるが、後に開発された大気・海洋結合モデルにおいてさえ、状況が抜本的に変わったとは思えない。一九九〇年代においても、「太陽定数をわずかに変えただけで大気・海洋結合モデルのふるまいが……変ってしま[†17]」うという事例が報告されている。つまり、気候を数値モデル化する際に、ほんの少しだけ入力値を誤れば、予測結果が激変してしまうということなのである。逆に言えば、何らかの初期入力値をほんの少し操作することによって、望みどおりの予測結果を出すことさえ可能だということになる。極端な話、二酸化炭素濃度の増加によって気温が上がるという予測結果を出すために、そのような結果が出るようあらかじめ初期入力値を設定しておくことも、あながち不可能ではないであろう。というのは、気候のモデル化には、かなり恣意的な要素が多く含まれているからである。具体的に言うと、次のような点である。

どこまでを変数として扱うかあるいはあらかじめ指定するか、といった基本的枠組みの差は当然として、それが同じであっても違いが生じる。分解能の差とか、方程式の解法の差（差分法か直交関数展開か）のほかに、積雲対流による熱や水蒸気の鉛直輸送とか、地面近くの境界層中の乱流輸送のような、格子で直接表現できない現象の効果をとり入れる（パラメタライズする）のに多様な可能性が残されている。土壌水分とか海氷の扱いになると任意性はさらに拡大する。[†18]

地球が一つしかない以上、その正確なコピー（モデル）が何種類もできるわけはないにもかかわらず、現状ではさまざまなモデルが作られているのである。逆に言えば、地球の気候を正確にモデル化することができていないということであろう。いずれにせよ、少なくとも大気や気候に関して言えば、コンピュータ・モデルによるシミュレーション予測が、それほど信頼性を有するとはとても考えられないのである。むしろ、どのようなスーパーコンピュータを用いたとしても、世界を数理データとして再現することはできないのかもしれないという感さえある。世界とは、そもそも数値によって再現される形で存在するものではないからである。にもかかわらず、いつの間にかコンピュータ予測が一人歩きし、それがいかにも「証明済み」の代名詞にすり替わってしまっているかのようである。たとえば、東京大学寄付講座教授でハーバード大学大学院教授である柳沢幸雄氏は、二一世紀末の大気中における二酸化炭素濃度を数値的に論じるにあたって、次のように述べるのである。

この数値は単なる思いつきで言っているのではない。これはエネルギーに関して、考えられるかぎりの情報を使ってコンピュータで計算した結果でてきた数値である。[19]

ここでは、「コンピュータで計算した結果でてきた」ということが、その数値の信頼性を示す根拠であるかのごとく扱われている。これは一例であるが、現在の地球温暖化論が「コンピュータ・シミュレーションの計算結果に寄りかか[20]」ることによってのみ成り立っていることは、厳然たる事実であろう。しかし、本当にそんなものが当てになるのであろうか。諸情況を冷静に眺めれば、大いに疑問が残るように思えるのである。

以上、敢えて気候が予測可能な現象だと仮定した上で、コンピュータによる予測がどれほど信頼性があるのかを検討してきた。地球温暖化問題を真剣に考えるのであれば、この問題に対しても、一切の曖昧さを排した明確な解答が示されるべきであろう。そうでなければ、地球温暖化説はまるで根拠を失ってしまうからである。

本節の最後に、興味深い話を補足しておこう。一九七六年、まだ地球温暖化論が主流になる以前、気象衛星やコンピュータ技術の進歩は、以下のような結論をもたらしていた。気象学者の根本順吉氏は、次のように明言していたのである。

現在の寒冷化の時代を小氷期と見れば、われわれはすでにその時代に突入している。そして遠い先をみるならまちがいなく大氷河期に向かって進んでいる。現在頻発している異常気象も、氷河期に向かいつつある地球の大きな気候変化の一つの重要なステップであることはほぼまちがいない。……世界中の学者が協力して地球全体を観測し、診断することを始めたのである。南極観測とか人工衛星の打ち上げなども、これに大いに寄与した。……また、人間の力で計算することなどはとてもできないほどのデータを使えるようになったのは、コンピューターの進歩だった。こうしてわかったことは、前記したように地球の空気が全体として着実に気温低下をつづけているということである。[21]

端的に言えば、「世界中の学者が協力」したことと「人工衛星の打ち上げ」と「コンピュータの進歩」によって、「地球の空気が全体として着実に気温低下をつづけている」ことがわかった、ということである。これを、古く誤った認識であったと批判することは簡単であろう。だが、当時はそれが正しいと思われていたのである。現在なされている気候予測が、将来同じような批判を受けないという保証がどこにあろうか。環境庁の指摘によると、「現在の地球温暖化の予想モデルはきわめて未熟な状態にある」[22]らしい。きわめて未熟なコンピュータ予想など、あまり信用されないのが普通である。極端な話、競馬のコンピュータ予想に自分の生活を託す人はいないであろう。なぜ、地球温暖化の予測だけは、「きわめて未熟」であるにもかかわらず、人類全体の将来を託すほどに尊重されるのであろうか。

これまでになされてきた気候のコンピュータ予想を見ても、それほど的中しているとはとても言いがたい。たとえば、コンピュータ・シミュレーションの支持者であるシュナイダー氏は、一九八九年の著書において、はっきりと次のように予測していたのである。

地球温暖化の時代に突入したと証明することはできないが、二〇〇〇年までには多くの人びとが、地球温暖化の兆しが見えはじめたのは一九八〇年代であった、と思うようになるのではあるまいか。[23]

結局のところ、これからの一〇年間で、温室効果の予測がほぼ正しいか否かを確認できそうである。……あえて、私はいま次のように記しておこう。二十世紀の終わりまでに、ほとんどの気候学者が一九八〇年代を振り返ってこんなふうに言うのではなかろうか——自然の気候変化のノイズのなかから温暖化の信号がついに現れた（the greenhouse gas signal finally emerged from the noise of natural climatic variability）のがこの時代だった、と。[24]

けれども、行動を起こすまでにそれほど長く待つことは重大な危険を伴う。気温の記録のなかに地球の温暖化の信号を間違いなく認めたと確信するまで予防措置をとることができなかったら、いま直ちに予防措置を取りはじめた場合よりも、われわれははるかに大規模な気候変化に適応せざるをえなくなるであろう。[25]

要するに、二〇〇〇年までには誰の目にも人為的な地球温暖化が明らかになるだろうけれども、そうなってから対策を立てたのでは遅すぎるというのが、シュナイダー氏らの主張だったはずである。

しかし、この予想は外れた。実際に二〇〇一年になってみると、次のように言われることになったのである。

八〇年代当時の気候予測モデルは、温室効果のきわめて粗雑なシミュレーションにすぎなかった。初期のモデルの有効性を試すために、過去のある時点から現在までの気候変動を「予測」させると、二〇世紀に深刻な氷河期が来たりしたものだ。やむなく研究者らは、適当な要素を加味して、現実に近い「予測」が得られるようにモデルを修正してきた。だが、そんなやり方で未来の予測ができるはずはない。二〇〇〇年までに急速に温暖化が進むという八八年の予測がはずれたのも無理からぬところだ（実際には平均気温の変化はなかった）。[26]

シュナイダー氏だけではなく、一九八〇年代末頃には多くの人為的温暖化論者たちが、急速な気温上昇が二〇〇〇年までに起きると予言していた。にもかかわらず、一九九二〜九三年には平均気温が一時下がってしまったし、結局は「平均気温の変化はなかった」らしいのである。

もちろん、その当時と比べて、コンピュータによるモデル予測は大いなる進歩を遂げたのだ、と言うかもしれない。しかし、一九八〇年代末だって、同じようなことが言われていたのである。シュナイダー氏は、一九八九年の時点で、「すでにさまざまな方法でモデルの有効性を検証している」[27]と明言していたではないか。そもそも自分たちのモデルに確信があったからこそ、対策を急げと警告していたのだろう。それでいて、予想が外れてしまってから、その後の予想能力は大いに向上しているのだと弁解されても、にわかに信じがたいのである。
ともあれ、実際に西暦二〇〇〇年になると、人為的地球温暖化論者は、次のような所見を述べることになる。二〇〇〇年一一月の新聞紙上で、東京大学気候システム研究センター長の住明正氏は、次のように発言している。

二〇五〇年に温暖化の教科書を書くとすると、『温暖化は二〇〇〇年ごろ顕著に見られるようになった』と表現されても不思議ではない状態だ。[†28]

一九八〇年代末、シュナイダー氏は何て言っていましたっけ。たしか、「温暖化の信号がついに現れた」のは一九八〇年代であったことが、西暦二〇〇〇年までに確認できそうだとか何とか言ってましたよね。そして、西暦二〇〇〇年が来たとき、今度は東京大学の住氏が五〇年後——「これからの一〇年間で」ではなく——を予想した。すなわち、五〇年後になれば、「温暖化は二〇〇〇年ごろ顕著に見られるようになった」と言われるだろう……と。ここで、別に難癖をつけたいわけではない。問題は、われわれ一般市民に耳に入ってくる情報が、コロコロと変わってしまっていることなのである。これでは、人為的温暖化説を信じろと言われても、とても無理であろう。まさか、予言が外れるたびに言い訳と新予言でその場を取りつくろってきたどこかの教祖でもあるまいし。

注

1 詳しくは、時岡達志「大気大循環モデルによる気候の研究」『科学』第五四巻九号、一九八四年、五三三―五四〇頁を参照。また、大気・海洋結合モデルについては、気象庁編『地球温暖化予測情報　第一巻』大蔵省印刷局、一九九六年を参照。

2 スティーヴン・シュナイダー『地球温暖化で何が起こるか』田中正之訳、草思社、一九九八年、七七頁。

3 ただし、干拓の規模が現在とは違っていたので、両評価の厳密な直接比較はできない。

4 山下弘文『諫早湾ムツゴロウ騒動記―忘れちゃいけない二十世紀最大の環境破壊』南方新社、一九九八年、四一頁。

5 シュナイダー『地球温暖化で何が起こるか』前掲訳書、七七頁。

6 シュナイダー『地球温暖化で何が起こるか』前掲訳書、一二五頁。しかも、大気大循環モデルの問題点について、次のようにも認めている。

コンピューターで天気図を描くには……六個の偏微分方程式を解かなければならない。……大循環モデルのシミュレーションが――長期間の平均値に対してさえ――不完全とされるもう一つの理由は、さきにあげた六個の複雑な数理方程式を正確に解く方法が誰にもわからないことである。（同書一三一―一三三頁）

7 スティーブン・H・シュナイダー『地球温暖化の時代―気候変化の予測と対策』内藤正明・福岡克也監訳、ダイヤモンド社、一九九〇年、一三四頁。

8 シュナイダー『地球温暖化の時代―気候変化の予測と対策』前掲訳書、一〇八頁。

9 真鍋淑郎「二酸化炭素と気候変化」『科学』第五五巻二号、一九八五年（八四―九二頁）、八七頁。

10 高橋浩一郎・宮沢清治『理科年表読本―気象と気候』丸善、一九八〇年、一七四頁。もちろん、これが書かれた時代には、気象衛星も気象レーダーもコンピュータ・モデルもすでに大いに活用されていた。ちなみに、いささか古い話であるが、須田建氏（気象庁予報課長＝当時）は「予報はなぜはずれるか―微妙に変る日本の空の特殊性―」（『科学朝日』一九七〇年一〇月号、四七―五〇頁）という論文を著している。いずれにせよ、自然界の多様さや複雑さは、人間の叡智をもってしても、容易に予見することを許さないのであろう。

11　一九七〇年代以後の気象学は、コンピュータの時代だと言われている。たとえば、N・コールダー氏は、次のように述べている。

今日の気象学は、過去のいずれの時期の発展にも劣らず、一九六〇年代の発展にその基礎を置いている。今やコンピューターの時代である。しかしまた、衛星と国際協力の時代でもある。（『ウェザー・マシーン―気候変動と氷河期』原田朗訳、みすず書房、一九七九年、一〇〇頁）

たしかに、気象や気候の研究法は大発展したのであろう。だが、それは人間の知識量を尺度にして見た限りのことであって、大自然の解明というスケールで見れば、微々たる進歩かもしれない。また、以下の新聞記事にも表れているように、二一世紀に入っても天気予報の困難さは相変わらずなようである。

二一日から二二日にかけて紀伊半島から日本列島の東海岸沿いを北上した台風一一号について、「予報がはずれた」などと苦情や批判が各地の気象台に殺到した。……ベテラン予報官たちは「……台風の中心位置の予測にはある程度の誤差がつきものであることも知ってほしい」と、報道する側や情報を受け取る側にも、理解を求めている。（朝日新聞、二〇〇一年八月三一日夕刊）

12　シュナイダー『地球温暖化で何が起こるか』前掲訳書、一五一頁。

13　シュナイダー『地球温暖化の時代―気候変化の予測と対策』前掲訳書、七〇頁。（段落は無視）

14　根本順吉『氷河期が来る―異常気象が告げる人間の危機』光文社、一九七六年、一二五頁。（段落は無

視）

15 N・コールダー『ウェザー・マシーン―気候変動と氷河期』前掲訳書、一七七頁。

16 中村政雄『気象資源―地球を動かす水と大気』講談社、一九七六年、一五九―一六〇頁。（段落は無視）

17 山形俊男「大気と海洋の結合による一〇年スケールの気候変動」『科学』第六一巻一〇号、一九九一年（六八九―六九六頁）、六九六頁。ちなみに、太陽定数とは、地球が太陽からの平均距離にあるとき、地球大気圏の上限で太陽光線に垂直な単位面積の平面が単位時間に受ける放射エネルギーのことであり、その値は約一・三七kW／㎡とされているが、しばしば変動する。

18 松野太郎「温室効果ガスの増加による気候変化の推定」『科学』第五九巻九号、一九八九年（五八三―五九二頁）、五八八頁。また、山本義一氏も次のように述べている。

……気候変動の研究においてはモデルを吟味することもたいせつであるが、それ以前の問題として、熱収支に必要な赤外放射伝達の計算方式、およびそれに必要な赤外吸収帯に関する基礎データにまだ改善の余地があるということである。（山本義一「気候変動と人間活動」山本義一編『大気環境の科学4　気候変動』東京大学出版会、一九七九年、七五頁）

19 柳沢幸雄『CO_2ダブル―地球温暖化の恐怖』三五館、一九九七年、一一四頁。

20 米本昌平『地球環境問題とは何か』岩波書店、一九九四年、二五頁。

21 根本順吉『氷河期が来る―異常気象が告げる人間の危機』前掲書、九一―九二頁。（段落は無視）

22 環境庁「地球温暖化問題研究会」編『地球温暖化を防ぐ』日本放送出版協会、一九九〇年、六〇頁。

23 シュナイダー『地球温暖化の時代―気候変化の予測と対策』前掲訳書、三八頁。

24 シュナイダー『地球温暖化の時代―気候変化の予測と対策』前掲訳書、一三八頁。

25 シュナイダー『地球温暖化の時代―気候変化の予測と対策』前掲訳書、一三七頁。

26 フレッド・グタール「温暖化なんて怖くない」『ニューズウィーク』(日本版) 第一六巻二九号、通巻七六八号、二〇〇一年八月一日 (二二一―二二七頁)、二二五頁。(段落は無視)
27 シュナイダー『地球温暖化の時代―気候変動化の予測と対策』前掲訳書、一三八頁。
28 「温暖化が問う㊤」朝日新聞、二〇〇〇年一一月七日。

3　氷河時代接近説はどこへ行った——気候変動か思考変動か

根本順吉氏は、一九八九年、『熱くなる地球』という著書を出版した。一方、同じ著者が一九七四年に出版した書物のタイトルは、『冷えていく地球』というものであった。この二つの書物を隔てる時間は、気候変動論の方向性を正反対に変えていたのである。一九六〇年代後半から一九八〇年代初頭にかけて、多くの人々は、温暖化ではなく、地球が冷えていくことを心配していたのである。当時、気候変動に関する中心的な議論は、迫り来たる氷河時代をいかにして生き延びるかというものであった。実際、一九七二年の一月には、「現在の間氷期はいつどのようにして終わるか」というテーマでの専門家会議が、アメリカのブラウン大学で開催されたのである。つまり、次の氷河期がいつ来るのかという問題が国際的な関心事だったということである。当時は、寒冷化の進行や氷河時代の接近をテーマとする書物が多数出版され、多くの人々に読まれていた。日本で出版されたものの中から例を挙げてみると、以下のとおりである。

『氷河期へ向かう地球』根本順吉著、風濤社、一九七三年
『地球が冷える―異常気象』小松左京編集、旭屋出版、一九七四年
『冷えていく地球』根本順吉著、家の光協会、一九七四年（＝角川文庫、一九八一年）

『ウェザー・マシーン―気候変動と氷河期』N・コールダー著、原田朗訳、みすず書房、一九七四年
『氷河時代―人類の未来はどうなるか』鈴木秀夫著、講談社、一九七五年
『地球は寒くなるか―小氷期と異常気象』土屋巌著、講談社、一九七五年
『氷河期が来る―異常気象が告げる人間の危機』根本順吉著、光文社、一九七六年
『大氷河期―日本人は生き残れるか』日下実男著、朝日ソノラマ、一九七六年
『氷河時代がやってくる』F・ホイル著、竹内均訳、ダイヤモンド社、一九八二年

また、以下に挙げる書物は、タイトルにこそ氷期や氷河時代という言葉は使われていないが、地球の寒冷化をめぐる諸問題をテーマとしたものである。

『異常気象―天明異変は再来するか』和田英夫他著、講談社、一九六五年
『迫りくる食糧危機』中村広次著、三一書房、一九七五年
『気候変動で農業はどうなるか―食糧危機を考える』坪井八十二著、講談社、一九七六年
『異常気象と農業』坪井八十二・根本順吉編、朝倉書店、一九七六年
『異常気象と環境汚染』朝倉正著、共立出版、一九七二年

さらに、一般向けの科学雑誌として広く親しまれていた『科学朝日』誌（朝日新聞社）に掲載された論文のタイトルにも、次のようなものが見受けられる。

「地球は冷えはじめている—寒冷化の原因と影響」朝倉正、一九七〇年一〇月号。
「寒冷化時代へのきざし」樋口敬二、一九七一年一一月号。
「確かに地球は冷えて行く」朝倉正、一九七三年八月号。

以上の著書や論文は、いずれも高名な論者や学者の手によって書かれたものばかりである。内容も、断じていい加減なものではない。だが、一九九〇年代に入る頃には、これらの著作はすっかり忘れ去られてしまったかのようである。現在では、全て絶版か品切れであろう。それに代わるかのように、いつの間にか、地球温暖化をテーマとする書物が書店に数多く並ぶようになった。この論潮変化の原因は何であろうか。常識的に考えれば、科学的な学説に大きな変化があったに違いないということになろう。すなわち、何らかの大きな科学的発見によって従来の地球寒冷化説の理論的根拠が明確に否定され、代わって地球温暖化説が実証されたからこそ、論潮にも変化が起こったに違いないと考えるのが普通であろう。だが、現実はそうではない。少なくとも地球の気候変動に関して言えば、学説を正反対に変えるような発見や証明は何もなかったのである。この点に関して、米本昌平氏は次のように指摘している。

……あたかも八〇年代末に地球環境問題が政治問題として急浮上したことが、自然科学研究の内在的な発展の結果として起こってきたかの印象を与えたかもしれない……。少なくとも温暖化問題に関するかぎり、この時期にとくに世界観を変えてしまうほどの、大理論や大発見があったわけではない。……温暖化問題が国際政治の場での主題の一角を占めるようになった主たる原因は、科学の外側にあったことになる。[†2]

つまり、地球寒冷化説から地球温暖化論へという論潮転換は、科学的な発見や証明に基づくものではないということである。大気大循環モデルを用いた研究にしても、それほど目新しいものではない。それは一九五〇年代に登場し、すでに「一九六〇年代後半から七〇年代にかけて大気大循環モデルによる気候シミュレーションが活発に行なわれ[†3]」ていたのである。

さらに注目すべき点は、寒冷化説と温暖化論の方向転換が、何も今回に始まったことではないということである。寒冷化説と温暖化論は、まるで流行のサイクルのように、隆盛と衰退を交替してきた。具体的に言うと、一九五〇年代までは温暖化論が主流であり[†4]、一九七〇年代を中心に寒冷化説が隆盛し、一九八〇年代前半は一時的に温暖化論が世間を騒がせた。そして、御承知のとおり、ハンセン氏の「九九%発言」が出された一九八八年以後、今日まで続く地球温暖化論が大ブレイクしたのである。

ここで、温暖化論と寒冷化説の盛衰を、順を追って振り返ってみよう。まず、一九七〇年代に隆盛した寒冷化説では、それまでの温暖化論を、古い誤謬のように回顧していたことが見て取れる。たとえば、次のような諸記述である。

……二酸化炭素は、人類の工業活動によって、いま、しだいにふえつつある。……「このまま増えつづければ……」と、アメリカの科学者ユージン・ピーターソン氏はかつて警告した。「西暦二〇〇〇年には、一九五〇年に比べて世界の平均気温は五度あがり、地球は間違いなく焦熱地獄になるだろう」……いま、この予測には、かつてほどの、すごみは感じられない。現実には、北半球の平均気温は年々下がりつつあるのだから……。[5]（一九七七年の記述）

いまから約二〇年まえは、暖冬つづきで、地球の温暖化が話題になった。その頃南極の氷がとけて海面が上昇し、海に面した大都会が水没するおそれがあるとさわがれた。……ところが、さいきんは寒くなってきているという説が有力になってきた。[6]（一九七二年の記述）

年平均気温が全世界的に寒冷化する方向を歩んでいる時、日本だけがいつまでも温暖化を楽しんでいることは許されまい。……暖冬がつづいたころ、二酸化炭素の温室作用説が一時有力な時代があった。……一見合理的に思われるこの説にもいくつかの弱点がある。[7]（一九六五年の記述）

繰り返すが、以上はどれも一九六〇年代後半から一九七〇年代にかけて書かれたということを忘れてはならない。当時の寒冷化論者たちにとって、人為的地球温暖化論は、人工衛星もコンピュータもなかった時代に唱えられていた旧説にすぎず、しかも現実の寒冷化を予測し損なった誤説でしかなかったのであろう。ともあれ、二酸化炭素の人為的排出による地球の温暖化という議論は、一九八〇年代の新発見に基づくものではなく、半世紀以上も前に「暖冬異変」[8]が騒がれた頃、すでに一度は主流化していたものなのである。

ところが、一九六〇年代後半に入ると、気候変動論の論潮は、寒冷化と氷河期近接へと一変する。

すなわち、本節の冒頭にあげたような著書や論文が多く発表され、多くの人々に読まれた時期である。その頃になると、すでに「温暖な気候時代は終わっ」ており、「一九六〇年代にはいってから、気温は急速に下が」っているというのが、大方の共通認識になっていた。[†9] そして、次のような記述が、いたる所に見受けられるようになるのである。[†10]

地球の温暖化傾向については、昭和三十六年十月、ローマで国際シンポジウムがもたれ、世界の気象学者や気候学者の間で議論されたが、それによると近年の暖冬傾向は終わり、欧米ではすでに寒冷化が始まっているのではないかといわれてきた。[†11]

大氷河期の襲来は、ブラウン大学のロブリー・マシューズ博士によれば「現在のペースで気温が下がり続けると、おそらく百年たらずで来る。」という。これを極論としても、早ければ数世紀のうち、遅くても二千～三千年後のことであるというのは有力学者の一致した見解である。[†12]

次の氷河時代が起こる危険性は、われわれに及んでいる危険のなかで最大のものというわけではない。ただ将来必ず起こることが約束されている危険なのだ。それは今生きているものの大部分をこの世から消し去るばかりか、生き残った者とその子孫にとって、もはや逃れることのできない希望のない灰色の未来だけを残すことになる。それは五万年にもわたって続き、そこで人類が見ることのできる未来は、今日人類が見ている未来よりはるかに望みのないものだろう。だからこそ、この破局を避けるために私たち現代人が行動を起こさなければならないのだ。この窮極的

な破局に比べるなら、政府や放送・出版などのメディアや、人々が毎日毎日問題にしていること
などはとるに足らぬ問題なのだが……。[13]

当時の科学者たちは、人類の未来を救うために、地球寒冷化への対策を急がねばならないと警告していた。もし何らかの人類救済計画を実施しなければ、「今生きているものの大部分をこの世から消し去る」とまで言われていたのである。しかし、温暖化論と同様、寒冷化説もまた、決定的な科学的根拠を見つけられないでいた。結局のところ、地球が冷える原因を明確に特定することはできないでいたのである。[14]そこで、気候寒冷化の原因——寒冷化現象自体は自明として——に関してさまざまな仮説が出回っていた。太陽活動原因説、周期変動説、人為説、火山活動説、それらの複合説等々である。中でも特に注目を集めた学説の一つが、人為的な粒子状物質（細かなチリ）排出説であろう。[15]工業活動によって大量に排出される煤煙中の粒子状物質がエーロゾルを生成することによって、[16]あたかも日傘をさしたように日射がさえぎられ、地球を冷やしてしまうという考え方である。大量のエーロゾルが、二酸化炭素の温室効果を上回るほどの日傘効果（遮蔽効果）を発揮し、気温低下を招くということである。で、この日傘（遮蔽）効果＝寒冷化説の主導者であったのが、アメリカでは『地球温暖化の時代』[17]の著者であるシュナイダー氏、日本では『温暖化する地球』の著者である田中正之氏なのである。[18]田中氏の研究は、『大氷河期—日本人は生き残れるか』という書物にも取り入れられていたし、『地球は寒くなるか—小氷期と異常気象』という書物の中では、次のように紹介されていた。

……強力な低温化効果を示すのが、人間活動で放出された細かなチリの力であるという説が近年よく提唱されるようになった。……人間活動にもとづくチリの半分は直径が五ミクロン以下であるから、長く大気中に浮かんでいる。そのため、年率四パーセントで増加すると西暦二〇〇〇年には、現在の四倍量になる。この細じんが……太陽からの光を散乱させるので、地表面に達する日射量が減少する。……東北大学の田中教授は、世界中が札幌程度に汚染されると、平均気温が三・五度低下するという計算結果を発表した。[19]

また、シュナイダー氏は、『地球温暖化の時代―気候変化の予測と対策』の中で、自らの過去の見解について、次のように述べている。

私は、一九七〇年の初め（early 1970s）には、粒子は物質による汚染（particulate pollution）が温暖化作用を上回る寒冷化をもたらすだろうと考えていたが、根拠の確実性のことを考慮し、いまでは、温室効果ガスの温暖化作用は逆方向に働く地域的影響の総和を長期的に上回ると考えるようになった。[20]

今日では地球温暖化論の第一人者と目される人々もまた、かつては熱心な寒冷化論者だったのだ。ちなみに、粒子状物質排出による冷却化作用自体は――異論も存在するが――今日でも完全に否定されてしまったわけではない。ところが、一九八〇年代に入ると、大きな科学的新発見がなされたわけでもないのに、多くの識者たちが地球温暖化論へと宗旨替えしてしまう。またもや正反対の逆転が生じ、地球温暖化論が復活するのである。まず最初の復活劇は、一九八三年に起こった。だが、これはすぐに忘れられてしまう。その後、一九八八年になって再度、現今の地球温暖化問題が急浮上してきたのである。木村竜治氏は、その間の経緯について、以下のように述べている。

一九八三年、アメリカの環境保護局（EPA）は、〝炭酸ガスで地球が温暖化する〟というレポートを発表した。その年の一一月六日付の〝サンデー毎日〟は、〝七年後、南・北極の氷が融け、ゼロメートル地帯消滅の恐怖〟という見出しで、そのレポートを紹介している。それから、七年が経過した。しばらくの間は、〝温暖化の恐怖〟は忘れられていたようにみえたが、一九八八年の北アメリカの大旱ばつをきっかけにして再び社会問題になった。[†21]

すでに指摘したとおり、この「一九八八年の北アメリカの大旱ばつ」をきっかけに、アメリカ上院において公聴会が開催され、ハンセン氏の「九九％発言」が世界中に大反響を巻き起こしたのである。以後の展開は、衆知のとおりであろう。ちなみに、一九八三年に発表されたEPAレポートは、一時的な大反響を巻き起こしたものの、発表直後から次のように批判され、結局はすぐに忘れられてしまった。[†22]

一九八三年後半、アメリカ環境保護局（EPA）は温室効果に関する大がかりな報告書を発表した。新聞や雑誌はそれに追随する形で、次々に警告的な記事を書きたてた。……そこでは、極地の万年氷の溶解、海水位の上昇、そしてアメリカ中央部のひどい砂嵐のような状況といった、いい古された〝この世の終わり〟的シナリオが扱われていたのである。しかもEPAリポートを読むと、これら危険のすべてが一〇年以内、つまり一九九〇年代に、一挙に私たちに降りかかってくるかのような気にさせられる。では、このリポートの出現によって、私の主張するようなより慎重な意見は、無意味になってしまうのだろうか。断じて否である。一九八三年一〇月、多くの新聞のトップ記事を飾ったEPAリポートには、なに一つとして新しい科学的な裏付けはなかった。[23]

何はともあれ、二一世紀に入った今日でも、「この世の終わり的シナリオ」が実現しなかったことは、誠に御同慶の至りである。だが、話はこれで終わらない。地球温暖化論そのものは再び勢力を盛り返し、その影響力は世紀をまたいで続いている。対照的に、地球寒冷化説の方は、いつの間にかどこかに行ってしまった。現在の論潮において、寒冷化説や氷河期接近説は、すっかり忘れ去られてしまっているか、時代遅れの旧説――かつての温暖化論がそうであったように――という扱いをされるかのいずれかである。たとえば、江澤誠氏は、次のように述べている。

……科学はつい最近まで、地球の温暖化より、寒冷化を心配していたのである。……総合すると、長期的には異論はあっても目下のところ地球が温暖化していることに異論を唱える人は少ない。……近年の急激な温度上昇は人為的なものによっていることは動かしがたい。……これを食い止めるにはどうすればよいのだろうか。[24]

つまるところ、「近年の急激な温度上昇は人為的なものによっていることは動かしがたい」という理由で、一九七〇年代の寒冷化説が実質的には葬り去られているのである。しかし、一九七〇年代当時は、「いくつもの指標がしだいに寒くなっているということを物語っているという事実は打ち消し難い」[†25]という理由で、それ以前に提唱されていた人為的温暖化論が否定されていたことも忘れてはならない。たまたま寒くなれば温暖化論が否定され、暑さが数年続けば寒冷化説が否定されるという次第である。確固たる科学的証明も何もあったものではない。第一、たかだか一〇年や二〇年のスケールで地球規模の気候変動を論じるのは無茶であろう。

今では地球温暖化論の中心人物となったシュナイダー氏もまた、過去の寒冷化説を、昔の人による根拠のない思い込みとして扱っている。非常に信頼できる温暖化論が示されていたにもかかわらず、当時の人々は、寒冷化という誤説を信じていたというわけである。彼は、次のように明言している。

一〇年から一五年前、ほとんどの人が地球は寒冷化していると思っていたときに、世界各地の数十人の科学者は、たいへん信頼できる物理原則に基づいて、地球の温暖化傾向は一九九〇年までにははっきりするだろうと大胆にも予測した。しかしその問題が人びとの意識にのぼり、あるいは政治的協議事項になることはなかった。[†26]

ちょっと待って下さいシュナイダー先生。あなたがこれを書いたのは一九八九年、その一五年前といえば、ちょうど一九七〇年代前半あたりですよ。ということは、あなた御自身が、粒子汚染によって地球が寒冷化するとおっしゃっていた頃ではありませんか。一五年前、あなた御自身は、なぜ「たいへん信頼できる」ことを信じなかったのでしょうか。たとえば、あなたとラソール氏は、権威ある『サイエンス（*Science*）』誌に次のように書いていたではありませんか。

……人間活動による微粒子注入の増加にともなう全球大気バックグラウンドの混濁がどの程度になるのかを予見することは困難である。しかしながら、これからの五〇年間に、人間による汚染の可能性は、六倍から八倍ほど増大すると見積もられる。大気中への微粒子物質の注入率がこれほど増大すれば、全球バックグラウンドの混濁度は、現在の四倍になろう。その場合、われわれの計算によると、全球気温は三・五度も下がることになる。数年に亘って地球表面の平均気温がこれほど大きく低下することは、氷河時代への引き金となるのに充分なものだと確信される。[†27]

シュナイダー氏もまた、大勢の論潮が地球寒冷化説であった頃、その代表格であった。そして、地球温暖化論が注目されてきたときには、その中心人物になったのである。結局のところ、気候変動論の足跡を見れば、北半球の中・高緯度地方——多くの先進諸国の所在地——を中心とする気候的体験が、議論の論潮を変えてきただけであるとも言える。過去の地球気温を北半球を中心に振り返ると、一九二〇年代から目立ち始めた温暖化は一九四〇年をピークに寒冷化傾向に転じ、一九五〇年代あたりまではまだ比較的暖かい時期が続いたものの、一九六〇年代~七〇年代前半はかなり寒くなり、一九八〇年前後からは再び暖かくなってきたという順序を踏んでいる。この気候変動周期が、温暖化論と寒冷化説の学説変動周期とほぼ一致するのである。極論すれば、先進諸国が寒くなれば寒冷化説が台頭し、暑くなれば温暖化論が有力になるという次第である。気候変動論の論潮転換は、科学的な新発見によるものではなく、近視眼的な気候体験に対応しているのである。この奇妙な周期合致は、そのことをよく表している。今日の温暖化論者にしても、「私たちの過去二〇年前後の記憶をたどってみるだけでも、地球温暖化の着実な進行を実感することができる」[28]などと平気で言うのだ。なお、気候変動論の変遷について、気象学者の倉嶋厚氏は、『科学朝日』(一九七〇年)誌上の対談において次のように指摘していた。

……いままでの異常気象の論じ方をずっとみてみると、ちょっと変なところがある。たとえば、暖冬異変のときに二つの説が出た。ひとつは太陽黒点説。これは周期説だから、やがて寒冬がくる。これは現象的には当った。もうひとつは炭酸ガス説、例の温室効果だ。これだと、だいたいずっと一定方向に温暖化していく。氷も融けて東京は水浸しになるかもしれないという話に発展した。ところが、寒冷化になった場合には、こんどは大気の混濁物は温室効果じゃなくて遮蔽効果だといわれ始めた。たとえば、ダビタヤはほこりを温暖化の説明に使っているわけだが、別の学者はこれを寒冷化の説明に使う。ひとつのことについてまったく異った結論が出るような、そういう段階の気象理論であるわけだ。[29]

気候変動論の変遷状況は、この当時とほとんど変わっていない。いったい何を信じればよいのかさっぱり分からないというのが現状なのである。少なくとも、現在の人為的地球温暖化論を信じ切ることなど、とてもできそうにないと思われる。それとも、今日の地球温暖化論にはこれまでにない強力な根拠があるというのであろうか。人為的地球温暖化を主張するのであれば、この点を明確にしておかなければ全く説得力がないのである。

また、現在の地球温暖化論者を含め、ほとんど全ての気象学者は一九五〇年代から一九七〇年代にかけて、地球――特に北半球――の気温が低下したという事実を認めている。だが、その理由が説明されていない。倉嶋氏の言うとおり、もし二酸化炭素等の人為的排出が地球の温暖化を招くのであれば、「ずっと一定方向に温暖化」しなければおかしい。産業革命期以来一貫して温室効果ガスの人為的排出は継続かつ増大しているはずなのに、なぜ一九五〇年代から一九七〇年代だけ低温化したのか。この点もまた、地球温暖化論の理論的矛盾である。この点については、すでに田宮兵衛氏が次のような疑問を投げかけているのだが、温暖化論者からの明確な解答は未だ示されていない。

……北半球の平均気温は、一九四〇年頃に極大に達したあと、一九六〇〜七〇年代にかけて低下する傾向にあった。このことは二酸化炭素濃度の一方的な増加からは説明できないのである。それにも関わらず、なお二酸化炭素の温室効果が現在進んでいるという主張をしたいならば、一九四〇〜七〇年の低温化を説明しなければならない。[†30]

なるほど、シュナイダー氏は、「状況証拠に基づく推測の域を出ていない」と慎重に断りながらも、気温低下期の原因を、二酸化硫黄の人為的排出に求めている。すなわち、人為的に排出された大量の二酸化硫黄が硫酸塩エーロゾルを生成したことによって、気温を押し下げたと言うわけである。実際、一九七〇年代初めのシュナイダー氏は、微粒子による汚染が「氷河時代への引き金となるのに充分なものだと確信される」と言っていた。だが、今となっては、それは「状況証拠に基づく推測」に過ぎなかったらしい。ともあれ、一九八九年になると、シュナイダー氏は次のような説明をするのである。

……主に北半球の現象である二酸化硫黄排出が、一九五〇年から七五年にかけて急激に増加し（この間、北半球の地表気温は低下した）、次いで環境保護の要請から減少した（一九八〇年代は記録されている限りでは最も暖かい一〇年となった）という事実から、二酸化硫黄が雲の明るさを変えたために、一九五〇年から八〇年のあいだの北半球の温暖化はモデルの予測値を下回ったと考えることができる。[†31]

だが、この説明は、他の地球温暖化論者たちの見解と大いに矛盾する。たとえば、和田武氏の見解では、二酸化硫黄もまた、温室効果ガスだということである。和田氏は、次のように明言している。

最近では、二酸化炭素以外の他の温室効果気体の増加による温度上昇も無視できなくなっている。……対流圏のオゾン、二酸化硫黄、四塩化炭素、クロロフォルム、メチレンクロライド、エタンなどの温室効果気体も増加している。[†32]

要するに、和田氏によると二酸化硫黄もまた温室効果ガス（＝地表からの赤外放射を吸収する）だということであり、シュナイダー氏の方は二酸化硫黄の人為的排出が冷却化（＝エーロゾルの生成）の原因だったとしているのである。となると、少なくともどちらかが間違っていることになる。さらに、シュナイダー氏の言うように、二酸化硫黄の排出量は本当に減っているのであろうか。たしかに、欧米では酸性雨対策として二酸化硫黄の排出規制が実施された。だが、中国を始めとする新興工業諸国では、むしろ二酸化硫黄の排出量が増加しているとも言われているのである。[†33] 実際、右の和田氏の記述でも「二酸化硫黄……も増加している」となっている。なお、和田氏は、別の著書で次のように述べているのである。

このまま化石資源を大量に使用する工業化や人口増加がつづけば、二酸化硫黄や窒素酸化物の排出量がますます増加することが予想されています。[†34]

いったい、二酸化硫黄は冷却効果をもたらすのか温室効果気体なのかどっちなのだ。それは増えているのか減っているのかどっちなのだ。この点にきちんとした決着をつけてもらわなければ、一九六〇年代〜七〇年代における気温低下の原因を明らかにすることはできない。少なくとも、自分自身でさえ「状況証拠に基づく推測の域を出ていない」と認めているシュナイダー氏の原因説明など、とうてい異論なく納得できるようなものではないのである。

なお、シュナイダー氏の言うとおり、二酸化硫黄が――温室効果ガスではなく――硫酸塩エーロゾルを生成する物質であったとしても、疑問が晴れてしまうわけではない。二〇〇〇年三月、国立環境研究所と東京大学気候システム研究センターの共同研究チームは、大気中の微粒子エーロゾルが、寒冷化効果ではなく、温暖化を加速する作用を持つとの学説を発表した[35]。逆説的にも、もしこの学説が正しければ、人為的な気候変動という考え方自体が再考を迫られることになる。というのは、シュナイダー氏らがかつて唱えていた学説が、正反対の誤解に基づくものだったことになってしまうからである。シュナイダー氏の言うように「二酸化硫黄排出が、一九五〇年から七五年にかけて急激に増加」したのであれば、その時期こそ温暖化が加速していなければ辻褄が合わなくなる。すなわち、一九六〇年代〜七〇年代の気温低下は人為的な微粒子汚染によるという説明が、その根拠を完全に失ってしまうのだ。二酸化炭素も微粒子エーロゾルもともに昇温効果があり、その両者が産業革命期以来人為的に大量排出され続けてきたのであれば、なぜ一九六〇年代〜七〇年代には気温が下がったのか。その当時だけ人間の工業活動が止まったわけではない以上、この期間の地球寒冷化の原因は、非人為的（=自然的）な要因に求めざるをえないことになるのではないだろうか。

いずれにせよ、気候変動論の論潮は、明確な科学的根拠を常に欠いたまま、多数決によって、寒冷化説と温暖化論の政権交代劇を演じてきたのである。思い出せば、一九七〇年代には、新聞等のマス・メディアも寒冷化説を後押ししていた。当時の新聞記事には、次のような記事が載っていたのである。

十月に来日したアメリカのウィスコンシン大学教授レイド・ブライソン博士も、こう述べた。

「過去の例をみると、間氷期というのは一万千年ぐらいしか続かない。ウルム氷期が去ってから、すでに一万八百年ほどたっているから、そろそろ大氷河期がやってきても不思議はない[36]」。（一九七六年）

米国では、経済危機の様相をみせはじめた空前の大寒波。日本では、平均気温が戦後で最も低い異常寒冬――。太平洋をはさんで日米両国が記録破りの寒さに見舞われている。……「地球寒冷化説」を裏書きするものか。日米ともに、異常寒気団の襲来はまだ続くのか。ホットなニュースとして世界中をかけめぐっている……[37]。（一九七七年）

一九八〇年代末頃からは人為的地球温暖化をしきりに報じているマス・コミもまた、その一〇年ほど前には、氷河期近接と地球寒冷化を軸に記事を書いていたのである。マス・コミにしても学者にしても、その急激な思考変動は驚くばかりである。すなわち、「暖冬異変」の頃は温暖化論が台頭し、異常寒波[38]が来ると寒冷化説が主流になり、そして一九八〇年代以来の高温期に入ると、再び温暖化論が隆盛しているという次第である。明確な科学的新発見がないにもかかわらず、なぜこのように論潮が変動するのか。結局、たまたま寒くなれば寒冷化説が隆盛し、たまたま暑くなれば温暖化論が幅を利かせるというだけのことではないのだろうか。シュナイダー氏の理論にしても、天気によって中身が変わっているとしか思えないのである。気象学者だからお天気屋さんなのは仕方ないというのでは、冗談にもなるまい。

表2─1　北半球中・高緯度の寒冷化を示す現象…一九七〇年代に示されていた〝証拠〟

一九六一	前年一二月と二月に十数年来の雪あらしがアメリカ北東部に。（アメリカ） 前年一二月～一月、北陸で大雪。（日本） 一二月中旬、前例のない強い寒波北インドへ、約四〇〇〇人の凍死者。（インド）
一九六二	一〇月、ノースカロライナで低温の新記録、マイナス一二度Cに達した。（アメリカ） 一二月上・中旬、東部では強い寒波のため凍死一一二名、フロリダのかんきつ類大被害。（アメリカ）
一九六三	一月、ヨーロッパ各地は二〇〇〇年来（小氷河期以来）の寒波、平均気温偏差マイナス五～一〇度C。（ポーランド・ドイツ・フランス・イギリス・ソ連西部ほか） 日本海側（東北から東日本にかけて）大雪に見舞われる。（日本）
一九六四	一九六三～六四年の冬、中東は二〇年来の寒波、とくに南部イランでは前例のない寒さになる。（中東） 一月、モンゴリアでは数十年来の大雪と寒さ。（モンゴリア）
一九六五	四月～一〇月、北海道・青森冷害。（日本） 二～三月、ヨーロッパは暖冬、ただし一月には大寒波あり。（ヨーロッパ） 三～四月、カナダとアメリカに寒波、大雪。（北アメリカ） 一二～一月寒波、二～三月暖冬。（日本） 一一月三日北米東部に吹雪。（アメリカ） 一二月下旬、日本とアメリカに大雪。
一九六六	一月、日本と北米で大雪。 二月、ヨーロッパ暖冬。

	五月一八日、関東・甲信の晩霜害。（日本） 四〜一〇月、北海道冷害。（日本）
一九六七	年平均気温マイナス一度C、一九一九年以来の低温。（アイスランド） 各地で月ごとの平均気温低く、年平均も一度C前後低い。（イスラエル） 四〜五月に各地で一八八二年以来の低温記録、七〜九、一一月にオンタリオ南部で顕著な低温。（カナダ） 一〜三月、シカゴ・ミネアポリス・ボストンなどで積雪新記録、五月、ニューヨーク州オールバニで一八二〇年以来の低温、夏、ジョージアとカンサス州は今世紀でもっとも涼しい夏。（アメリカ）
一九六八	最近六六年間での海氷最多、年のうち八ヵ月は平均気温が平年以下。（アイスランド） 七〜一〇月、低温、一〇月霜害、今世紀最低の気温。（フィンランド） 北・中央アジア低温、年のうち数ヵ月は前世紀以来の低温。 二月、長崎で一八七八年以来の低温。（日本） 一一月、シベリア西部低温、平均気温の偏差マイナス一一度C、一二月、ウラル中部低温、一二月〜翌年一月、シベリアのアガタで高気圧記録更新。（ソ連） 冬、マサチューセッツ州ナンタケット港一九一七〜一八年以来の凍結。（アメリカ） 一二月、ユーコン周辺で平均気温偏差マイナス一〇度C。（カナダ）
一九六九	年平均気温偏差マイナス一〜一・八度C、一九〇二年以来の寒さ。（アイスランド） 一〜二月の平均気温偏差マイナス七〜一二度Cのところ多し。（ソ連） 一二月、平均気温偏差マイナス五度C、一八七九年以来の寒さ。（チェコ） 一月、低温、一九七九年以来の寒さ。（朝鮮） 三月、東京に大雪、積雪三〇センチの新記録、四月一六日、東京晩雪の記録。（日本）

	五月、異常に寒い。（インド） 西部、一九六八〜六九年の冬は異常低温。（カナダ） 一月、アラスカ南東部、記録的な寒さ、一〜二月に北東部とミシシッピー川上流、西部に記録的大雪、三月ミシシッピー上流とミズリー流域で一八九七年以来の融雪大洪水、七月、北部諸州で冷涼。（アメリカ）
一九七〇	ヨーロッパ全域で冬が長く、異常低温が多かった。 カナダ南東部とアメリカ東部の冬が低温であった。
一九七一	七月、シベリア中部で二七〜三〇日に霜害。（ソ連） 七〜八月、北日本低温被害。（日本） 一九七〇〜七一年の冬に南西部が記録的大雪、九〜一〇月、西部で記録的低温と雪。（アメリカ） 三月、フランス周辺大寒波、一〇〇年ぶりといわれる。（フランス）
一九七二	一月平均気温偏差マイナス六〜一〇度C。（ソ連） 六月、北アイルランドで一〇〇年ぶりの低温、イングランド、ウエールズは一九一六年以来の低温。（イギリス） 一月、西部、二月、中央部の平均気温偏差マイナス六〜一一度C。（ソ連） 一〜三月に低温。（イラン） 二月、北西部に低温。（インド） 五月、低温、ただし一〜二月暖冬。（日本） 年を通じて全国的に低温。（カナダ） 一月、南ダコタで一九一八年以来の低温。（アメリカ）

一九七三	一九七二～七三年の冬、ストックホルムは一七五六年以来の暖冬。（スエーデン） 一月に三五年来の低温。（イスラエル） 春～初夏に低温。（スペイン） 八月、最低気温一度C。（オランダ） 九～一一月、低温。（スエーデン） 一一月、低温の新記録マイナス二一・三度C。（デンマーク） 一一～一二月、低温、河川の凍結ははげしく水力発電低下、一八八六年以来の最低気温の一二月だった。（アイスランド） 一九七二～七三年の冬、厳寒。（イラン） 一一月、アルバータのエドモントンで氷点下以上にならず。一八八〇年の観測開始以来のこと。（カナダ） 二月、南部諸州（アラバマ～ノースカロライナ）に史上空前の大雪。（アメリカ）
一九七四	一九七三～七四年の冬、青森、岩手、秋田、山形の各地で記録的な大雪。（日本） 一九七三～七四年の冬、ユーコン、アルバータで平均気温偏差マイナス九～一二度C。（カナダ） 一九七三～七四年の冬、東部大雪。（アメリカ） 五月、異常低温、西日本津山で最低〇度Cを記録。（日本） 一月二一日、中東に大寒波、シナイ半島猛吹雪、アレキサンドリアに前例のない吹雪。（エジプト） 九月、カナダとアメリカの穀倉地帯で大霜害。平均気温偏差マイナス五度C。 一一月、北海道と東北で一一月中旬としての積雪新記録。（日本）

資料は、Britannica Book of the Year, WMO Bulletin, Monthly Weather Review, 理科年表、気象による。
出所：土屋巌『地球は寒くなるか—小氷期と異常気象』講談社、一九七五年、三八—四三頁。

注

1 氷河期と氷河期の間の期間を間氷期と言う。なお、土屋巌氏は、この国際会議の様子を次のように報告している。
この会議で出された見解で問題になったのは、間氷期の長さが、従来漠然と氷期より長いといっていた見解を修正したことである。たとえば北米でサンガモン間氷期といい、ヨーロッパでリス—ウルム間氷期と呼ばれていたものの長さは、もし現在の気候より温暖な時期を間氷期と規定したら、一万年ぐらいの長さしかなかったという見解である。少数の反対意見はあったが、賛成者の方が多かったという。それだけではない、もし現代を間氷期に含めるとするならば、氷期の終わりに現代と同様の気候状態になってからすでに一万年近くを過ぎたので、そろそろ次の氷期に移行する時期になっているという見解の支持者もかなり多かった。（土屋巌『地球は寒くなるか—小氷期と異常気象』講談社、一九七五年、七二頁）

2 米本昌平『地球環境問題とは何か』岩波書店、一九九四年、四二頁。

3 時岡達志「大気大循環モデルによる気候の研究」『科学』第五四巻九号、一九八四年（五三三—五四〇頁）、五三六頁。

4 G・S・カレンダー氏（一九三八年）やG・プラス氏（一九五六年）らの研究が有名であるらしい。

5 見角鋭二「凍結地球と温室地球」朝日新聞科学部編『異常気象』朝日新聞社、一九七七年、二〇—二一頁。（段落は無視）

6 朝倉正『異常気象と環境汚染』共立出版、一九七二年、六一頁。（段落は無視）

7 和田英夫他『異常気象—天明異変は再来するか』講談社、一九六五年、三〇—三六頁。

8 「〈座談会〉日本の〝空〟をかたる」『科学朝日』一九七〇年一〇月号（三九—四六頁）、四三頁。

9 朝倉正「確かに地球は冷えて行く」『科学朝日』一九七三年八月号（一二三—一二八頁）、一二五頁。中村広次氏もまた、「地球は温暖期を終って、寒冷化の方向に歩みだしていることは確実である」と明言している（中村広次『迫りくる食糧危機』三一書房、一九七五年、六七頁）。

10 たとえば、『地球が熱くなる』（地人書館、一九九二年）という書物の著者であるジョン・グリビン氏もまた、かつては次のように述べていた。

……現在、私たちが氷河期の一部である間氷期に住んでいるという程度の意味ではなく（軌道的位置からみれば、すでに間氷期は終わっている！）、たまたま大氷原をつくるような、一連の厳しい冬がきていないにすぎないことを示している。しかし、そのような季節は一〇〇〇年、いや二〇〇〇年もこないかもしれないし、次世紀にくるかもしれない。むろん、まちがいなく今後四〇〇〇年のうちにはそうなるであろう。そしてそのときは、次の間氷期までの一〇万年の間、氷河期の状態が続くのである。……本格的な氷河期が一〇〇年以内にくるなら、すべての望みはご破算になり、うまくやってゆく方法を学ばないかぎり、人類は生きていくことさえできなくなる。しかし、二、三〇〇〇年の間こなければ（大いに可能性がある）、過去一〇〇〇年の正常な気候よりよくないという気候に備えて計画をたてるべきである。（ジョン・グリビン『夏がなくなる日—明日を襲う気象激変と「温室効果」』平沼洋司訳、光文社、一九八四年、一〇〇—一〇一頁）

11 和田英夫・安藤隆夫・根本順吉・朝倉正・久保木光熙『異常気象—天明異変は再来するか』講談社、一九六五年、一五四頁。

12 根本順吉『氷河期が来る—異常気象が告げる人間の危機』一九七六年、光文社、八六頁。

13 F・ホイル『氷河時代がやってくる』竹内均訳、ダイヤモンド社、一九八二年、二〇四—二〇五頁。

14 たとえば、小松左京氏は、次のように解説していた。

15 ……徐々に寒冷化に向かいつつある、という「現象」は認められるが、寒冷化が起こる……理由、「原因」というものは、まだはっきりしていない……。(「地球にいま何が起こっているか」小松左京編集『地球が冷える―異常気象』旭屋出版、一九七四年、三三頁)

もちろん、人為的な日傘(遮蔽)効果による地球の寒冷化という説に対しては、一九七〇年代当時から異論が存在した。一例を挙げておこう。

六〇年代に入ってから気温の低下が特に著しくなったことから考え、日射をさえぎる人為的大気汚染が新たな一つの要因としてつけ加わってきたことは事実と考えられる。しかし極地で気温の低下がはじまったのはかなり古く一九二〇年代であるから、やはり変化の大勢は自然自身によるものと考えられる。

(根本順吉『氷河期へ向う地球』風濤社、一九七三年、一〇六頁)

16 気体を分散媒とし、固体(または液体)の微粒子を分散質としているコロイド分散系。

17 シュナイダー氏の著書にはかなり粗雑で強引な点も目立つが、田中正之氏の著書は堅実で、学問的廉直さが感じられる。田中氏がなぜ温暖化説を支持するのか不思議である。

18 日下実男『大氷河期―日本人は生き残れるか』朝日ソノラマ、一九七六年、二七四―二七五頁。

19 土屋巌『地球は寒くなるか―小氷期と異常気象』前掲書、一六一頁。

20 スティーブン・H・シュナイダー『地球温暖化の時代―気候変化の予測と対策』内藤正明・福岡克也監訳、ダイヤモンド社、一九九〇年、三五三頁。なお、括弧内の原語は、引用者の補足。

21 木村竜治「地球温暖化問題と地球空調システム」『科学』第六〇巻一二号、一九九〇年(七九三―八〇一頁)、七九三頁。

22 シュナイダー氏によると、一九八一―八五年あたりの初期レーガン政権は「環境問題敵視の傾向」があり、温暖化対策のための活動や研究にとって「長い苦難の時」であったということである(シュナイダー

『地球温暖化の時代―気候変化の予測と対策』前掲訳書、第六章を参照)。当時のアメリカの国内事情で「予算をカットできる恰好のターゲット」にされたのは事実だとしても、そんな政治的な問題が世界の科学的論潮に影響するというのもおかしな話であろう。いずれにせよ、地球温暖化問題の議論は、科学の外部で展開されることが非常に多いのである。

23 グリビン『夏がなくなる日―明日を襲う気象激変と「温室効果」』前掲訳書、二四八―二四九頁。(段落は無視)

24 江澤誠『欲望する環境市場―地球温暖化防止条約では地球は救えない』新評論、二〇〇〇年、五四頁、八八頁、九〇頁。

25 N・コールダー『ウェザー・マシーン―気候変動と氷河期』原田朗訳、みすず書房、一九七九年、一三〇頁。

26 シュナイダー『地球温暖化の時代―気候変化の予測と対策』前掲訳書、二三二頁。

27 S. I. Rasool and S. H. Schneider, "Atmospheric Carbon Dioxide and Aerosols : Effects of Large Increases on Global Climate," *Science*, Vol. 173, July 9, 1971 (pp. 138−141), p. 141.

28 佐和隆光『地球温暖化を防ぐ―二〇世紀型経済システムの転換』岩波書店、一九九七年、三頁。

29 「〈座談会〉日本の〝空〟をかたる」『科学朝日』一九七〇年一〇月号(三九―四六頁)、四三頁。

30 田宮兵衛「気温による気候変動・変化の把握とその問題点」河村武編『気候変動の周期性と地域性』古今書院、一九八六年、七八―七九頁。

31 シュナイダー『地球温暖化の時代―気候変化の予測と対策』前掲訳書、三五三頁。

32 和田武『地球環境論―人間と自然との新しい関係』創元社、一九九〇年、七四―七六頁。また、別の学者は次のように指摘している。

工業活動によって一年あたり七〇〇〇万トンもの硫黄のほとんどが二酸化硫黄として大気へ放出されている。(トーマス・E・グレーデル＝ポール・J・クルッツェン『気候変動―二十一世紀の地球とその後』松野太郎監修、塩谷雅人・田中教幸・向川均訳、日経サイエンス社、一九九七年、八六頁)

33 石弘之氏は、次のように指摘している。

これまで酸性雨は、先進工業国の産物とばかり信じられてきた。だが、インド、マレーシア、メキシコ、ブラジルなどで相次いで酸性雨の被害が伝えられ、特に中国でかなり深刻な被害が出ていることが、明らかになってきた。……中国全土では、年間一五〇〇万トンの二酸化硫黄が排出され、このうちの八五％は石炭の燃焼が原因。……中国では汚染物質除去の対策が立たず、酸性雨は今後も悪化するのでは、と心配されている。(石弘之『地球環境報告』岩波書店、一九八八年、二二一―二二二頁)

また、次のような指摘もある。

……国立の科学技術政策研究所の見積もりによると、特段の対策を導入しない自然増ケースでは、二〇一〇年に東アジアで予測される二酸化硫黄の排出量は、現在の約二倍に相当する年間約二三五〇万トンに達する。欧州や北アメリカを凌駕する世界最大の排出源が、近い将来、東アジアに誕生する可能性は極めて高いのである。(電力中央研究所編著『どうなる地球環境―温暖化問題の未来』電力新報社、一九九八年、四九頁)

34 和田武『地球環境問題入門』実教出版、一九九四年、三六頁。

35 朝日新聞、二〇〇〇年三月二四日夕刊を参照。

36 朝日新聞、一九七六年一一月三〇日。

37 朝日新聞、一九七七年二月五日。

38 異常寒波としては、一九六三(昭和三八)年のサンパチ豪雪が特に注目され、寒冷化説の台頭を支えた。

4　原子力発電と遺伝子組み替え食品が地球を救うのか

槌田敦氏は、昨今の地球温暖化論に対して科学的な疑問を投げかける過程で、シュナイダー氏らのことを次のように批判している。

> これまでの温暖化論争は……シュナイダーとリンゼンを両代表とする科学者グループの間でなされている。前者は原子力産業の御用学者グループであり、後者は石炭産業の御用学者グループである。両者ははじめから到達すべき結論が決まっており、決して科学的ではない。この論争の勝敗はどちらに行政が味方したかで決まってしまう。それは、どちらのグループに研究費が余計に出るかを意味する。研究費がたくさん出るほうに、一般の気象学者が同調することになり、多数派が形成されることになる。[†1]

私は、シュナイダー氏が原子力産業の御用学者なのかどうかは知らない。しかし、彼が原子力産業を後押しするような記述をしていることは事実である。実際、シュナイダー氏は、地球温暖化問題の解決のために化石燃料を使わないエネルギー源の開発を主張し、その一例として、「メルトダウンしない安全な原子炉の設計」[†2]や、「原子炉の安全性を高め」[†3]ることを提案しているのである。原子力発電所は二酸化炭素を排出しないというのが、その理由であろう。その一方、石炭産業に対しては、次のような強い非難を浴びせている。

このような切替えが石炭採掘業者にとって手ひどい打撃になることは、わかっている。しかし、反社会的・反環境的職業に従事する権利は、何びとにもないはずだ。これを実行に移すのは確かにむずかしいが、地球の環境が危なくなっているいま、目先の政治的便宜のために過去の遺物のような産業を支持することはない、と私は信じている。[†4]

それにしても、「メルトダウンしない安全な原子炉の設計」が地球を救う活動であり、石炭産業が反社会的職業だというのは、かなり思い切った主張である。石炭産業によって生計を立てている人間は、「何びとにもない」はずの権利を不当に行使している極悪人だとでも言わんばかりだ。もちろん、シュナイダー氏が原子力産業の擁護者で、石炭産業の反対者だとしても、そんなことが彼の学説を肯定したり否定したりする根拠にはならない。しかし、彼の、地球温暖化による危険性に対する態度と、原子力発電の危険性に対する態度は、明らかにダブル・スタンダードだと言わざるをえない。たとえば、急速な温暖化という気候変化への対策の必要性を主張する文脈では、彼は次のような言い方をしている。

最近私は、ある政府高官から、予想される地球温暖化に対して政府が積極的に対応すべきだという理由を明確にせよ、という挑戦を受けた。……私は応じた……。……そういう劇的な変化が来る可能性が少しでもあるのなら、政府が変化の進度を遅らせ、その影響を予測する時間を稼ぐた

めの対策を考慮すべきです。[†5]

簡単に言うと、急激な地球温暖化によって被害が生じる「可能性が少しでもあるのなら」、対策を講じるべきだというわけである。シュナイダー氏は、これを「地球規模の保険」[†6]だと位置づけている。つまり、「愚か者と極端に貧しい人びとだけは生命保険に加入しない」[†7]のであって、起こる「可能性が少しでもある」損害に対して、賢明な者は、掛け金を支払ってでも必ず保険に加入するというわけである。要するに、将来地球温暖化という不幸が訪れる「可能性が少しでもあるのなら」、コスト＝保険金を支払ってでも、何らかの対策を講じておかなければならないというのが、「愚か者」ではないシュナイダー氏の主張なのである。

だが、同様に考えれば、原子力発電はどうなのだ。原子力は、地球環境に対して放射能汚染や熱汚染を起こす可能性など全くないのであろうか。原子力発電は地球環境に悪影響を少しも及ぼさないなどと、誰も断言できないはずである。実際、アメリカのスリーマイル島でも、旧ソ連のチェルノブイリにおいても、日本の東海村においても、原子力産業は悲惨な事故を起こしてきた。これは、仮定の問題ではなく、厳然たる事実である。たしかに、シュナイダー氏は「メルトダウンしない安全な原子炉の設計」を主張しているのであって、既存の原子力発電を肯定しているわけではないのかもしれない。だが、それにしても、温暖化による被害の「可能性が少しでもある」のなら対策を急がなければならないと主張する一方、その対策として、実際に何度も大惨事を起こしてきた原子力発電を持ち出すというのでは、明らかにダブル・スタンダードだと言わざるをえない。原子力発電所による地球環境への悪影響は、「可能性が少しでもある」どころか、現実に経験された出来事なのである。もし、「反環境的職業に従事する権利は、何びとにもないはずだ」と言うのであれば、現実に放射能汚染を引き起こしたような産業に従事する権利は誰にあると言うのだろうか。実際、原子力に関しては、多くの人々が、放射能漏れや熱汚染といった被害をもたらす可能性を訴えている。明らかに、被害をもたらす「可能性が少しでもあるのなら」対策を講じなければならないというシュナイダー氏自身の原則が、原子力産業には全く適用されていないのである。ちなみに、シュナイダー氏は、「気候に異変が生じる可能性があるだけでも、背筋が寒くなる」[†8]と述べている。しかし、原子力発電所が大事故を起こす可能性があると言われても、背筋は寒くならないのだろうか。まさか、背筋は寒くなってもふところは温まるなどというわけでもあるまいし。

シュナイダー氏の原子力擁護は筋金入りで、かなり年季も入っている。前説で指摘したとおり、一九七〇年代の初め頃、シュナイダー氏は、人間による大気の粒子汚染で地球が寒冷化すると主張していた。実は、前節で紹介した『サイエンス（*Science*）』誌からの引用文は、以下のように続くのである。

しかしながら、そのときまでには、エネルギー生産の手段としての化石燃料は、大部分が原子力にとって替わられているであろう。[†9]

要するに、原子力エネルギーが地球の寒冷化を防いでくれるだろうと言っていたのである。シュナイダー氏は、科学者としての学説は正反対に変えてしまったのであるが、原子力産業支持の立場だけは何十年も首尾一貫しているのである。スリーマイル島事故が起ころうとも、チェルノブイリ事故が起ころうとも、軽々と変節するような真似は決してしなかった。地球が寒くなろうが暑くなろうが、チェルノブイリで何人死のうが何であろうが、とにかく原子力エネルギー推進だというわけである。この点だけは、一貫している。

ちなみに、シュナイダー氏は、温暖化対策を成功させるためには、「第一に、科学者のあいだでコンセンサスを築き、このコンセンサスを政府の政策立案者に印象づけることが大切である」[10]とも主張している。「第一に」大切なのは、科学的証拠ではなく、「コンセンサスを政府の政策立案者に印象づけること」らしい。この主張は、皮肉にも、本節の冒頭に紹介した槌田氏の批判が当たっていることを例証してしまっている。すなわち、「勝敗はどちらに行政が味方したかで決まってしまう」ということを、シュナイダー氏自身が認めているということになるのである。実際、シュナイダー氏は、地球温暖化に対する研究費の必要性を、次のように訴えていた。

たとえ研究援助が現在のレベルの三倍になったとしたとしても、こうした仕事を完成するには一〇年かそれ以上かかる。援助が少なければ、地域的な地球の温暖化の詳細について科学的意見の一致が得られるまでには、さらに数十年かかるだろう。[11]

これを注意深く読んでみよう。研究費の援助が多ければ、科学的意見が一致すると言うのだ！　結局、温暖化論者の目指すべきものは、「科学者のあいだでコンセンサスを築き、このコンセンサスを政府の政策立案者に印象づけ」、「資金獲得が急を要する」[†12]ことを認めさせるということなのであろうか。もしそうであるなら、まさに、地球温暖化問題は、科学の外側における論争だと言わざるをえない。槌田氏の批判は、的確なように見える。少なくとも、地球温暖化論の中心的人物であるシュナイダー氏による原子力推進論は、いかにも説得力に欠けると思われる。もちろん、地球温暖化対策を考えている人々の中には、原子力発電に反対する者も多いであろう。しかし、地球温暖化という問題設定自体が、原子力発電推進という文脈と切り離せないことだけは、事実なのである。温暖化問題と原子力推進との重なりは、日本の研究者においても見受けられる。たとえば、吉田博之氏は次のように述べているのである。

……原子力は核反応のエネルギーを利用しますので二酸化炭素は出ません。……原子力は二酸化炭素の削減のほかにも、いくつかのメリットがあることも安定したエネルギーを確保する上で見逃せません。……将来、人類が再生可能な究極のエネルギーを手に入れるまで、飛躍的に安全性の高い軽水炉、ウラン資源を数十倍も有効に利用する高速増殖炉、廃棄物中の放射能の半減期を短縮する消滅処理を含めた新しい再処理技術、核拡散リスクへの抵抗力を高めた燃料サイクル技術など、まだ多くの課題が残されています。これらの目標に向かって地道な技術開発を続けながら、同時に人類の貴重なエネルギー源として、その役割を果たすことが私達の原子力への期待であり、原子力の使命であると言えます[†13]。

この記述は、北野康・田中正之編著『地球温暖化がわかる本』という書物からの引用である。なお、この本の執筆陣には、北野氏や田中氏を含め、茅陽一氏ら二〇人以上の専門家諸氏が名を連ねている。すなわち、けっしてデタラメな書物でもなければマイナーな書物でもないのである。

おまけにつけ加えておくと、シュナイダー氏は、気候変動に対する戦術の一つとして遺伝子組み替え作物の開発をあげている。彼は、次のように述べているのである。

遺伝子資源を改良する。気候の変動や二酸化炭素、肥料、その他の条件変化に対応できる新品種を作り出し、試してみることは、穀物を多様化する際の重要な要素であり、食糧供給の持続にとって欠くことのできないものである[†14]。

つまるところ、シュナイダー氏の地球温暖化論――しかも彼自身がそのリーダー格である――の行き着く先は、原子力エネルギーと遺伝子組み替え作物によって、人類の明るい将来を築こうということになろう。だが、本当にそれで間違いないのであろうか。原子力や遺伝子組み替え作物は、環境に悪影響を与える可能性が少しもないと言えるのであろうか。まさか、原子力や遺伝子組み替えの安全性に対する「科学的証拠が出そろってから行動したのでは遅すぎる[†15]」とでも言うのであろうか。いずれにせよ、石炭産業従事者を時代遅れの人非人のごとく非難するのであれば、自らの主張にはそれなりの根拠を示さなければなるまい。

もちろん、人為的地球温暖化論と原子力エネルギーとの結びつきは、シュナイダー氏個人に限ったことではない。日本の田中正之氏もまた、「安全な原子力エネルギーへの転換などの施策を協力《ママ》に進めることが必要なのです」[†16]と述べている。政府的レベルで見ても、日本やフランスは、温暖化対策と原発推進とをリンクさせている。一九九〇年代、ヨーロッパの先進国の中では脱原発の動きも始まっていたが、フランスの政府は――地球温暖化防止京都会議の議長国を務めた日本政府と同様――国策的に原子力発電を積極的に推進する姿勢をとってきた。それを別にしても、フランスの政府は、環境問題一般に対してあまり熱心ではないと言われていたのである。ところが、地球温暖化対策に関して言うと、フランスはかなり熱心なのである。米本昌平氏は、そのあたりの情況を次のように指摘している。

> ……環境問題については長く沈黙を守ってきたフランスが急遽、オランダ、ノルウェーと共同で、ハーグで、地球温暖化問題を主題とする環境サミットを開催した。……結局終わってみると、フランスの独走がめだった会議であった。フランスは政府主導で原発を進めてきた、欧州で唯一の国である。ところが八六年のチェルノブイリ原発事故以降、ドイツなど他国の環境保護派から批判の矢面に立たされてきた。それをここで、電力供給の七五%が原発という自国のエネルギー供給の状態を逆手にとり、二酸化炭素排出が大きい、石炭火力発電を主力とする他欧州諸国をにら

みつける形で、地球温暖化問題を軸に一気に新しい課題でヘゲモニーをとろうとした、と考えるのがいちばん妥当であろう。……フランスで開かれた先進国サミット（アルシュ・サミット）では……。議長国フランスの強い希望によって、第四十一項のなかにとくに「原発は温室効果ガスの排出を制限する上で重要な役割を果たすことを認識する」という表現が組み込まれた。[†17]

環境問題への取り組みに不熱心だと言われてきた日本政府もまた、一九九七年、地球温暖化問題に関しては、気候変動枠組み条約第三回締約国会議（COP3＝温暖化防止京都会議）の議長国になった。そして、政府内に地球温暖化対策推進本部を設置し、一九九八年六月には対策推進大綱を取りまとめたのである。水俣病問題や西淀川公害訴訟問題等の対策や救済が遅々として進まなかったのに比べて、驚くほど迅速な対応だと言えよう。だが、問題はその中身である。日本政府の発表した温暖化対策推進大綱は、以下のようなものであった。

政府の地球温暖化対策推進本部（本部長・橋本龍太郎首相）は、一八日、サマータイム制導入など国民のライフスタイルの変革や原子力発電所立地の推進、低燃費自動車の普及促進などを盛り込んだ「地球温暖化対策推進大綱」をまとめた。……原子力発電については、通産相の諮問機関である総合エネルギー調査会がまとめたエネルギー需給見通しを踏まえ、二〇一〇年度に九七年度の五割以上の発電量増加を目指した原発の増設を求めた。[†18]

この温暖化対策推進大綱を受けて、日本政府は二〇一〇年までにさらに二〇基もの原子力発電所を作るという計画を立てたのである。温暖化対策の必要性を叫ぶ世論が、その後押しとして使われたことは明白であろう。ただし、日本政府が国際世論を捻じ曲げ、地球温暖化問題を原子力発電推進の口実に利用していると言い切ることはできない。なぜなら、ＩＰＣＣ（気候変動に関する政府間パネル）の報告書にも、地球温暖化への対策オプションとして「原子力エネルギーへの転換」[19]という項目が明記されているからである。日本政府の見解は、ＩＰＣＣの方針にも一応合致していることになろう。なお、原子力発電が温暖化対策に有効であることを示す根拠らしきものが、『どうなる地球環境―温暖化問題の未来』という書物の中に示されている。ちなみに、この書物を著したのは、財団法人電力中央研究所という機関で、発行元は電力新報社というところである。

日本の温暖化防止策の大きな柱は原子力発電の拡大であり、二〇一〇年で原子力約六六〇〇〜七〇〇〇万キロワットの目標をあげている。……原子力発電は、燃料から二酸化炭素を排出しない分、二酸化炭素排出原単位が小さく、その値はＬＮＧ火力の約三〇分の一である。原子力発電は、燃料サイクルが複雑で、プラント建設に多く資材とエネルギーを必要とするが、耐用期間を考えると、発電量に対する二酸化炭素の排出量は小さい。[20]

ただし、この見解にも異論は存在する。つまり、発電所自体の安全性や放射性廃棄物の処理方法といった問題を度外視しても、原子力発電はそもそも温暖化対策の役に立たないという認識である。たとえば、既存の発電所を全て原発に切り換えようとすれば、それに必要な生産活動や輸送活動によって、さらに大量の化石燃料消費を促すという主張がある。この点に関して、グリビン氏は次のように述べている。

第一の問題は、現存する世界中の発電所を原子力発電所に切り換えようとすると、そのような事業自体が大量のエネルギーを消費するということである。建設しなければならないのは、原子力発電のプラントだけではない。発電所の建設や確実な燃料供給に必要な社会的生産基盤も必要である。世界が原子力に切り換えているあいだは、そのための産業活動で、化石燃料の燃焼は急増するだろう。原子力発電所の建設に消費したエネルギーを「回収する」期間は非常に長いものであるが、それでも全部回収することはできない。建設事業が全部完了するまでには数十年を要し、それからさらに数十年先までは、大気中の二酸化炭素に関して得られるはずの恩恵は感じられないだろう。[†21]

また、このような問題をクリアできたとしても、さらに本質的な問題が残るという見解もある。熱汚染の問題を考えれば、原子力発電はそもそも温暖化対策にはならないという主張である。このことに関しては、次のような指摘がある。

原子力発電所は、ばく大な浪費熱——同じ発電量の火力発電所の百倍くらい——を生産している(そこで大量の冷却水が必要である)。……核融合発電は、もっと熱を浪費する。……われわれはすでに、熱を宇宙空間へ再輻射するより早い速度でもって環境に熱を放出していないかと、疑いを抱き始めた科学者もいる。もしそうだとすれば、地球の温度は上昇し……。[22]気象と原発のかかわりを論じるなら、最も直接的に問題になるのは原発の廃熱である。熱効率が低いうえに、都市接近の望めない原発では、熱効率向上のためにこれから支配的になるであろうコジェネレーション（熱電併給）技術を適用できず、発生する熱の三分の二を温排水として環境中に排出せざるをえない。これは気象にとって明らかにマイナス要因である。[23]

安全性の問題を度外視して、温暖化対策という観点だけから見てもこれほどの疑問があるにもかかわらず、シュナイダー氏は原子力発電を肯定し、ＩＰＣＣも「原子力エネルギーへの転換」を謳っているのである。

ここで反原子力キャンペーンをやっているわけではない。原子力エネルギー自体は、将来的に大きな可能性を秘めているのかもしれない。しかし、地球温暖化対策を盾に取るような形で原発推進を主張することには、非常に問題があると思われる。シュナイダー氏にしてもフランスや日本の政府にしても、地球温暖化問題に対しては——科学的証拠が出揃っていないにもかかわらず——強力な予防措置を主張する一方で、原子力発電に対しては——安全性が完全に保証されているわけではないのに——温暖化対策の美名の下に推進するという、非常に不公平な態度をとっていると言わざるをえないのである。これでは、地球温暖化対策のために原子力発電を推進するのではなく、原子力発電推進のために地球温暖化対策をとるのではないかと言われても仕方あるまい。少なくとも、昨今叫ばれている地球温暖化問題が、シュナイダー氏をリーダー格とする原子力擁護の科学者グループによる強い主張によって登場し、フランス政府が主導したハーグ会議やアルシュ・サミットがそれを世界的に広めるのに一役買い、日本政府がホスト役を務めたCOP3における「京都議定書」で国際的な取り決めがなされたという経緯を踏んでいることだけは、厳然たる事実なのである。極端に言えば、原子力発電がなければ、地球温暖化が国際的な大問題になることもなかったかもしれないのだ。もちろん、地球温暖化問題に取り組んでいる人々の多くは、何も原子力発電の推進を望んでいるのではないであろう。しかしながら、そもそも地球温暖化が科学的かつ政治的な大問題として存在するようになった過程は、原子力問題を抜きにしては語れないのである。

参考までに、本説の冒頭で引用した槌田氏の記述に登場するリンゼン氏の見解――地球温暖化論への反論――を紹介しておこう。[†24]

(1) 過去の全球平均気温の上昇傾向から、人間活動による温室効果の影響がもう始まっていると判断することはできない。

(2) 過去数世紀にわたる全球平均気温の上昇傾向を裏づける証拠が多々あり、最近一〇〇年間の観測はこれに矛盾するものではない。

(3) 過去一〇〇年間の〇・四五±〇・一五℃の全球平均気温変化がすべて温室効果によると仮定し、現在の気候モデルを適用した場合、二一〇〇年までに一℃を超えるような結果は導かれない。

(4) 一九八〇年代の記録破りの高い全球平均気温も、過去の気候変動の標準偏差内に収まる。

(5) 都市のヒートアイランド、海洋上の気温較正法、記録のギャップの取扱いなどの問題もある。

(6) 三四〇W／m²の下向き赤外放射（温室効果の基本的なメカニズム）のうち、九八％は水蒸気と層状雲による。ほかのガスの直接の寄与はわずかである。

(7) 温室効果が実際にどのように作用するかは、気象系が熱をどう運ぶかに大きく依存する。実際の温室効果は、放射だけが熱伝導の手段と考えた場合の二五％にすぎない。

(8) 地上気温を上昇させることなしに温室効果気体を増加させることは十分に可能である。特に水蒸気のように地上と圏界面で混合比に四桁もの差のあるような気体の場合には、その鉛直配分の状況が地上気温に影響する。また、水蒸気の場合は、各高度における収支を支配する要因が根本的に相違するという事情もある。

(9) 水蒸気の正のフィードバックのないかぎり、現在の気候モデルではCO_2倍増時一・七℃を越える温暖化は予測されない。このフィードバックは主として対流圏上層の水蒸気のふるまいに依存する。ところが、対流圏上層では水蒸気のルーチン観測は行われていない。また四桁も変わる量を取り扱うには、現行モデルの鉛直分解能に問題がある。

もし仮にリンゼン氏が石炭産業の御用学者だとしても、以上の見解が誤っていることの理由にはならない。シュナイダー氏は、自著の中でリンゼン氏らの見解を、「ひとりよがりの判断」だとか「あまりにも非科学的（scientifically outrageous）」だと言って、強く非難している。[25] しかし、そんな抽象的な批判をする前に、リンゼン氏が提起した諸疑念に対して、科学的な根拠をあげて一つ一つ反証すべきであろう。自著の中でそれをすることが、人々を納得させる一番の方法なのである。このことは、他の地球温暖化論者についても当てはまる。地球温暖化の妥当性について人々を納得させたいのであれば、少なくとも、リンゼン氏の反論くらいには全て答えておいてもらわなければ話にならない。ちなみに、ＭＩＴ（マサチューセッツ工科大学）教授であるリンゼン氏については、「大学の同僚たちは彼の研究態度を称賛し、彼に政治的意図はないという」[26] との評判も目にすることができる。もし、シュナイダー氏の言うとおり、リンゼン氏が「あまりにも非科学的」な研究を行っているのであれば、ＭＩＴの同僚たちは、その「あまりにも非科学的」な研究態度を称賛していることになってしまう。それもまた奇妙な話であろう。

ここで、何が何でも地球温暖化論を否定したいのではない。原子力産業に味方したいわけでも石炭産業の肩を持ちたいわけでもない。ただ、きちんとした説明が聞きたいのである。理路整然とした科学的説明もなしに人為的温暖化論を信じろと言うのでは、ほとんどマインド・コントロールと変わらないのではないであろうか。

補足

二〇〇一年三月二二日の新聞は、次のように報じている。

チェイニー米副大統領は二十一日、米MSNBCテレビの番組で「地球温暖化問題に真剣に取り組むなら、欠陥が多い京都議定書より原発建設の方が良い解決策だ」と述べた。米国では一九七九年のスリーマイル島原発事故以来、原発の新規着工はない。しかし、南アフリカで開発中の建設費が安い新型原発に米国の発電会社が興味を示し、米原子力規制委員会に設計の概念を説明するなど、原発復興に向けた動きが水面下で進行していた。チェイニー副大統領は「二酸化炭素（CO_2）を出さない原発にもう一度光を当てるべきだ」と指摘。[†27]

アメリカにおいても、これまで「水面下で進行していた」原発推進の動きに、地球温暖化対策は絶好のお墨付きを与えているのである。また、地球環境問題をいち早く警告した書物として有名な、ローマクラブのレポート『成長の限界』（一九七二年）にも、すでに以下のように記されていたのである。

もし人間に必要なエネルギーが、いつの日か化石燃料のかわりに原子力によって供給されるようになれば、大気中の炭酸ガスの増加は結局とまるであろうし、炭酸ガスがなんらかの測定しうるような生態学的、気象学的影響をもたらす前にそうなることが期待される。[†28]

注

1　槌田敦「リプライ—反論になっていない松岡コメント」環境経済・政策学会編『地球温暖化への挑戦』東洋経済新報社、一九九九年、二五三—二五四頁。

2　スティーブン・H・シュナイダー『地球温暖化の時代—気候変化の予測と対策』内藤正明・福岡克也監訳、ダイヤモンド社、一九九〇年、三一〇頁。

3 シュナイダー『地球温暖化の時代—気候変化の予測と対策』前掲訳書、三三二頁。
4 シュナイダー『地球温暖化の時代—気候変化の予測と対策』前掲訳書、三〇七頁。
5 シュナイダー『地球温暖化の時代—気候変化の予測と対策』前掲訳書、一六頁。
6 シュナイダー『地球温暖化の時代—気候変化の予測と対策』前掲訳書、三三二頁。
7 シュナイダー『地球温暖化の時代—気候変化の予測と対策』前掲訳書、三三一頁。
8 スティーヴン・シュナイダー『地球温暖化で何が起こるか』田中正之訳、草思社、一九九八年、一六六頁。
9 S. I. Rasool and S. H. Schneider, "Atmospheric Carbon Dioxide and Aerosols : Effects of Large Increases on Global Climate," *Science*, Vol. 173, July 9, 1971 (pp. 138–141), p. 141.
10 シュナイダー『地球温暖化の時代—気候変化の予測と対策』前掲訳書、二六八頁。
11 シュナイダー『地球温暖化の時代—気候変化の予測と対策』前掲訳書、一二三頁。また、シュナイダー氏は、次のようにも述べている。

残念ながら、気温や降雨などへの影響を地域ごとに正確に予測するには、現在利用できるモデルよりもっと複雑で費用のかかる気候モデルが必要となる。（同書一二三頁）

12 シュナイダー『地球温暖化の時代—気候変化の予測と対策』前掲訳書、三二頁。ただし、これはシュナイダー氏の直接の発言ではない。
13 北野康・田中正之編著『地球温暖化がわかる本』マクミラン・リサーチ研究所、一九九〇年、一八一—一八二頁。
14 シュナイダー『地球温暖化の時代—気候変化の予測と対策』前掲訳書、二九七頁。
15 シュナイダー『地球温暖化の時代—気候変化の予測と対策』前掲訳書の帯の背に記された文章。
16 北野・田中編著『地球温暖化がわかる本』前掲書、三七頁。なお、「協力に進める」は、「強力に進める」

の誤植かと思われる。
17 米本昌平『地球環境問題とは何か』岩波書店、一九九四年、六〇―六二頁。
18 毎日インタラクティブ、一九九八年六月一八日。
19 環境庁地球環境部監修『IPCC地球温暖化第二次レポート』中央法規出版、一九九六年、七頁。たしかに、原子力発電の推進には条件が付記されている。しかし、安全性に対する対応策を見出すといった、お決まりの文言しか並んでいない。
20 電力中央研究所編著『どうなる地球環境―温暖化問題の未来』電力新報社、一九九八年、一五七頁および一六四頁。
21 ジョン・グリビン『地球が熱くなる』山越幸江訳、地人書館、一九九二年、三四九頁。なお、同様の指摘は、他にもなされている。たとえば、次のようなものである。
単純な計算ではあるが、大規模な原発推進によって仮に火力発電所の五〇%を原発で置きかえたとしても、そのことの温室効果抑制に対してもつ効果は七・五%程度（〇・五×〇・三×〇・五）ということになる。そのうえ、原発の建設にもエネルギーの投入が必要であり、例えば燃料ウランの濃縮はそれだけで発電量の四～六%の電力量を必要とするといったことにもみられるように、原子力発電はエネルギー生産までの迂回経路が非常に大きな発電の形態である。（黒田真樹・高木仁三郎「二酸化炭素と原子力発電」『科学』第五九巻九号、一九八九年（五六四―五六五頁）、五六四頁）
22 G・R・テイラー『地球に未来はあるか―地球温暖化・森林伐採・人口過密』〔新版〕大川節夫訳、みすず書房、一九九八年、六二頁。
23 黒田・高木「二酸化炭素と原子力発電」『科学』前掲書、五六五頁。
24 以下の引用は、『科学』第六一巻一〇号、一九九一年、六八〇頁による。

25　シュナイダー『地球温暖化で何が起こるか』前掲訳書、二五五頁。
26　フレッド・グタール「温暖化なんて怖くない」『ニューズウィーク』（日本版）第一六巻二九号、通巻七六八号、二〇〇一年八月一日（二二―二七頁）、二三頁。
27　朝日新聞、二〇〇一年三月二二日夕刊。（段落は無視）
28　ドネラ・H・メドウズ＝デニス・L・メドウズ＝ジャーガン・ラーンダズ＝ウイリアム・W・ベアランズ三世『成長の限界―ローマクラブ「人類の危機」レポート』大来佐武郎監訳、一九七二年、ダイヤモンド社、五九頁。

5　地球温暖化で異常気象が増えたのか

【第一問】次のA、B二つの文章の空欄に入る言葉を、左記の語群の中から選んで答えよ。

A　現在は……（①）期への遷移期であるとの見方が有力である。この遷移期には極端な異常気象が多発しやすく、とくにわが国のような中緯度地帯では、寒波と熱波、洪水と干ばつなどコントラストの強い天候が隣接して発生するといわれている。[†1]

B　（②）化の予兆と思われる異常気象としてよく注目されるのは、極端な暑さと寒さのサイクルです。[†2]

〔語群〕温暖　　寒冷　　阪神タイガース全盛

近年、異常気象の増加や頻発が盛んに指摘され、多くの論者たちが、そこに人為的な地球温暖化の影響があるのではないかとの見解を表明している。マスコミの論潮にも、同様の傾向がしばしば見受けられる。一例をあげると、以下のとおりである。[†3]

最近、異常高温、洪水、干ばつ等のいわゆる異常気象が、世界各地で頻発し……この自然災害の増加と地球温暖化との因果関係が関心を集め、検討されている。[†4]（環境庁）

地球の温暖化は大気中の二酸化炭素濃度の上昇によって起こり、それが異常気象や生態系への悪影響をもたらすことが知られています。……温暖化ガスによる気候への影響は明らかです。[†5]（松本有一氏）

一九八〇年代に入ってからすでに、地球温暖化の予兆と考えられるような気候条件の変化がおきていて、異常気象が世界の各地でみられはじめました。[†6]（宇沢弘文氏）

……このような地球の急速な温暖化が進行すると、さまざまな影響が現れます。まず、降雨量や台風の増加、季節風の変化、水害や干ばつの増加など、異常気象が増加し……。[†7]（和田武氏）

気象については、雨の降る場所が変わり、降雨量や蒸発が多いか少ないかの両極端になるものと予想される。台風が増える蓋然性も高まる。その結果、異常高温のみならず、旱ばつ、洪水などの自然災害が頻発するようになる。[†8]（佐和隆光氏）

今世紀最悪といわれる米東部の干ばつや、日本に熱帯低気圧が相次ぎ接近し大雨をもたらしているのは、昨秋から今春にかけて顕著だった海面水温の異常現象「ラニーニャ」の後遺症との見方が米専門家の間で強まっている。地球温暖化で大気が暖められ、異常気象が発生しやすくなっている可能性もあるという。[†9]（日本経済新聞）

これらを読めば、地球の温暖化によって、人類はかつてない異常気象の脅威にさらされつつあるように感じられるだろう。特に強調されているのが、旱魃《かんばつ》の被害である。だが、これらの点に関しても、いくつかの疑問がある。まず第一に、異常気象なる現象は、近年の「温暖化傾向」に伴って頻発し始めたのだろうかという点である。言い換えれば、昔はあまり起こらなかった異常な気象が、人為的活動による気候変動が原因で頻発し始めたのだろうか、ということである。東京大学の木村竜治氏は、この問題に関して、次のように論及している。

すこし注意して天気に関する新聞記事をみると、〝今年の夏の暑さは三〇年ぶりである〟とか、〝どこそこの一カ月降水量が記録的に少ない〟というような記事はめずらしくない。一九八八年二月八日などは、〝アラブ首長国連邦で、歴史上、最初の雪が降った〟というニュースが伝えられたほどである。少し誇張していえば、毎年、史上初の気象の記録がどこかで発生しているのである。[†10]

実際、木村氏の指摘するとおりなのであろう。気象の世界では、記録的なほど珍しい現象が、毎年のように発生して普通なのである。たとえば、二〇〇一年の日本という限られた範囲の中でさえ、「史上初の気象の記録」を伝える新聞記事を簡単に見つけることができる。近年は地球温暖化が強く叫ばれる傾向にあるので、記録的な猛暑の記事が目立つようであるが、その中にあっても、寒さの記録更新を伝える記事を見つけ出すことさえ可能なのである。二〇〇一年の記事の中からその一例を紹介すると、次のとおりである。

上空に流れ込んだ強い寒気のため、近畿各地は十四日深夜から十五日朝にかけて、滋賀県土山町で観測史上最低の零下一〇・四度を記録するなど、この冬一番の冷え込みとなった。[11] ……月平均気温は、一月は九州の一部と南西諸島を除き全国的に平均気温が平年を下回った……。平年より一・二度低い二・五度だった金沢市をはじめ三地点で史上最低を記録した。[12]

ちなみに、二〇〇〇年一二月から二〇〇一年一月にかけての強い寒波は、日本だけでなく、アメリカでも観察されていたようである。ここでもまた、「史上初の気象の記録」を伝える配信記事を見つけることができたので、参考までに紹介しておこう。

米国各地は既に寒波の影響をうけており、前夜はカナダ国境から中西部、オハイオ川の渓谷にかけてセ氏マイナス一七・七度まで気温が下がった。また南部のフロリダ州オーランドも夕方にはマイナス二・二度まで冷え込み、この時期の最低気温を更新した。寒さの影響で事故も多発、犠牲者も出ている。[13]

話を戻そう。要するに、気象の世界では「毎年、史上初の気象の記録がどこかで発生している」と言っても過言ではなく、異常気象なるものは——その言葉の響きとは裏腹に——たいして珍しい出来事ではないのである。そもそも、異常気象が注目され始めたのは、それほど新しい話ではない。昨今の地球温暖化問題が登場するずっと以前から、異常気象は話題にされ続けていたのである。古くは、「戦時中（昭和十九年）畠中久尚・高橋浩一郎両氏によってすでに『異常気象覚書』という本が書かれ[14]」たのに始まり、「戦後いち早く、当時の中央気象台から『異常気象報告』が刊行されるように[15]」

なり、一九七四年以後は、気象庁から『異常気象報告書』[16]が五年ごとに発表されるようになった次第である。このように振り返れば、われわれは、半世紀以上にわたって多くの異常気象の中で暮らしてきたということになる。逆に言えば、たとえ「地球温暖化の兆しが見えはじめたのは一九八〇年代」[17]なのだとしても、それに伴って特に異常気象が目立ってきたわけではないということである。実際、朝倉正氏は、次のように指摘している。

日本あるいは世界の規模でみると、近年、異常気象が増加している様子はみられない。[18]

たしかに、異常気象のうち気温の異常だけに注目すれば、一九八〇年代から全球的に異常高温が増加したと言われている。しかし、「異常高温と異常低温を加えた総数でみると、一九三〇年代以降ほとんど増減はみられない」[19]のである。逆に言えば、一九八〇年代以前は、異常低温が多発していたことになる。でなければ計算——総数が同じ——が合わないであろう。事実、一九七六年には「異常気象を考える」という特集が朝日新聞に連載されたのだが、その中では、異常低温の頻発が懸念されていたのである。

いろいろな〝異常〟の中でも、気象学者たちが一様に「異常」を感じたのは「サンパチ豪雪」、つまり昭和三十八年(一九六三年)一月、日本海側を襲った大雪だった。……日本だけではなかった。同年一月四日付の朝日新聞は「イギリスでは百年の気象観測史上、記録的な吹雪がこの日も全国的に吹き荒れた」という外電をのせ、前年十二月下旬以来の、この寒波で、ヨーロッパ各地では八百五十人を超す死者が出たと報じている。……「異常気象」は、その後も続いている。今年の夏、日本は記録的な「冷たい夏」だった。七月になっても五月中旬並みにしか、寒暖計は上がらず、東京では真夏に赤トンボが乱舞した。[†20]

これを読めば分かるように、かつて地球の寒冷化が強く叫ばれていた時代には、異常低温がしきりに取りざたされ、世論を賑わせていたのである。異常気象と地球寒冷化の関係も注目され、「北極を中心とする地球の寒冷化が、いまの世界的な異常気象の元凶である」[†21]などとも語られていた。本章3の冒頭で紹介した書物のタイトルを見ても、『地球が冷える―異常気象』、『地球は寒くなるか―小氷期と異常気象』、『氷河期が来る―異常気象が告げる人間の危機』、『異常気象―天明異変は再来するか』、『異常気象と農業』、『異常気象と環境汚染』といった次第で、「異常気象」という言葉が頻出している。いずれにせよ、近年になって、特に異常気象や異常気温が増えたわけではないことだけは事実なのである。ちなみに、一九七〇年代の「異常気象」論は、次のようなものであった。当時もまた、「何百年に一回というようなまれな気象が次つぎに起こ」っていると騒がれ、地球の寒冷化が「科学的にかなり確実」だと言われていたのである。

「異常気象」という言葉がマスコミでしきりに使われるようになったが専門用語としてのこの言葉の定義は……三十年に一回以下のまれな気象現象をいう。最近頻発する異常な気象現象は、この定義に照らしても充分に異常気象と呼ぶべきものであり、三十年に一回どころか、何百年に一回というようなまれな気象が次つぎに起こっているのである。……世界的に頻発する異常気象は、どうやら気候が「新しい体制」に移行しつつある兆候であり、その「新しい体制」とは、地球全体の気候が、現在よりかなり「寒冷化」することであるらしいことは、科学的にかなり確実に予想できそうである。[22]

異常気象に関する言説を大まかに振り返れば、一九五〇年頃までは「暖冬異変」[23]が語られ、一九六〇年代から一九七〇年代にかけては地球寒冷化による異常気象と異常低温が危惧され、一九八〇年代以後は地球温暖化による異常気象の頻発と異常高温が叫ばれているという具合になろう。結局のところ、われわれは半世紀以上にもわたって、常に異常気象や異常気温のもとで暮らして来たということである。逆から見れば、異常気象が起こらない時代というのは、極めて珍しい異常な時代だと言えよう。

このように見てくると、地球が寒くなったり暑くなったりするのは普通のことであり、それを異常低温だとか異常高温だとか言う人間の感覚の方が間違っているのかもしれないとも思えてくる。世界気象機関（WMO）の定義によると、二五年に一度（日本の気象庁では三〇年に一度）以下の頻度でしか起きないような現象を異常だと言うそうである。しかし、二五年や三〇年に一度以下ならば異常だとする基準は、約一万年前から続いている完新世の気候を論じるに当たって、はたしてどれほど妥当なのであろうか。むしろ、人間が作った基準によって地球的スケールで起こる現象を判断するからこそ、多くの事柄が異常に見えてしまうのではないのかと思われる。地球の気候は、人間的尺度を超えたスケールを持っており、それを人間が勝手に正常だとか異常だとか言うのは無理があるのではないだろうかということである。気象庁もまた、次のように認めている。

……気候状態は変動するのがむしろ自然であり、「異常」とか「正常」の判断は困難な場合が多い。……自然の状態でかなりの頻度で起こる現象であっても、それが災害を伴うことから異常気象と呼ばれる場合もあり、「異常」の判断には主観的な要素も多い。[†24]

気候状態は、変動するのが自然なのである。人間にとっていかに都合が悪くとも、暑くもなれば寒くもなる。長雨もあれば旱魃もある。時には台風や集中豪雨もくる。それで普通なのであろう。となると、昨今の地球温暖化が特に異常気象を多くもたらすような言い方には、非常に問題があると言わざるをえない。人為的な地球温暖化論に立つIPCCレポートでさえ、温暖化が気象に与える影響に関しては、次のように述べるにとどまっているのである。

……ある地域で一層厳しい干ばつや洪水が起こる一方、他の地域で干ばつや洪水が緩和されるという見通しが立つ。……熱帯低気圧のような非常に強い嵐の発生や地理的分布がはたして変化するかどうかについて言及するには、現在の知識は不充分である。[†25]

IPCCレポートでさえ、異常気象に関して確定的なことは何も言っていないのである。熱帯低気圧(台風等)の発生や分布については分からないと認めているし、旱魃や洪水が厳しくなる所もあれば穏やかになる所もあるというのは、極めて無難かつ内実の乏しい予測であろう。少なくとも、旱魃や洪水が増加するとも台風が増えるとも書かれていないことだけは事実なのである。にもかかわらず、佐和隆光氏は「干ばつ、洪水などの自然災害が頻発するようになる」と言い、和田武氏は、「降雨量や台風の増加、季節風の変化、水害や干ばつの増加など、異常気象が増加」すると述べている。そのように主張するのであれば、科学的に明確な根拠を提示すべきであろう。

また、地球温暖化がもたらす異常気象に関してよく指摘される事例の一つが、旱魃の頻発である。実際、アフリカのサヘル地域（一九八二〜八四年）やアメリカの中西部（一九八八年）における旱魃は、しばしば温暖化異変の予兆あるいは影響とされてきた。[26] たとえば、高木義之氏は、次のように述べているのである。

温室効果を起こす代表的なものが二酸化炭素です。今、この二酸化炭素がどんどん増えつつあり、それにつれて地球の温度が上昇しているわけです。一九八〇年代に入り、世界的に異常高温が続き、アフリカのサヘル地域では異常干ばつのため、すでに五〇〇万人の人々が餓死しています。これをきっかけに国連が世界委員会（気候変動国際パネル：ＩＰＣＣ）を設置し、大規模な調査を始めました。[27]

この記述は、一九八二年から一九八四年にかけてサヘル地域[28]を襲った大旱魃のことを指摘しているのであろう。そして、その原因が人為的な地球温暖化にあるのではないかというわけである。しかし、サヘル地域を大旱魃が襲ったのは、それが初めてではない。かつて、一九六九年から一九七四年の長きにわたって、サヘル地域は極めて悲惨な旱魃被害に見舞われたのである。[29]ところで、一九六九年から一九七四年というのは、まさに気候寒冷化説の全盛時代でもあった。ご多分に漏れず、サヘル地域の旱魃の原因に関しても、当時の説明は現在と正反対であった。たとえば、一九七六年に書かれた書物の中で、坪井八十二氏は、同地域の旱魃の原因を次のように説明している。

……寒冷化が進んで来ると寒気がある場所から南下して中緯度地方に張り出してくる。……寒冷域が南下し拡大してくると、亜熱帯高気圧を南におし下げるようになる。するとこれまで晴天のつづいていた亜熱帯地方に雨が降りやすくなり、反対に赤道の多雨地帯の上に高気圧が居坐るようになって干ばつが起こりやすくなる。サハラ砂漠の南の西アフリカ六ヶ国、エチオピアなどで干ばつのつづいているのは、このように亜熱帯高気圧が移動南下して、そこに居坐ったからである。[30]

一九七〇年代には、サヘル地域における旱魃が、寒冷化の進行に起因すると見られていたのである。関根勇八氏[31]やN・コールダー氏[32]もまた、ほぼ同様の説明をしていた。この説明が正しいのか否か、私には判断できない。しかしながら、因果関係が理路整然と説明されていることだけは事実である。となると、ここでも疑問が生じる。つまり、サヘル地方の大旱魃が地球温暖化の影響で起こるのなら、なぜ一九六九年から一九七四年という時期——全球気温の再温暖化は一九七〇年代後半からだと言われている——にも同様の大旱魃が発生したのかということである。もちろん、「温室効果を特定の旱魃の原因であるとすることはできない[†33]」のかもしれない。しかし、もしそうであるならば、個々の旱魃を人為的温暖化の兆候だと例示することは、非常に無責任な態度だということになる。いずれにせよ、同様の事態（＝サヘル地域の旱魃）に対して、温暖化が叫ばれる時代と寒冷化が懸念されていた時代で、原因説明が正反対になるというのはおかしな話であろう。まるで、旱魃発生という具体的な出来事が、その時々の気候理論を正当化するための手段になっているかのようである。なるほど、地球温暖化⇩異常高温⇩旱魃という図式は、単純明快に見えるかもしれない[†34]。しかし、地球の寒冷化が叫ばれていた時代には、猛暑や旱魃の原因が次のように説明されていたのである。これまた、理路整然としていて、明快であろう。

……地球を取りまく大気は、一つにつながっており、各地の気温を全部足すと一定になるような運動をしている。このため高緯度地帯の寒気団の勢力が強くなると、それと釣り合うように、中緯度地帯では暖気の勢いが増大するという性質がある。したがって極地方の寒冷化の進行は、常識的な判断とはまったく逆に、中緯度地方に猛暑や干ばつをもたらす結果にもなるのである。いいかえれば、西ヨーロッパの七六年夏の高温と水飢饉は、極地方の温暖化を示すどころか、中心を西半球に移した高緯度地方の寒冷化が、一層進んできたことを物語るものなのだ[†35]。

エルニーニョ現象の説明の仕方にしても、旱魃の場合と同様の思考変動が見られる。すなわち、かっては寒冷化が原因とされ、今日では温暖化が原因だとされているのである。二〇〇〇年に出された『よくわかる地球温暖化問題』という書物には、一九九七年から翌年にかけてのエルニーニョ現象による「異常気象」について、「多くの科学者はこれらの異変には人間活動による地球温暖化が影響していると見ている」と書かれている。[36] だが、一九七六年に出された『氷河期が来る』という書物では、一九七二年のエルニーニョ現象が、「再び新しい寒冷時代に入りつつある過渡期の現象」の一つに数えられているのである。[37]

熱帯低気圧（台風、サイクロン、ハリケーンの類）はどうであろうか。これに関しても、近年の大規模被害が、地球温暖化と結びつけられて語られる場合が多い。たとえば、NHK取材班が出した書物の中では、「温室効果が地球を襲う」という章において、一九八八年九月「今世紀最大といわれるハリケーン・ギルバートがカリブ海諸国に猛威を奮い、ジャマイカだけでも八〇億ドルの被害に上った」ことが事例としてあげられ、次のような記述が付されているのである。[38]

人類が化石燃料を使用し続けると、ハリケーン・ギルバートをはるかに上回る破壊力をもった台風が発生することになるという。[39]

これは、「熱帯低気圧のような非常に強い嵐の発生や地理的分布がはたして変化するかどうかについて言及するには、現在の知識は不充分である」とするIPCCの見解と明らかに食い違っている。要するに、少なくともどちらか一方は間違っているということである。本当に、化石燃料の使用によって、二〇世紀最大のハリケーンを「はるかに上回る」台風が発生するのであろうか。ここでも、不安ばかり煽られるが、その科学的根拠は何も示されていないのである。

また、宇沢弘文氏は、「地球温暖化の予兆と考えられるような気候条件の変化がおきていて、異常気象が世界の各地でみられはじめ」ていると指摘した上で、その一例として、一九九一年「一一月には、大型台風がフィリピンを襲い、死者四〇〇〇人、行方不明者一〇〇〇人という大きな災害」があったことを挙げている。[40] たしかに、死者・行方不明者六〇〇〇人というのは、悲劇的な数字である。現在の日本では考えられない被害であろう。だが、これは本当に気象の異常性を物語る数字なのであろうか。というのは、一九六〇年代あたりまでは、日本でも同じようなことが起こっていたからである。前世紀半ばの主だった台風被害の状況を示せば、以下のとおりである。このような気象災害の頻発もまた、二〇世紀における地球温暖化の影響だったのであろうか。

一九六一年―第二室戸台風　……死者・行方不明者＝　二〇二人
一九五九年―伊勢湾台風　……死者・行方不明者＝五一〇一人
一九五八年―狩野川台風　……死者・行方不明者＝一二六九人
一九五四年―洞爺丸台風　……死者・行方不明者＝一六九八人
一九五一年―ルース台風　……死者・行方不明者＝　九四三人
一九五〇年―ジェーン台風　……死者・行方不明者＝　五〇八人

一九四九年―キティ台風　　　　　　……死者・行方不明者＝　一六〇人
一九四八年―アイオン台風　　　　　……死者・行方不明者＝　八三八人
一九四七年―カスリーン台風……死者・行方不明者＝一九一〇人
一九四五年―阿久根台風　　　　　　……死者・行方不明者＝　四五一人
一九四五年―枕崎台風　　　　　　　……死者・行方不明者＝三七五六人
一九三四年―室戸台風　　　　　　　……死者・行方不明者＝三〇六六人

台風ではないが、一九五七年の諫早大水害でも、死者・行方不明者九九六人を数えている。なお、一九二五（大正一四）年から一九五四（昭和二九）年にかけての統計では、風水害死者の年平均は、なんと七八五人、うち台風だけで五二二人に上るのだ[†41]。今日では考えられないことかもしれないが、風水害によって毎年何百人もの命が失われることは、一九六〇年頃まで日本においてもごく普通のことだったのである。

それでは、今日の日本でかつてほどの風水害被害者が出ない理由は何だろうか。おそらく、それは気候自体の変化ではあるまい。むしろ、大きな原因は、日本が経済的に豊かになり、住宅や船舶の質が向上した上、気象情報網が発達し、行政による風水害対策も進んだことに求められよう。逆に言えば、フィリピンにおける一九九一年の台風被害がかくも甚大になった理由もまた、経済的な事情による部分が大きいのではないだろうか。実際、『よくわかる地球温暖化問題』によると、近年の自然災害による死者は、その九六％が発展途上国の住民だということである。[42] 自然災害が経済的に恵まれない地域を選んで訪れるとは考えられない以上、多数の犠牲者を出す原因は、自然現象自体ではありえないということになる。われわれは、気象災害で大量の死者が出ると、それを異常だと考える。気象庁も認めているように、「自然の状態でかなりの頻度で起こる現象であっても、それが災害を伴うことから異常気象とよばれる」傾向があるのである。そして、その災害を引き起こす原因は、多くの場合、経済的な貧しさに大きく由来している。もし、世界中の全ての国々において、現在の日本と同程度の防災措置が講じられるならば、異常気象として数えられる災害を激減させるに違いないのである。

この点に関して、石弘之氏は、次のような研究成果を紹介している。

ロンドン大経済学部のB・V・ロジャー教授は……被害規模は七六年を境に急激に増加し、国の貧しさと被害の大きさが比例することを突き止めた。「人口の増大と土地の不足から、災害危険地帯に住まわざるを得ない人々が増えていることが原因で、気象条件の変化によるものではない」と結論づけている。[43]

それにしても、台風による死者・行方不明者六〇〇〇人というフィリピンの現実を前にして、六〇〇〇人の失われた命を前にして、それが地球温暖化の予兆だと言うのであれば、しかるべき根拠を提示すべきである。科学的に明確な根拠もなしに、「あなたたちの家族や友人が死んだのは地球温暖化の影響だ」などとは、とても言えないであろう。フィリピンの人々が、自分の子や孫たちの世代には深刻な気象災害にあわないようにと願うとき、真っ先に望むことは何であろうか。化石燃料の使用制限や安全な原子炉の開発であろうか。私には、そうは思えないのである。ちなみに、シュナイダー氏は、『地球温暖化で何が起こるか』という著書の中で、経済的に貧しい地域に関する政策について、次のように述べている。

現在、地球上には五五億から六〇億の人間が住んでおり、そのうち一〇億人は満足に栄養をとれない状態にあって、毎年、数千万人が栄養不良のために本来なら予防できるはずの病気で死亡している。こうした人びとには、当然ながら生活水準の向上が必要だが、そうした権利を満たすための政策決定であっても、それが地球におよぼす影響を無視するものなら、正当なものとは言えないだろう。[44]

はっきり言ってしまえば、貧しい国々は、たとえ貧困の撲滅や経済発展のためであっても、石油や石炭の消費量を増やすなということである。しかし、地球のためという大義名分を振りかざせば、本当に世界中がそれで納得できるのであろうか。衆知のとおり、国民一人当たりの二酸化炭素等排出量において、アメリカは日本の二倍以上で、中国と比べれば約八倍である。[45] アメリカ人は、全般的に見て、非常に豊かで贅沢な生活を享受しているのだ。それでも、発展途上国の人間は二酸化炭素の排出量を増やしてはならないのだろうか。シュナイダー氏は——地道な温暖化対策の重要性を説明する文脈の中で——次のように主張するのである。

……一方では植林し、また一方ではエネルギーを節約し、そして中国人がもう少し倹約家になるように促し、可能な限り石炭の代わりに天然ガスを使う――これらは、一つ一つは小さなことですが、塵も積もれば山となるということです。[†46]

なぜアメリカ人ではなくて、中国人が倹約家にならなければならないのだろうか。そして、東南アジアやアフリカなどの発展途上国の人々は、地球環境と引き換えに貧苦にあえいでもやむをえないのであろうか。一〇年後の話をしている間に、この瞬間でさえ、貧困の中で命を失っている人間が数多く出ているはずである。この格差と歪みを直視しないような政策は、断じて人類全体の未来を考える政策ではない。たしかに、地球環境問題は重要な事柄であるに違いない。だが、その対策には、発展途上国に化石燃料の使用を制限すること等も含め、大きな犠牲が伴う可能性が充分にある。ならば、少なくとも、それ相応の科学的根拠くらいは明確にしてから物を言う必要があると思われるのである。

それにしても、われわれは、「二酸化炭素の人為的大量排出⇩異常気象」という図式を非常に強く信じ込まされてきたようである。たとえば、建築家である安藤忠雄氏までもが、新聞紙上で次のように書いているのだ。

石油を燃やし、それまでとは比べ物にならない二酸化炭素を出し、しかも、開発の名のもとで森林の伐採を続ければ、地球上の大気のバランスはくずれて当然である。我々は、近年の異常気象に見舞われて初めて、ことの重大さに気づき始めた。[†47]

安藤氏もまた、「石油を燃やし……二酸化炭素を出」すことと、「近年の異常気象」とを結びつけて論じている。安藤氏のような第一線級の知識人でさえもが、自分の専門以外の分野では、当然のごとく主流派の論潮を受け入れてしまっているのである。もちろん、建築家である安藤氏に責任はないのかもしれない。しかし、温暖化危機を警告する書物を書いたり、温暖化対策の政策立案に携わったりしている人々には、極めて大きな責任がある。多くの専門家が声高に訴える事柄は、誰だって信じてしまうからである。その信頼が、信仰になってしまわないためには、明確な科学的根拠を提示する以外にない。二酸化炭素等の排出抑制が本当に異常気象を減らし、発展途上国の人々の命を守るのだということを科学的に論証せずして、そこに暮らす人々に我慢を求めることなどできないのである。

本節の冒頭で出した問題の正解は、①が「寒冷」、②が「温暖」となる。ちなみに、Aは一九七六年に書かれたもので、Bは一九九五年に書かれたものである。正解を入れた上で両者を読むと、寒冷化へと向かう遷移期では「寒波と熱波」といった「コントラストの強い天候が隣接して発生」し、温暖化の予兆としては「極端な暑さと寒さのサイクル」が見られるということになる。結局、どちらでも同じなのである。寒くなろうが暑くなろうが何であろうが、とにかく異常気象は増加し、極端な暑さと寒さがやってくるというわけである。まあ、どちらの記述も当たっているのかもしれない。というのは、「毎年、史上初の気象の記録がどこかで発生」するという状態が、気象の世界ではごく普通のことだろうからである。

表2-2　異常気象はいつもあった（日本二〇〇〇年の気象災害年表）

年代	日本	事項
一七六七	明和四	東北霖雨冷害
六八	五	諏訪大いに不作　九州、陸中干ばつ
七〇	七	五～八月関東以西干ばつ　一七七〇～七一明海
七一	八	関東以西旱ばつ
七二	安永一	東北冷害　二月江戸目黒行人坂の大火　九・一七四国、近畿、東海道大暴風雨
七三	二	東北大雨虫害
七四	三	東北冷害　一二月酷寒、隅田川氷る
七五	四	一七七五～九一北海道ニシン不漁
七六	五	東北冷害　松前ニシン不漁
七七	六	東北洪水凶作
七八	七	東北冷害
八二	天明二	東北冷害　陸奥雪多し　天明飢饉のはじまり（～一七八七）
八三	三	北日本冷害、諸国飢荒　八・七北陸大暴風雨　松前ニシン不漁
八四	四	北海道冷害、松前ニシン不漁
八五	五	北日本冷害、六～八月関東以西干ばつ
八六	六	東北冷害、諸国飢荒
八七	七	北日本凶作、諸国飢饉　松前ニシン不漁
八八	八	北日本凶作　一・三〇京都大火

年代	日本	事項
一七八九	寛政一	北日本冷害　一一・二二大坂大火
九一	三	東北凶作（洪水による）諸国みのらず　九・一七四国、近畿、中部、関東大暴風雨
九三	五	東北冷害　一七九三〜九四明海
九四	六	六〜八月本州一円干ばつ　北日本暑夏　北海道ニシン不漁
九五	七	東北霖雨凶作　十勝川サケ不漁
九七	九	一月北海道雪多し
九九	一一	東北洪水凶作　一七九九〜一八〇〇明海（諏訪湖が凍らないことを言う）
一八〇一	享和一	東北凶作
二	二	北海道飢饉
四	文化一	一八〇四〜〇五明海
七	四	諏訪湖干ばつ、大不作
八	五	東北洪水凶作　越前、美濃雪多し　西国干ばつ
一三	一〇	北日本冷害
一四	一一	越後雪多し　一八一四〜一八四〇北海道ニシン豊漁
一五	一二	東北冷害
一六	一三	東北凶作
一九	文政二	一一月加賀雪多し
二一	四	北日本干ばつ飢饉あり
二三	六	五〜八月四国、近畿干ばつ
二五	八	北日本冷害

年代	日本	事項
一八二八	文政一一	諏訪不作前代未聞 九・一七九州山陰、大暴風雨（過去二〇〇年の最大 シーボルト台風）
三〇	天保一	東北冷害
三一	二	東北冷害
三二	三	北日本冷害 六〜八月中部以西干ばつ
三三	四	北日本冷害 天保飢饉のはじまり（〜一八三九）
三四	五	越後雪多し
三五	六	北日本冷害 八・二九山陰、東海道、奥羽、関東大暴風雨
三六	七	北日本冷害 全国飢饉、奥羽最も多し
三七	八	北日本冷害 全国的に飢饉
三八	九	東北冷害
四一	一二	越中雪多し
四二	一三	一八四二〜四三明海
四四	弘化一	一八四四〜四五明海
四七	四	一八四七〜五七北海道ニシン不漁
五〇	嘉永三	東北干害
五二	五	四〜七月近畿以西干ばつ 奥州雪多し 九・四近畿、北海道、関東大暴風雨
五三	六	六〜八月本州各地干害、一八五三〜五四明海
五四	安政一	四・六京都大火
五五	二	江差ニシン不漁
五六	三	東北凶作 九・二三九州、関東、北海道大暴風雨

年代	日本	事項
一八五七	安政　四	北日本不作
五八	五	北海道不作　一八五八～九八北海道ニシン豊漁
五九	六	三・二四江戸季節外れの大雪
六〇	万延　一	美濃雪多し　諏訪不作前代未聞　六・二九東海道、関東　大暴風雨
六三	文久　三	一一・二一大坂大火
六四	元治　一	七・一八京都大火
六五	慶応　一	一八六五～六六明海
六六	二	北日本冷害　一八六六～六七明海　明治初年の飢饉（～六九）
六七	三	一八六七～六八明海
六八	明治　一	一八六八～六九明海
六九	二	北日本冷害、全国の桑樹凍害
七〇	三	一〇・一二四国、九州大暴風雨
七三	六	五～七月全国干ばつ
七四	七	青森県螟虫発生被害甚大　八・二七九州大暴風雨
七五	八	一二月飛騨雪多し、三月釧路、根室流氷、厚さ一～二m　コンブ被害大
七六	九	六～八月全国干ばつ
七七	一〇	三月大和雪多し　東北洪水凶作
七八	一一	七～八月関東、東北干ばつ
七九	一二	明一二～一七北海道イナゴ大発生　一八七九～八〇明海
八〇	一三	北海道害虫（イナゴ）

年代	日本	事項
一八八一	明治一四	一月石見、越中雪多し　北海道害虫（イナゴ）
八三	一六	北海道干ばつ　二月北海道雪多し　八～九月中部日本以西干ばつ
八四	一七	北日本冷害、日本全土記録的低温（年平均）　八・二五中国、四国、近畿、北陸大暴風雨 一二月越前道雪多し
八五	一八	一月越後道雪多し、北海道冷害　七・一近畿、中部、関東大暴風雨
八六	一九	六～九月山陰、中部日本、東日本干ばつ
八八	二一	北海道冷害　九・一六上川郡（北海道）厳霜
八九	二二	北日本凶作
九〇	二三	七・七上川地方に霜
九一	二四	北海道冷害　北陸大水害
九二	二五	新潟県道雪多し　四月釧路流氷汽船沈没
九三	二六	北海道冷害　三・六新潟県大雪二丈六尺　六～八月東日本、近畿以西干ばつ
九四	二七	七～九月近畿以西干ばつ
九五	二八	北海道冷害
九六	二九	全国の桑樹凍害激甚　七～九月北海道多雨洪水
九七	三〇	東北害虫　北海道冷害、大凶作　七～八月西日本干ばつ、野鼠全国的発生被害甚大
九八	三一	九・六台風により北海道全道河川はんらん　六・一三、一四上川郡（北海道）厳霜
九九	三二	北海道冷害　イモチ全国的発生被害甚大
一九〇〇	三三	北海道干ばつ　六・一五～一七、九・一七降霜（北海道）　一九〇〇～一二北海道ニシン不漁
二	三五	北日本冷害　桑樹凍害全国的激甚　一・二五旭川でマイナス四一℃観測（日本の記録）

年代	日本	事項
一九〇三	明治三六	東北冷害　桑樹凍害全国的激甚
四	三七	七～九月旱ばつ（静岡、近畿以西）
五	三八	北日本冷害　四月岐阜大晩霜　網走で年雨量五四四㎜（日本の最小記録）
六	三九	東北冷害　全国の桑樹凍害激甚
八	四一	三・八～九、三・一一～一二、一一・五、一二・一五～一六　この年北海道暴風雨多し 四～五月岐阜大晩霜
一〇	四三	一・三〇～三一北海道方面暴風雨　四・三〇岐阜大晩霜
一二	大正一	五・四北海道方面暴風雨
一三	二	北日本冷害　一一・三〇旭川で一〇四四mbの気圧（日本の最高）　六～八月西日本干ばつ　一九一三～二〇北海道ニシン豊漁
一四	三	五・四、五・九岐阜大晩霜
一五	四	一九一五～一六明海
一七	六	一・二四～二五北海道全道暴風雪　一〇・一中部、関東、奥羽暴風雨、東京湾高潮
二〇	九	四・二四岐阜大晩霜
二一	一〇	九・二六近畿、中部大暴風雨
二二	一一	六～九月西日本大干ばつ
二四	一三	六～八月中部以西干ばつ
二五	一四	一二・二〇～二三北海道全道暴風雪
二六	昭和一	北海道冷害
二七	二	伊吹山で積雪一一・八二m（日本の記録）五・一二岐阜大晩霜　九・一三九州西部暴風

年代	日本	事項
		雨、有明湾高潮
一九二八	昭和三	七~九月北陸、山形干ばつ　五・二四岐阜大晩霜
二九	四	七~八月関東以西干ばつ　五・五、四・二四、五・六岐阜大晩霜害
三一	六	北日本冷害　イモチ北海道に大発生　一九三一~三二明海
三二	七	北海道冷害　一一・一四関東、東北暴風
三三	八	七・一五山形で日本の最高気温観測（四〇・八℃）
三四	九	北日本冷害　六~八月西日本干ばつ　九・二一四国、本州大暴風雨（室戸台風）
三五	一〇	北日本冷害　九・二四全土、特に関東暴風雨
三八	一三	北海道ニシン大凶年　六・二八九州、近畿、東海道豪雨　九・一関東、奥羽台風、高潮
三九	一四	六~七月西日本干ばつ　一九三九・一一・二四~四〇・二・二　前橋七一日無降水つづく
四〇	一五	五・一、五、六岐阜大霜害
四一	一六	北日本冷害　四月二七日、五月五日、五月六日岐阜大霜害　九・三〇九州、四国中国暴風雨
四二	一七	八・二七西日本暴風雨、周防灘高潮
四三	一八	七・二二中国、四国暴風雨　九・二〇九州、四国、中国洪水
四四	一九	一九四四~四五北海道ニシン比較的好漁
四五	二〇	北日本冷害　九・一八西日本特に九州大暴風雨（枕崎台風）　一〇・一〇西日本暴風雨（阿久根台風）
四七	二二	東北冷害　九・一四関東、北日本暴風雨（カスリーン台風）
四八	二三	九・一五東日本暴風雨（アイオン台風）一九四八~四九明海

年代	日本	事項
一九四九	昭和二四	六・一五九州暴風雨（デラ台風） 八・一五九州、山陽、四国暴風雨（ジュディス台風）
五〇	二五	屋久島で年降水量一万ミリをこす（一〇、二六一㎜） 九・三関西、東日本暴風雨（ジェーン台風）
五一	二六	四・二四～二六岐阜大霜害 一〇・一三本州各地暴風雨（ルース台風）
五三	二八	北日本冷害 六・二七西日本豪雨 九・二五近畿、東海暴風雨（台風テス一三号）
五四	二九	北日本冷害 五・八～一二暴風で東海で漁船遭難 四・二八岐阜大霜害 九・一二本土各地暴風雨（台風一二号） 九・二六洞爺丸台風
五五	三〇	二・二〇～二一暴風雪、北海道方面漁船遭難多し 一九五五～五九北海道ニシン大凶漁
五六	三一	北日本冷害 五・二七、四・二九～三〇大霜害（岐阜）
五七	三二	七・二四諫早水害（長崎県）
五八	三三	三・二九～三一岐阜大霜害 九・二六近畿以東暴風雨（狩野川台風）
五九	三四	八・一四近畿以東の各地暴風雨 九・二六伊勢湾台風
六一	三六	一月日本海側雪害 九・一六第二室戸台風
六二	三七	七月西日本水害
六三	三八	一月北陸、中国、北九州大雪害、西日本麦凶作
六四	三九	北海道冷害 七月山陰豪雨 四・二三、五・三、五・一六、五・二六、五・二七岐阜霜害
六五	四〇	三～四月全国的低温 七月異常低温
六六	四一	二～三月高温・暖春、七月梅雨末期日本海側大雨 加治川氾濫浸水一万、夏・北冷西暑・北日本六～九月低温 西日本三二℃以上三九日、九月二五日・台風二六号足和田村山津波死一〇〇人、九月五日・第二宮古島台風最大八五・三m／s、四～八月松代群発

年代	日本	事項
		地震
一九六七	昭和四二	一一～一二月前半まで、寒冬・山雪型・四二年七月豪雨死三五一人　八月下旬羽越水害死一〇〇、八～一〇月西日本干ばつ
六八	四三	二月・北暖西冷、一五日太平洋側大雪　春・高温（三月）、少雨（四・五月）、八月・飛騨川集中豪雨　一二月暖冬、太平洋側多雨
六九	四四	三月太平洋側大雪（東京三〇㎝レコード　夏～秋・北冷西暑）
七〇	四五	六九・一二～七〇・一寒冬北陸大雪（一二月中旬）太平洋側異常乾燥・五三日無降水記録（東京）　三月記録的寒波

出所：和田英夫他『異常気象―天明異変は再来するか』講談社、一九六五年、巻末。

注

1 坪井八十二・根本順吉編『異常気象と農業』朝倉書店、一九七六年、序文より。

2 宇沢弘文『地球温暖化を考える』岩波書店、一九九五年、五五頁より。

3 気象ネットワーク編『よくわかる地球温暖化問題』中央法規出版、二〇〇〇年、二二一―二二三頁、NHK取材班『地球は救えるか2　温暖化防止へのシナリオ』日本放送出版協会、一九九〇年、三五―三八頁なども参照。

4 地球的規模の環境問題に関する懇談会・地球温暖化問題に関する特別委員会『どうなる地球どうする二

一世紀』環境庁、一九九六年、一〇―一一頁。
5 松本有一「ごみと地球温暖化のいま」『エコノフォーラム』(関西学院大学経済学部)第四号、一九九八年(五七―六三頁)、六〇頁。
6 宇沢『地球温暖化を考える』前掲書、五三頁。
7 和田武『地球環境問題入門』実教出版、一九九四年、二八頁。
8 佐和隆光『地球温暖化を防ぐ―二〇世紀型経済システムの転換』岩波書店、一九九七年、一八頁。
9 日本経済新聞、一九九九年八月二一日夕刊。
10 木村竜治「気候変動の時間スケール」『科学』第六一巻一〇号、一九九一年(六四五―六四八頁)、六四五頁。ちなみに、一九九七年一二月一五日付の毎日インタラクティブには、メキシコ支局からの以下のような記事が伝えられている。
メキシコ全土はこの数日間、猛烈な寒波に襲われ、当地の報道では一四日までに北部を中心に二〇人以上が凍死したという。普段は温暖な中部の都市グアダハラでは一八八一年以来、一一六年ぶりに雪が降り、四〇センチの積雪となった。

これは、「アラブ首長国連邦で、歴史上、最初の雪が降った」ことほどの記録ではないかもしれないが、グアダハラの人々にとっては歴史的な出来事であったに違いない。
11 朝日新聞、二〇〇一年一月一五日夕刊。
12 朝日新聞、二〇〇一年二月三日。
13 ロイター(シカゴ)、二〇〇〇年一二月二〇日。ちなみに、この年のアメリカの寒波被害はかなり深刻だったようで、二〇〇〇年一二月二八日には、クリントン大統領がオクラホマ州とアーカンソー州に非常事態宣言を発令したほどである(ロイター(ワシントン)二〇〇〇年一二月二八日より)。また、アメリカでは一九九八年一二月にも、北東部を中心に厳しい寒波被害に襲われている。
14　根本順吉『異常気象を追って―十一年間の記録』中央公論社、一九七四年、一〇頁。
15　根本順吉「地球の寒冷化と異常気象」坪井・根本編『異常気象と農業』前掲書、一頁。
16　『異常気象・気候変動の実態と見通しに関する調査報告書』、『異常気象白書』とも呼ばれている。『環境問題情報事典』〔第二版〕日外アソシエーツ、二〇〇一年、一六頁等を参照。
17　スティーブン・H・シュナイダー『地球温暖化の時代―気候変化の予測と対策』内藤正明・福岡克也監訳、ダイヤモンド社、一九九〇年、三八頁。
18　朝倉正「気候温暖化と異常気象」『科学』第五九巻九号、一九八九年（六二〇―六二四頁）、六二一頁。
19　気象庁編『異常気象レポート'89　近年における世界の異常気象と気候変動―その実態と見通し（Ⅳ）』大蔵省印刷局、一九八九年、一五頁。
20　朝日新聞、一九七六年一二月三日。
21　坪井八十二『気候変動で農業はどうなるか―食糧危機を考える』講談社、一九七六年、五一頁。
22　小松左京編集『地球が冷える―異常気象』旭屋出版、一九七四年、「まえがき」。
23　「〈座談会〉日本の〝空〟をかたる」『科学朝日』一九七〇年一〇月号（三九―四六頁）、四三頁。
24　気象庁編『異常気象レポート'89　近年における世界の異常気象と気候変動―その実態と見通し（Ⅳ）』前掲書、二三―二四頁。
25　環境庁地球環境部監修『ＩＰＣＣ地球温暖化第二次レポート』中央法規出版、一九九六年、六〇―六一頁。
26　ちなみに、ＩＰＣＣの報告には次のように書かれている。
サヘル地域のように降水量の減少に向かう長期傾向を示している数地域を除けば、干ばつの頻度および強さが変化している兆候はほとんどない。（気象庁編『地球温暖化の実態と見通し—世界の第一線の科学者による最新の報告（IPCC第二次報告書）』大蔵省印刷局、一九九六年、一三九頁）

27 高木義之『地球大予測—選択可能な未来』総合法令出版、一九九五年、二七頁。（段落は無視）

28 モーリタニア、セネガル、マリ、ブルキナファソ、ニジェール、チャドの国々にまたがる西アフリカの北部地域で、サハラ砂漠の南端に沿って東西に延びている。

29 もっと言うならば、サヘルの旱魃の歴史は一七世紀の終わり頃にまでさかのぼる。IPCCの報告書にも「サヘルにおいては一六八〇年代と一七四〇年代から一七五〇年代にかけて、甚だしい干ばつがあった」（気象庁編『地球温暖化の実態と見通し—世界の第一線の科学者による最新の報告』前掲書、一六六頁）と記されているし、鈴木秀夫氏もまた次のように指摘している。

一七一〇年代、一七三〇年代、一七五〇年代に激しい干ばつがサヘルで広域におこり、一七七〇年代にも小干ばつがおこる。この一八世紀中葉の飢饉は激しく長く、サヘルの人口の半分が失われたという。（鈴木秀夫『気候変化と人間—一万年の歴史』大明堂、二〇〇〇年、三五五頁）

いかに地球温暖化論者といえども、一七世紀に始まるサヘルの大旱魃まで、人為的産業活動のせいだと強弁することはできないであろう。化石燃料の大量消費があろうがなかろうが、サヘル地域では旱魃の歴史は続いてきたのである。

30 坪井八十二『気候変動で農業はどうなるか—食糧危機を考える』前掲書、六九—七〇頁。

31 関根勇八氏は、次のように述べている。

一九六〇年代の後半から、西アフリカの各地が六〜七年連続して大干ばつに見舞われた……。これは、それまでアフリカ北部を東西にのび、サハラ砂漠を形作っていた亜熱帯高気圧帯が、北極方向の寒冷化に伴う気圧系の南偏につれて、緯度にして一〇度前後南下し、これらの地方をおおったために起こったものとみられる。（関根勇八「干害の時間空間的性質」坪井八十二・根本順吉編『異常気象と農業』朝倉書店、一九七六年、一五六頁）

32 N・コールダー氏は、次のように述べている。

もっとも単純でかつもっとも不吉な理論は、サヘルのサハラ砂漠の南進は、一九五〇年以来進行している全般的な北半球の寒冷化と直接関連があると説明している。寒い北極圏が拡大すると、暴風帯や砂漠地帯が赤道方向に移動する。これでは、北方の寒冷化は少しも安心の材料にはならず、行く先は不穏である。過去の気候変動の記録によると、このような時期は数十年から数世紀も続きうる。ある予測によると、今世紀の終りにはサハラ砂漠はもう六五キロメートル南進しているだろうといっている。（コールダー『ウェザー・マシーン―気候変動と氷河期』原田朗訳、みすず書房、一九七九年、八一―八二頁）

33 シュナイダー『地球温暖化の時代―気候変化の予測と対策』前掲訳書、二四五頁。

34 ただし、この図式そのものにも異論はある。すなわち、過去の実際の地球史に照らせば、温暖期は概して湿潤だったと言われているのである。吉野正敏氏は、次のように述べている。

……古生代後半の温暖な時代や、中生代の温暖な時代には、当時の植生から推定すると極端な熱帯気候地域は年平均気温が三三～三〇℃、熱帯気候地域では二九～二五℃、ほぼ熱帯気候に相当する地域は二四～一九℃、暖帯地域では一八～一五℃であったと考えられる。そして乾燥地域でも年降水量五〇〇～八〇〇㎜と推定され、海洋性の気候地域では一五〇〇㎜と考えられる。（吉野正敏「氷期の気候」山本義一編『大気環境の科学4　気候変動』東京大学出版会、一九七九年、四頁）

要するに、温暖な時期には、乾燥地域でも現在より降水量が多かったということである。これは、実際の地球史に起こった現実の出来事である。

35 日下実男『大氷河期―日本人は生き残れるか』朝日ソノラマ、一九七六年、九三―九四頁。（段落は無

視）

36　気象ネットワーク編『よくわかる地球温暖化問題』中央法規出版、二〇〇〇年、二二―二三頁を参照。

37　根本順吉『氷河期が来る―異常気象が告げる人間の危機』光文社、一九七六年、二四―三一頁を参照。

38　NHK取材班『地球は救えるか2　温暖化防止へのシナリオ』前掲書、三四―三八頁。

39　NHK取材班『地球は救えるか2　温暖化防止へのシナリオ』前掲書、三七頁。

40　宇沢『地球温暖化を考える』前掲書、五三―五五頁。

41　台風、風水害の統計に関しては、平凡社『世界大百科事典』、小学館『日本大百科全書』を参照。

42　気象ネットワーク編『よくわかる地球温暖化問題』前掲書、二二三頁を参照。

43　石弘之『地球環境報告』岩波書店、一九八八年、一五二頁。

44　スティーヴン・シュナイダー『地球温暖化で何が起こるか』田中正之訳、草思社、一九九八年、一六頁。

45　田邊敏明『地球温暖化と環境外交―京都会議の攻防とその後の展開』時事通信社、一九九九年、一四頁を参照。これによると、一九九五年の時点で、アメリカは五・四二（炭素トン／人）、日本は二・五（炭素トン／人）、中国は〇・六八（炭素トン／人）となっている。

46　シュナイダー『地球温暖化の時代―気候変化の予測と対策』前掲訳書、二八二頁。

47　朝日新聞、二〇〇一年八月二二日夕刊。

6 気温変動の歴史的考察
——中世温暖期や小氷期も化石燃料のせいなのか

シュナイダー氏は、ハンセン氏やウィグリー氏[†1][†2]らによる気候調査から、「過去一世紀にわたり地球の平均気温が約〇・五度上昇してきている」と指摘している。[†3]また、IPCCの報告では、「全球で平均した地上気温は一九世紀後半から現在までに約〇・三から〇・六℃上昇」[†4]したとされている。数値に若干の違いはあるが、一九世紀後半から地球の温暖化がはじまり、今日までに約〇・五度の気温上昇がすでに見られるというのは、大方の温暖化論者の共通認識であると考えてもよかろう。そして——宇沢弘文氏の言葉を借りると——「この、平均気温の上昇は、大気中の温室効果ガスの濃度、とくに二酸化炭素の濃度の上昇に、その原因がある」[†5]というわけである。ということは、もし二酸化炭素をはじめとする温室効果ガスの人為的大量排出さえなければ、全球平均気温は一九世紀前半のまま維持されたということであろうか。そして、その一九世紀前半までの気温が望ましい自然（＝非人為的）な気温だということであろうか。本節では、過去の気候の歴史を振り返りながら、この問題を検討してゆくことにする。

最後の氷期（ヴュルム氷期）は今から七〜八万年前に始まり、[†6]約一万〜一万一〇〇〇年前に終わったと言われている。すなわち、現在の間氷期（＝後氷期）の気候に入ってから、すでに約一万年が経過しているということである。後氷期に入ると地球の気温は上昇を続け、約六〇〇〇年前にピークに達する。今から九〇〇〇～四〇〇〇年前あたりは総じて温暖な時期で、特に六五〇〇～五五〇〇年前は後氷期高温期（hypsithermal）または気候最適期（climatic optimum）と呼ばれており、特に温暖であった。[7]当時は全世界的に高温で、年平均気温は現在より二～五℃も高温であったと言われている。[8]農業生産が増し、エジプトや黄河流域で古代文明が起こった時代である。[9]その後、約五五〇〇年前から地球の気温は全体として低下の傾向をたどり、紀元前後に一つの極小期を迎える。ヨーロッパで「鉄器時代初期の寒期」[10]と呼ばれている時代である。それから気温は少しずつ上昇し始めるが、三～五世紀頃には、またもや低温期に入る。

三ないし五世紀は気温の低い時代となった。このため、北方民族は食糧を求めて南下し、四世紀にはフン族が西進をするなど、民族の大移動が始まる。そして、五世紀には西ローマ帝国は滅亡するにいたる。[11]

その後、八世紀頃から気温は上昇期に入り、だいたい一〇世紀から一三世紀頃まではかなり暖かい気候が続いたらしい。一般に、中世最適時代（medieval optimum）と呼ばれる時期で、「世界的に気候が温暖化していた紀元九〇〇年頃から一三〇〇年頃までの約四〇〇年間」[12]がこれに当たる。と言っても、後氷期高温（ヒプシサーマル）期ほど温暖になったわけではなく、シュナイダー氏によると、当時の気温は「いまより一℃ほど暖かかった[13]」ということである。ただし、どのくらい暖かかったのかについては諸説あり、土屋巌氏は、「現在より平均して二度C以上は暖かったという中世の温暖時代[14]」と記している。ともあれ、中世最適時代は北極の南限も北上し、「北大西洋北部など氷がいちじるしく少なくなった[15]」時期であった。今では雪と氷の世界であるグリーンランドも、当時は文字どおり「緑の島」だったのである。また、このような著しい温暖化によって「西ヨーロッパでは食糧の生産事情が好転[16]」し、ひいては十字軍遠征の契機にもなったと言われている[17]。高橋浩一郎氏は、このような中世最適時代の気候状況に関して、次のように記している。

山口大学の山本武夫名誉教授は平安朝の前期に当る九世紀、一〇世紀の頃の花見の宴の開かれた日付を調べ、現在の京都のヤマザクラの満開日より五日くらい早い、四月一〇日くらいであることを知った。そしてこれから、当時の春は、今より二度くらい気温が高かっただろうと推察している。実はこの頃は、世界的に気温が高く、文化が栄えた時代であった。……ヨーロッパでは、バイキングが活躍をした時代であり、一〇世紀にはノルマン人がグリーンランドを発見し、植民地をつくっている。グリーンランドは、今では雪と氷の世界であるが、当時は草や木も生えており、緑におおわれていた。グリーンランドという名称は、それからきているという[18]。

だが、この中世の温暖期もやがて終わり、「一四世紀ごろから寒冷化が始ま[19]」る。グリーンランドは「雪と氷の世界」へと向かい、「最盛期にこの島には、二ヵ所に計二八〇の農場があったと伝えられるが、気候の悪化もあって一三世紀以後衰退し、一五〇〇年ころ絶滅した[20]」と伝えられている。ヨーロッパとグリーンランドとの間に行われていた公式交易も一三六七年を最後に途絶え、一四一〇年には定期的な通信連絡さえ途絶されるに至った[21]。そして、一五世紀末以降はエスキモーのみが居住し続け、この島に再びヨーロッパ人が到来するのは一八世紀に入ってからであった。地球の気候は、一四〜一六世紀あたりから、小氷期（小氷河期 Little Ice Age）と呼ばれる寒冷期に入っていたのである[22]。この気温低下は一六五〇年頃に極小に達し[23]、「寒冷化は一九世紀半ば頃まで続[24]」くことになる。特に、北半球の気温は低く、「現在より一度から二度近くも下がったときも[25]」あったと言われている。また、「十九世紀はじめの北大西洋の海水温度は現在より一〜三度低かった[26]」ということである。日本では、江戸時代がほぼこの時期に当たり、低温と多雨の夏がしばしば現れ、天明の飢饉（一七八二〜八七）や天保の飢饉（一八三三〜三六）が起こった[27]。小氷期の気候状況について、三上岳彦氏は、次のように描写している。

一四世紀ごろから始まった寒冷化は、一七世紀ごろそのピークを迎えたが、ヨーロッパではアルプスの山岳氷河が前進し、各地で教会や住居が氷に押しつぶされた。また、イギリスでは一七世紀から一八世紀にかけてテムズ川が結氷する頻度が増し、氷の上では市が開かれたという記録が残っている。アイスランドは……一七世紀から一九世紀にかけて海氷の接岸頻度が高まり、寒冷の極に達しており、小氷期の寒冷化を裏づけている[28]。

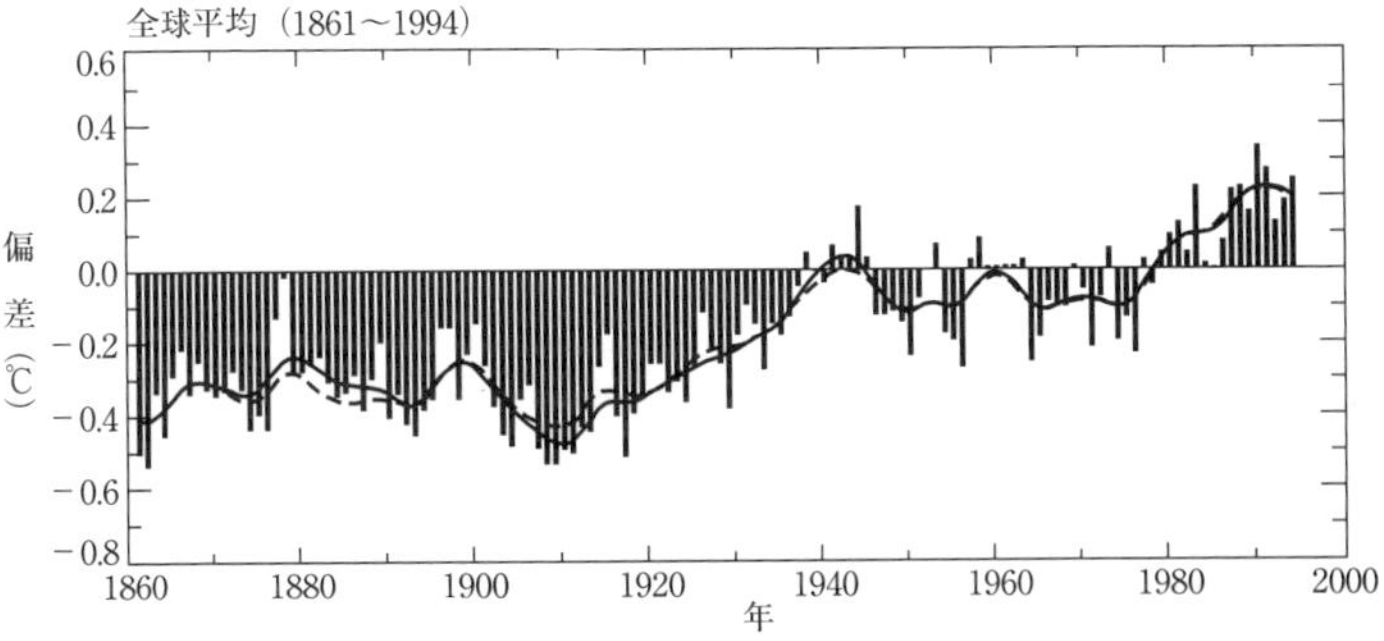

図2－2　全地球平均気温の推移

出所：気象庁編『地球温暖化の実態と見通し』大蔵省印刷局、1996年、186頁。

数世紀前はグリーンランドまでもが緑の島であったのに、この時期にはヨーロッパ「各地で教会や住居が氷に押しつぶされ」てしまったのである。しかし、この寒冷期もまた、一九世紀半ば、遅くとも一八九〇年頃までには終わりを告げ、その後の地球はまたもや温暖化の兆候を示し始めたと言われている。実際に「気温が上昇の傾向に転じたのは一九一〇年前後[†29]」であり、この傾向は一九四〇年頃まで一貫して続くことになる。IPCC第二次報告書に掲載された図によると、一九一〇年頃～一九四〇年頃までの約三〇年の間に、〇・五度以上の昇温が見て取れる（図2-2参照）。だが、この昇温傾向も一九四〇年あたりをピークに停止し、地球の気温は低下気味になる。すなわち、氷河期接近説がしきりに唱えられていた寒冷期である。そして最後が、一九七〇年代後半から今日まで続くとされる温暖期なのである。

このように振り返ると、さまざまな疑問がわいてくる。

まず、一九世紀の後半から始まるとされる温暖化の原因に関してである。多くの地球温暖化論者は、その原因を温室効果ガスの人為的な大量排出に求めている。たとえば、次のような理解である。

過去一世紀に地球全体の平均気温は〇・三℃から〇・六℃の範囲で上昇した。地球が温暖化しているのは、二酸化炭素など温室効果ガスの増加による。[30]

……近年、全地球の地表面気温が、過去一〇〇年の間に〇・三～〇・六度、上昇したことが確かめられ、この気温上昇は人為的な温室効果ガスの排出による大気中濃度の上昇によって生み出されたものと考えることが合理的であると言われている……。[31]

地球全体の年平均気温は過去一〇〇年間で〇・三～〇・六℃上昇しています。これは過去一万年間にみられた上昇速度より大きいものです。従って、自然に上昇しただけとは考えにくく、人間活動による温暖化が進んでいる一つの証拠と考えられます。[32]

しかし、一九世紀の半ばから後半あたりまでは、小氷期とさえ呼ばれるほど寒冷な時代だったことを忘れてはならない。緑の島だったグリーンランドが雪と氷の世界と化し、ヨーロッパ「各地で教会や住居が氷に押しつぶされ」てしまうほどの寒冷期だったのである。その時代と比べて暖かくなったことが、それほど問題なのであろうか。つまり、一九世紀後半からの温暖化傾向は、特に寒かったとされる時代に比べて暖かくなったということに過ぎないとも言えるであろう。もし一九世紀前半までが異例に寒冷な時期だったのであれば、現在の方が普通だとも考えられるのである。そもそも、「気候というものは変るものである」[33]のだから、地表気温もまた、下がる時代もあれば上がる時代もあるのだ。たしかに、気候の変動は人類にとって厄介な問題なのかもしれない。しかし、気候が変わること自体は、たとえ人間には不都合だとしても、自然の摂理としては当然のことであって、別に異常でも何でもないのである。

もちろん、自然の変化を凌駕する空前の気候変動が現実に起こったのであれば、それは大問題であるに違いない。しかし、実際に経験されている気温の変化――一〇〇年で〇・五度の変動――が、それほど異常なものであるとは考えられない。シュナイダー氏が指摘しているように、「地球の平均気温は数年ごとに、また数十年ごとに、およそ〇・二℃の変動がある」[34]のが普通なのである。二〇世紀の昇温傾向にしても、それは「長期間の自然変動（気候ノイズ）」[35]の枠をはみ出すほど大きなものではないであろう。シュナイダー氏自身でさえ、次の点は認めているのである。

一世紀にわたる〇・五℃の温暖化傾向はどうだろうか。これも、気候上のノイズなのだろうか。そのような質問は、二個のサイコロを一度だけ振って両方とも一の目が出た場合――確率は三六分の一――に、そのサイコロに仕掛けがあったかどうかと聞くようなものだ。[36]

これを読めばわかるように、人為的温暖化を警告する論理は、「ピンゾロの丁」の背後に人為的なイカサマの存在を疑う必要があるというのと同じなのである。証拠など、どこにもないのだ。すなわち、「一世紀にわたる〇・五度の温暖化傾向」程度では、人為的な活動が影響したという「証拠」にはならないということである。その程度のことは、「長期間の気候変動」の範囲内で充分理解可能なのである。田中正之氏もまた、『温暖化する地球』という著書の中で、次のように指摘している。

……二酸化炭素の増加だけでは説明できない、温暖化と寒冷化の波があります。……問題は、その波の振幅があまりに大きすぎることです。この百年間に全体として〇・五〜〇・六度ぐらい気温が上昇しているように思えますが、一方、波のほうも、振幅が同じぐらいの大きさとなっています。これでは、本当に温室効果気体の増加によって温暖化が起こっていると断言するわけにはいきません。統計学的にいえば、これだけのデータでは、結論を出すことができないのです。[†37]

たしかに、ＩＰＣＣは、二〇世紀の気温が以前の時代に比べてかなり高いと指摘している。たとえば、ＩＰＣＣ第二次報告書には、「全体的には、二〇世紀は少なくとも紀元一四〇〇年以降で一番温暖な世紀であろう」[†38]と記されている。だが、これもまた、ある意味で当然のことなのではないであろうか。というのは、「最後の氷期以後の気候変化を概観すると、過去一〇〇〇年間は現在の間氷期のどの時代よりも低温であった」[†39]と言われているからである。今が特に暖かいというより、最近までが寒かったのだ。しかも、紀元一四〇〇年というのは、まさに中世の温暖時代が終わり、気候が小氷期へと向かう時期で、特に寒冷な時代が始まった頃に当たる。思い出してもみよう。ヨーロッパとグリーンランドとの間に行われていた公式交易が途絶えたのが一三六七年、両者間の定期的通信連絡までもが途絶したのは一四一〇年のことであった。つまるところ、二〇世紀が過去六〇〇年間で一番暖かな世紀だとしても、それは特に寒かった時代と比べてのことでしかないのである。もし、中世最適時代より現在の方が明らかに高温であるというのなら、ただならぬ事態が生じているかもしれないとも考えられる。しかし、歴史に残るほどの寒冷期と比べると暖かいというのであれば、特に問題があるとは考えにくい。シュナイダー氏自身が認めるように、中世最適時代は、人為的な温暖化が進んだと言われる「いまより一℃ほど暖かかった」のである。さらには、「現在より平均して二度C以上は暖かかった」(土屋氏)との説さえある。これと比べれば、現在の気候がそれほど異常なものであるとは考えにくいのではないだろうか。現在より寒かった過去とばかり比べたら、現在が暖かいとなるに決まっているのである。

さらに、二〇世紀の昇温傾向が化石燃料の大量消費に由来するのであれば、「気温が上昇の傾向に転じたのは一九一〇年前後」であるというのも、時期的な整合性に欠けるように思われる。しかも、二〇世紀における地球温暖化のかなりの部分が、一九一〇年から四〇年にかけて顕著に——三〇年間で〇・五度以上——観察されているというのも、おかしな話である。なぜなら、一九一〇年から人為的影響による地球温暖化が本格的に始まったのであれば、すでにそれ以前から、今日に勝るとも劣らない温室効果ガスの大量排出が行われていなければならないことになるからである。だが、二〇世紀の初頭までの人為的産業活動など、今日に比べるとはるかに小規模だったはずである。

ここで、一九一〇年当時の様子を大まかに振り返って見ることにしよう。一九一〇年というのは、日本ではまだ明治時代である。一九九六年度における日本の総発電電力量は八八八四億kWhであるが、一九一〇年頃は六億kWh前後に過ぎず、現在の一〇〇〇分の一をはるかに下回る水準であった。日本の一般家庭に電燈が普及し始めるのは、大正時代に入ってからである。また、ライト兄弟による人類初の動力飛行が一九〇三年、一般人が飛行機に乗るようになるのは、ずっと後のことである。当時は、ラジオもなかった。アメリカで世界初の一般向けラジオ放送が開始されたのは一九二〇年のことである。自動車にしても、一九一〇年当時はほとんど普及していなかった。アメリカでT型フォードの大量生産が開始され、自動車普及の契機が訪れたのは一九一三年のことである。もちろん、当時の日本では、まだ人力車が走り回っていた。国際情勢を見ても、清の宣統帝が退位して中国最後の王朝が滅亡するのが一九一二年、ロシア革命が一九一七年、アメリカが世界に先駆けて高度大衆消費時を迎えたのも、ようやく一九一〇年代半ばのことである。そして、二〇世紀末には六〇億人を超えた世界の人口も、一九〇〇年には約一六億人、一九四〇年になってもまだ約二一億七〇〇〇万人に過ぎなかった[†40]。おそらく一九一〇年当時、世界の人口は今日の三分の一にすら満たなかったに違いない。最も肝心な要因とされる大気中の二酸化炭素濃度を見ても、一九一〇年には、まだ三〇〇ppmvの水準に届いていなかったのである[†41]。ちなみに、かつて大気汚染による人為的な地球寒冷化が唱えられた際、それに対する反論は次のようなものであった。

……極地の低温化はグローバルな大気汚染など、ほとんど問題にならなかった一九二〇年代から始っており、次第に振幅をせばめながら低温化の傾向は低緯度地方に及んでいることが認められるのである。結果を原因より先に考えるわけにはいかないから、これらのカーブを人為的影響によってプライマリーに説明することはできない[†42]。

ここでも——寒冷化であろうが温暖化であろうが同じことだが——二〇世紀初め頃から始まった気候の変化を、人為的な要因によって説明することには無理があると考えられていたのである。

全球平均気温にしても、それが目立って温暖化傾向を示し始めたのは、一九一〇年前後からである。となると、これは本当に人為的活動のせいだと言えるのであろうか。だいたい、もし二〇世紀の昇温傾向の原因を人為的活動に求めるのであれば、昇温が一九四〇年頃をピークに一旦頭打ちを迎えたという事実を説明できない。人為的活動の方は停滞したと思われないのに、一九四〇年から一九七五年あたりまでは気温の上昇が止み、むしろ低下傾向にあったのである。いずれにせよ、このような事実経過を総合すれば、どうも二〇世紀の昇温傾向を人為的な活動に還元するのは困難のように思われる。もし、二〇世紀の温暖化傾向が人為的影響に起因すると言うのであれば、一九四〇年から一九七五年あたりまでは温暖化が止んでいたのに、一九一〇年から一九四〇年頃までは顕著な温暖化が見られたことの理由を説明しなければならないであろう。たしかに、一九七〇年代末期から再び地球の気温は上昇し始めたと言われている。だが、地球が温暖化しているという事実と、その原因が人為的活動にあるというのは、全く別系列の問題である。人為的活動があろうがなかろうが、「気候というものは変るもの」なのだ。たとえば、朝倉正氏は、次のように述べている。

一九八〇年代に今世紀温暖年上位六年が入っているのを二酸化炭素などの温室効果の現われというのは片手落ちで、自然的要因で発生するとみられる数十年規模の気候変動の影響の方が大きい。[†43]

実際、人為的な温室効果ガスの大量排出がなくとも、中世最適時代や小氷期といった、人類の生活に大きな影響を与えた気候変動が現に生じていたということは事実であろう。また、後氷期高温（ヒプシサーマル）期にしても、「二酸化炭素濃度は現在よりも低く、温暖化が温室効果によっておこったとは考えにくい[†44]」のだ。気候は、自然の変動を繰り返してきたのである。であれば、二〇世紀の温暖化傾向だけが――中世最適時代や後氷期高温期とは違って――人為的活動に起因するという理由は、いったいどこにあるのだろうか。そもそも、産業革命に数世紀も先立つ中世最適時代は、なぜ地球は今日よりさらに温暖化していたのだろうか。この中世の温暖期に関する宇沢弘文氏の説明は、以下のとおりである。

しかし、この温暖期には大気中の二酸化炭素の濃度はあまりふえていません。なにか自然の条件が変わって温暖化がおこったと思われますが、その原因ははっきりしていません。[†45]

書いた御本人は、こんな説明で本当に納得しているのであろうか。中世期の温暖化は「なにか自然の条件」によるものであり、ここ約一世紀の「平均気温の上昇は、大気中の温室効果ガスの濃度、とくに二酸化炭素の濃度の上昇に、その原因がある[†46]」というのは、いかなる根拠に基づいているのであろうか。通常の科学的思考では、過去に生じた経験的な事実の解明を通じて現在起こっている事態を理解しようとするものであるが、昨今の地球温暖化論においては、この種の手続きが非常に軽視される傾向にある。だが、非常にはっきりしている事実が現に存在するのだ。中世最適時代の温暖化をもたらしたのは、人為的活動ではないという点である。また、小氷期の寒冷化をもたらしたのも、同じく人為的な要因ではないという点である。これらは、非常にはっきりしている。どちらも、「なにか自然の条件」が変わったことによって、気候が変動したのである。人為的な地球温暖化を主張するのであれば、中世最適時代や小氷期の原因についても、明確に説明を加えておくべきであろう。温室効果ガスの人為的大量排出があろうがなかろうが気温が上下したという厳然たる経験的事実を顧慮せずして、将来の気候変動のコンピュータ予想ばかりをいくら繰り返しても、あまり説得力がないのである。

最後に一つ、重大な問題がある。以上の議論は、過去百年間に全球平均気温が〇・五度程度上昇したという事実が正しいという仮定の下でなされたという点である。だが、この仮定もまた、自明だとは言えない。以下に紹介するとおり、ＩＰＣＣは過去一世紀にわたる全球的昇温を「確信」すると言うのであるが、実際はそれほど簡単に確信できる事柄ではないように思われるのである。

測器による地上気温の記録は、一九世紀中頃までは断片的であったが、それ以後ゆっくりと改善されてきた。過去の記録は、測定方法の違いのために、最新の記録と調整しなければならない。

このために、多少の不確定さが資料に入ってくる。これらの問題にもかかわらず、我々は全球的に見て過去一世紀の間〇・三〜〇・六度の温暖化が現実に起こっていると確信している。[47]

しかし、百年も前の記録の不確定さは、「多少」という程度で片付くのであろうか。今日でさえ、全球平均気温を測定することは、容易ならざる作業である。特に、人の住んでいない広大な海洋上の気温を測定することは、困難を伴うのである。たとえば、一九八〇年代に入ってからでさえ、次のように言われている。

今日でも、広大な海水面の温度測定は十分ではなく、人工衛星で測定する海面温度も満足できるものではない。[48]

ましてや、時代が古くなればよりいっそう、全球平均気温を求めることは困難となる。それがどうして「確信」できるのであろうか。シュナイダー氏は、「実際に観測された〇・五℃の気温上昇」[49]と言うが、誰がどのようにして百年前の地球全体の気温を「実際に観測」したのであろうか。この点は、大いに疑問である。シュナイダー氏自身でさえ、「過去一世紀のあいだの地球の温度変化の見積もりには、かなりの不確実性が含まれている」[50]と認め、次のように述べているのである。

連続して測定されていないし、街の中心から空港に温度計が移されてしまったことが多く、信頼できない記録が多いのである。また、温度計の置かれた周囲に都市ができて、「都市ヒート・アイランド現象」が、その土地の気候をかき乱した場合もある。……さらに、温度計は世界中に均等に配置されているわけではなく、先進国の人口密度が高い地域に集中していること、それに離島や海洋には温度計がないところが多いことを認めなければならない[51]。

シュナイダー氏は、過去の記録には、「多少の不確定さ」程度ではなく、「かなりの不確実性」が伴うと認めているのだ。となればなおさら、小数点以下の変動幅しかない過去一世紀の気温の変化を正確に算出することなど、とてもできそうにないように思われる。少なくとも、ただ単に「過去一世紀にわたり地球の平均気温が約〇・五度上昇してきている」などと言われたところで、にわかに確信することはできないであろう。そんな確信は、ほとんど信仰と変わらない。気象庁気候変動対策室の田宮兵衛氏は、この問題を直視し、次のように疑問を提起している。

……地上気温の観測が陸上部分に限られていることによる限界をもっている。さらに、陸上部分といっても、人口稠密なところでなければ、気温をはじめとする気候要素の観測は行われていない。このことは現在でも言えることであるが、時代が古くなればさらに事情は厳しくなる。二酸化炭素濃度の温室効果を、過去一〇〇年ほどについて確かめようとしてもかなり大変なことなのである。例えば地上気温の全球平均値を一八八〇年から一九八〇年について求めたのは Hansen *et al.* (1981) くらいしか見あたらない。使用したデータ数など正確なことはわからないが、陸も少なく人口も少ない南半球の特に古い時代については、何をどう処理したのか詳しく知りたいところである[52]。

極めて素朴かつ的確な疑問であろう。重要なことは、気象の専門家でさえ、一〇〇年も前の全球平均気温が「何をどう処理」したら求められるのか分からないと言っている点である。ここで、ハンセン氏のデータが誤っていると言いたいのではない。そうではなくて、専門家でさえ妥当性を評価できないような事柄が、あたかも自明な事実であるかのように取り扱われていることが問題なのである。一〇〇年前の太平洋の真ん中の気温がなぜ分かるのか。問題は、多くの人々がこのような素朴な疑問すら抱くことなしに、ハンセン氏やシュナイダー氏の言辞を盲信してしまっていることなのである。なお、最近の『ニューズウィーク』誌（日本版）にも、次のような指摘がなされていたので、紹介しておこう。

気象学の場合、そもそもデータの信頼性に問題がある。海水の温度の測定にあたってバケツでくみ上げた海水を使うこともあれば、観測船のエンジンの取水口に入ってきた海水を使うこともあるのだ。過去一〇〇年間に地球の平均気温が〇・六度上昇したというのも、こうした大ざっぱなデータを分析した結果にすぎない。[†53]

コンピュータモデルの性能がいかに向上したところで、基礎的なデータの精度がこの程度のものであれば、少なくとも過去の気候の復元に関しては、あまり信頼性があるとは言いがたいのである。ましてや、この程度のデータをもとにして、過去の気候変動に対する人為的要因と自然的要因を区別することなど、とてもできそうにない相談であろう。

注

1 アメリカNASAのゴダード宇宙研究所（GISS）のグループ。
2 イギリス、ノリッジのイーストアングリア大学の気候調査グループ（CRU）。
3 スティーブン・H・シュナイダー『地球温暖化の時代─気候変化の予測と対策』内藤正明・福岡克也監訳、ダイヤモンド社、一九九〇年、一〇〇頁。
4 気象庁編『地球温暖化の実態と見通し─世界の第一線の科学者による最新の報告（IPCC第二次報告書）』大蔵省印刷局、一九九六年、一三八頁。
5 宇沢弘文『地球温暖化を考える』岩波書店、一九九五年、四四頁。
6 最終氷期の開始時期については諸説あるが、ここではあまり問題ではない。
7 当時の日本の気候に関しては、次のような記述がある。
そのころは東京付近では現在より平均気温はおよそ三度くらい高く、海水は現在よりもずっと内陸まで達していた。低地にはシイの森がみられ、千葉県の館山付近にはサンゴ虫が生育していたのである。（和田英夫他『異常気象─天明異変は再来するか』講談社、一九六五年、九〇頁）
8 後氷期高温期に関しては、『世界大百科事典CD─ROM』日立デジタル平凡社を参照した。なお、この時期の気温の値については諸説ある。根本順吉氏は、「この高温期の気温は、現代より約三度高かった」（『熱くなる地球─温暖化が意味する異常気象の不安』ネスコ、一九八九年、七四頁）と述べている。
9 高橋浩一郎『理科年表読本─気象歳時記』丸善、一九八六年、二〇五頁を参照。
10 鈴木秀夫『氷河時代─人類の未来はどうなるか』講談社、一九七五年、一七頁。
11 高橋『理科年表読本─気象歳時記』前掲書、二〇五頁。
12 桜井那朋『太陽黒点が語る文明史─「小氷河期」と近代の成立』中央公論社、一九八七年、一五頁。

13　シュナイダー『地球温暖化の時代―気候変化の予測と対策』前掲訳書、七一頁。
14　土屋巌『地球は寒くなるか―小氷期と異常気象』講談社、一九七五年、八四頁。
15　高橋『理科年表読本―気象歳時記』前掲書、二〇五頁。
16　桜井『太陽黒点が語る文明史―「小氷河期」と近代の成立』前掲書、一五頁。
17　たとえば、百科事典で「十字軍」の項目を引くと、以下のように記されている。
ヨーロッパのほぼ全域を渦中にまきこみ、数世紀にわたって持続した東方進出の気運は、その根元に社会経済的要因と精神的動機をもっている。まず数世紀間を周期とする気候変動の影響が一一世紀中葉から現れた。日照時間の増大「気温の上昇」降水量の低下などによって、農業生産性は著しく高まり、それまで過疎状態にあった西欧の人口動態は密度・総計ともに爆発的に増加しはじめた（農業革命）。十字軍開始期には森林が切り開かれて、耕地面積は拡大し、より豊かな衣食住の条件が追求されるようになり、経済発展に対応する社会身分の流動性が見られた。（『世界大百科事典CD―ROM』日立デジタル平凡社）
18　高橋『理科年表読本―気象歳時記』前掲書、一一頁。（段落は無視）
19　三上岳彦「小氷期―気候の数百年変動」『科学』第六一巻一〇号、一九九一年（六八一―六八八頁）、六八一頁。
20　『世界大百科事典CD―ROM』日立デジタル平凡社。
21　根本順吉『氷河期が来る―異常気象が告げる人間の危機』光文社、一九七六年、一四七―一四八頁および土屋『地球は寒くなるか―小氷期と異常気象』前掲書、八四頁を参照。
22　小氷期の開始時期については、一三世紀とするものから一六世紀とするものまで諸説ある。終了時期については、一九世紀半ばから後半頃というのがほぼ定説となっているようであるが、他説も存在する。（鈴

木秀夫『気候変化と人間――一万年の歴史』大明堂、二〇〇〇年、三〇五頁を参照)
23 鈴木『氷河時代――人類の未来はどうなるか』前掲書、一八頁を参照。
24 桜井『太陽黒点が語る文明史――「小氷河期」と近代の成立』前掲書、一三頁。
25 宇沢『地球温暖化を考える』前掲書、四六頁。
26 和田他『異常気象――天明異変は再来するか』前掲書、九四頁。
27 高橋浩一郎・宮沢清治『理科年表読本――気象と気候』丸善、一九八〇年、四四頁、根本『氷河期が来る――異常気象が告げる人間の危機』前掲書、一四八――一五〇頁、高橋『理科年表読本――気象歳時記』前掲書、二〇五頁等を参照。
28 三上岳彦「小氷期――気候の数百年変動」『科学』前掲書、六八二――六八三頁。
なお、コールダー氏による描写は、以下のとおりである。

小氷期のいちばんはっきりした指標であるヨーロッパの氷河は一七世紀初頭に決定的な前進をしている。その当時、フランスのシャモニー付近の村がいくつか氷で埋めつくされた。一六四三――五三年には再び襲われた。その頃は、最新の氷期の終り以来西ヨーロッパが迎えた最もきびしい冬が続いた時期であった。また一七四〇年代、すなわちオーストリアの継承戦争や、チャールズ王子のスコットランドの反乱のあった当時も同じく氷に埋めつくされていた。小氷期は寒さの程度やその期間の長さにおいて、ともに本来の氷期に比べて文字通り小規模であったが、スカンジナビア、スコットランド、アイスランドおよび合衆国の東北部には大きな損害をもたらした。食糧の十分な人々には凍った河や湖のウィンター・スポーツが楽しめた一方、アメリカ独立戦争のあいだ、イギリス軍はマンハッタン島からスターテン島まで氷上を滑らせて鉄砲を運ぶことができた。(N・コールダー『ウェザー・マシーン――気候変動と氷河期』原田朗訳、みすず書房、一九七九年、二一四頁)

29 佐和隆光『地球温暖化を防ぐ—二〇世紀型経済システムの転換』岩波書店、一九九七年、八頁。
30 北野大監修/PHP研究所編『新訂版〔図解〕地球環境にやさしくなれる本』PHP研究所、一九九八年、六四頁。
31 環境庁企画調整局企画調整課調査企画室監修『地球温暖化対策と環境税』ぎょうせい、一九九七年、八〇頁。
32 環境庁地球環境部編『地球温暖化—日本はどうなる?』読売新聞社、一九九七年、一四頁。
33 高橋『理科年表読本—気象歳時記』前掲書、一一頁
34 スティーヴン・シュナイダー『地球温暖化で何が起こるか』田中正之訳、草思社、一九九八年、一五二頁。
35 シュナイダー『地球温暖化で何が起こるか』前掲訳書、一五三頁。
36 シュナイダー『地球温暖化で何が起こるか』前掲訳書、一五三頁。
37 田中正之『温暖化する地球』読売新聞社、一九八九年、一五〇—一五一頁。(段落は無視)
38 気象庁編『地球温暖化の実態と見通し—世界の第一線の科学者による最新の報告』前掲書、一六六頁。
39 ジョン・グリビン『地球が熱くなる—人為的温室効果の脅威』山越幸江訳、地人書館、一九九二年、一三八頁。
40 一九九九年一〇月一二日、ボスニア・ヘルツェゴビナの首都サラエボで、モスレム人ヤスミンコ・ナビッチさん夫妻の間に生まれた男の子が、国連によって地球上で六〇億人目と認定された。
41 A. Neftel, E. Moor, H. Oeschger and B. Stauffer, "Evidence from polar ice cores for the increase in atmospheric CO_2 in the past two centuries," *Nature*, Vol. 315, 1985 (pp. 45–47), p. 45, Fig. 1より。
42 根本順吉『氷河期へ向う地球』風濤社、一九七三年、三二頁。
43 朝倉正「気候温暖化と異常気象」『科学』第五九巻九号、一九八九年(六二〇—六二四頁)、六二二頁。

44　環境庁「地球温暖化問題研究会」編『地球温暖化を防ぐ』日本放送出版協会、一九九〇年、四七—四八頁。
45　宇沢『地球温暖化を考える』前掲書、四六頁。
46　宇沢『地球温暖化を考える』前掲書、四四頁。
47　霞が関地球温暖化問題研究会編訳『IPCC地球温暖化レポート』中央法規出版、一九九一年、七三頁。
48　H・ストンメル＝E・ストンメル『火山と冷夏の物語』山越幸江訳、地人書館、一九八五年、一六一頁。（原著は一九八三年刊行）
49　シュナイダー『地球温暖化の時代—気候変化の予測と対策』前掲訳書、一三六頁。
50　シュナイダー『地球温暖化の時代—気候変化の予測と対策』前掲訳書、二二五頁。
51　シュナイダー『地球温暖化の時代—気候変化の予測と対策』前掲訳書、九八頁。（段落は無視）
52　田宮兵衛「気温による気候変動・変化の把握とその問題点」河村武編『気候変動の周期性と地域性』古今書院、一九八六年、七三—七五頁。（段落は無視）
53　フレッド・グタール「温暖化なんて怖くない」『ニューズウィーク』（日本版）第一六巻二七号、通巻七六八号、二〇〇一年八月一日（二二—二七頁）、二四—二五頁。（段落は無視）

7　極地の氷や山岳氷河の融解について——いったい何が正しいのか?

IPCCは、二〇〇一年に『第三次評価報告書』を発表した。それによると、「世界が温暖化対策を取らなければ、今後百年間で地球全体で平均最大五・八度の気温上昇と、八十八センチの海面上昇が起きる」[†1]ということらしい。海面水位が八八センチも上昇すれば、たしかに甚大な被害が生じることが想像できる。それにしても、予測数値が細かいのは、コンピュータ予想ならではのことであろう。伝統的な科学的手法で予測すれば、「最高で五度を超える気温上昇」とか「最大で一メートル近い海面上昇」といった表現になるに違いない。ともあれ、地球温暖化の証拠としてしばしば持ち出されるのが、極氷や山岳氷河といった氷雪域の減少傾向、およびその影響による海面上昇である。たとえば、シュナイダー氏は次のように述べている。

> 海面の上昇が地球温暖化の最もはっきりした証拠であることは、疑う余地がない。漫画家はニューヨークのビルの半数が水没した背景のなかで自由の女神の胸に大西洋の波が打ち寄せている絵を描いたし、フロリダ半島の三分の一が半ば海に浸食された絵を描いた画家もいる。[†2]

何が何の証拠だかよくわからない記述である。実際に自由の女神の胸に大西洋の波が打ち寄せているのなら地球温暖化の証拠になるかもしれないが、漫画家の描いた絵は何の証拠になるのだろうか。

それはともかく、地球が暖かくなれば氷河が融け、融けた水が海に流れ、海面の水位が上昇するという理屈自体は、なるほど至極当然のことのようにも思われる。ただし、これまた当たり前のことだが、地球上の氷河の量は、何も多ければ多いほどよいというものでもないであろう。多すぎても困るのだ。となると、たとえ現在の氷河の量が減少傾向にあるとしても、それだけで何か危機的な事態が起こっているということにはならない。極端な話、多すぎた氷河が減ったおかげで、望ましい状態に回帰したという場合もありえるだろう。もちろん、現実に自由の女神の胸に大西洋の波が打ち寄せているのなら大問題であろうが、漫画をいくら論じても仕方あるまい。肝心なことは、地球上の氷河が、どの時期と比べてどの程度減っているのか、それは減り過ぎなのかどうか、氷河減少は具体的にどのくらいの被害をもたらすのか等々について、冷徹に分析することであろう。人為的影響による海面上昇を懸念するのであれば、まず、事実関係を詳しく振り返っておかなければなるまい。そうでなければ、単なる不安妄想に過ぎないのである。

はじめに、北極の例から考察することにしよう。近年、地球の温暖化に伴って、北極の氷が融解することが懸念されている。その点に関して、国立環境研究所の古川昭雄氏は、次のように述べている。

地球の温暖化によって北極の氷山が溶解し、海面が上昇して標高の低い地域、例えば東京の〇メートル地帯は水没し、居住可能面積が減少することが危惧されている。[†3]

しかし、この記述は、どうも他の多くの人々の言っていることと違うようである。たしかに、北極の氷の融解を指摘する人は多い。だが、それが東京を水没させるほどの海面上昇をもたらすと主張している者は、ほとんどいない。たとえば、根本順吉氏は、「北極は陸地ではないですから、氷がとけたって海面は上がりません」[4]と言っているし、田中正之氏もまた、次のように言明しているのである。なお、氷山などの形で海上に浮かんでいる氷が溶けても海面水位は変化しません。これはコップの中の氷が溶けても水の量が変わらないのと同じ理屈です。[5]

にもかかわらず、古川氏は――南極の氷床ではなく――なぜ敢えて「北極の氷山」の融解を懸念するのであろうか。私のような素人には、根本氏や田中氏の指摘の方が理解しやすいのであるが、ともかく見解の相違が存在していることは認めなければなるまい。それにしても、このような見解のばらつきは、地球温暖化論そのものの曖昧さを感じさせるものである。専門家の間でさえ明確な共通見解がないのであれば、素人は何を信じてよいのか分からないであろう。

話を戻そう。海面水位の上昇をもたらすか否かは別にしても、近年、北極地方の氷の量が減少していること自体は、多くの人々によって指摘されている。例をあげると、以下のような記述である。

温暖化による異変が起きているのは、南極だけではない。北極圏地方でも急速に進んでいるのだ。……北極海でも異変が起きている。ノルウェーのナンセン環境衛星センターの調査によると、北極海の海氷に覆われた海域は、一九七八年から現在までに五・五％も減少した。[6]

……北極海の氷も、一九七八～八七年の一〇年間に約二％減少したことが最近確かめられました

図2-3　環境庁監修のマンガによると……

出所：環境庁企画調整局調査企画室監修『地球温暖化のなぞを追え！──マンガで見る環境白書Ⅳ』大蔵省印刷局、一九九七年、五一頁。

……。[7]

仮にこれらの指摘が事実――細かな数字の違いはともかく――であるとしても、それ自体で何か危機的な事態が生じているということにはならない。というのは、両記述とも、一九七〇年代を基準にして現在の事態を論じているからである。一九六〇年代～七〇年代は、地球の気温低下がしきりに唱えられ、特に北極地方の寒冷化が問題視されていた時期であったことを思い出そう。当時は、北極の氷の増大が指摘され、その人類への影響が懸念されていたのである。当時の記述をよく読んでみよう。

一九六七年に、合衆国の海洋大気庁は、地球上の雪と流氷塊の週間分布図を発行した。もちろんそれは季節によって変動する。一九七一年―七三年には、北半球の雪と流氷塊は冬の早い時期にできて、一九七〇年にできたものより一一パーセントほど広い面積を覆った。気象の記録によれば、一九五〇年頃から北半球では寒冷化が進んでいる。それは、特に北極圏でいちじるしい。この数字の意味に疑問をもつ専門家もいるが、ソ連は大急ぎで砕氷船の建造をしており、北方航路を確保しようとしている。[8]（一九七四年の記述）

また最近の高緯度地方の寒冷化を示すものとして、雪氷面積の増加があげられる。気象衛星エッサの写した写真の解析によって、北極を中心とした氷原の面積が一九六八年以降急激に増加していることがよくわかる。[9]（一九七六年の記述）

米海洋大気局の気象衛星は一九六七年から北極地方を見張っている。驚いたことに一九七一年か

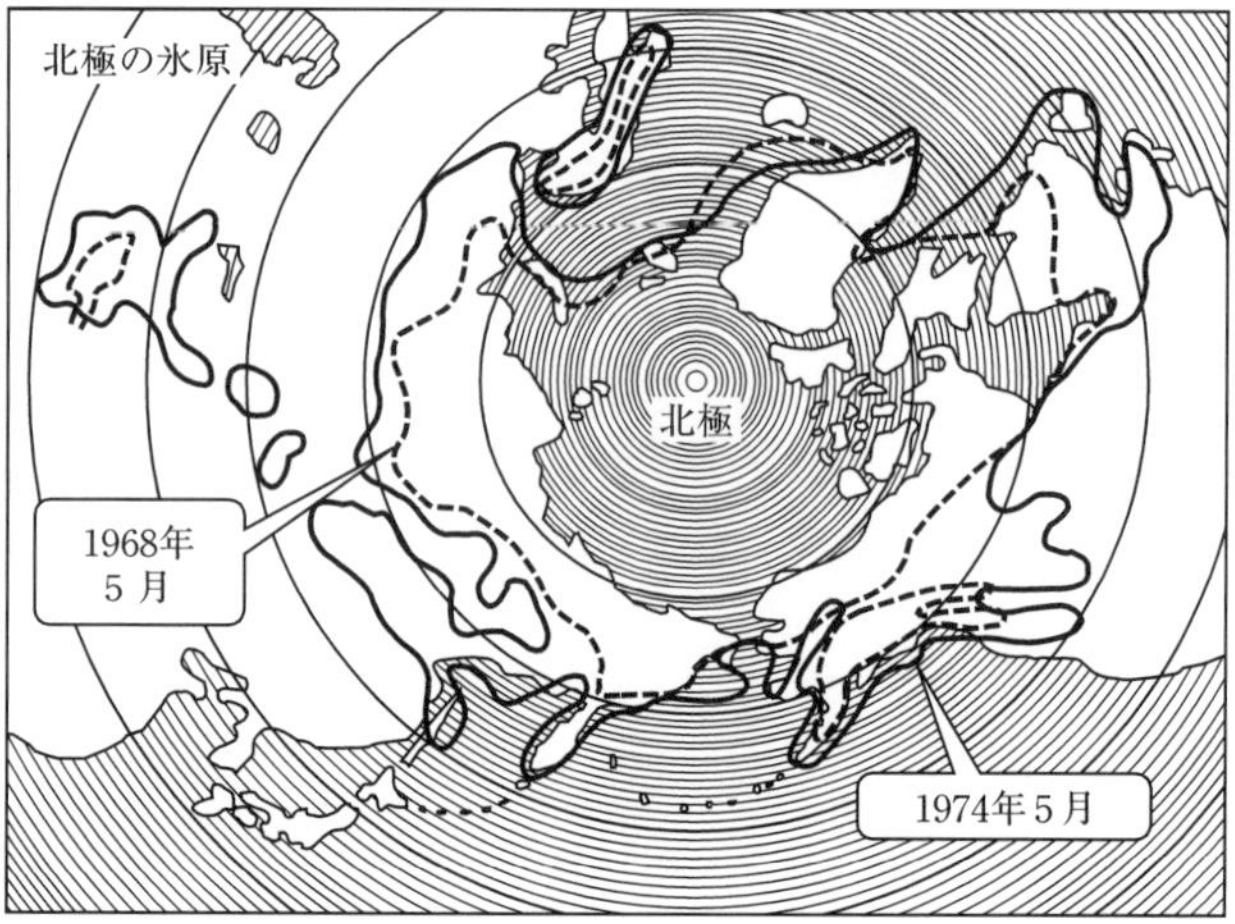

図2－4　北極の氷原のひろがり。1968年と比べて1974年は異常にひろがっている。

出所：中村政雄『気象資源—地球を動かす水と大気』講談社、1976 年。

ら七二年にかけての一年間に、氷海と氷原は一二パーセントも広がった。[†10]（一九七六年の記述）（図2-4参照）

右の記述は、いずれも一九七四～七六年にかけてなされたものである。当時、いかに北極の氷の増大が注目され、懸念されていたかがよく分かるであろう。となると、「一九七八年から」北極の氷が減少しているという近年の指摘は、何を意味するのだろうか。北極の氷が近年数％減少しているという事態を受けて、それを「温暖化による異変」だなどと称するのは、かなり近視眼的な見方であると思われる。むしろ、かつては「寒冷化による異変」が世間を騒がせていたのである。それは、コンピュータによる被害予想などではなく、実際に経験された被害であった。北極地方の寒冷化と海氷や氷原の拡大は、人々の生活に重大な影響を与えていたのである。ノルウェーのスピッツベルゲン諸島や、アイスランドの被害は、特に甚大であった。その様子は、次のように記されている。

アイスランドよりさらに北方にあるスピッツベルゲンの気候の変化は一そういちじるしいものである。この島は年間五〇万トンの石炭を産出する世界最北の炭坑のあるところとして知られているが、全島の九〇パーセントは氷河におおわれている。この島から石炭を積み出すことのできる積荷期間が、最近、大幅に変わってきているのである。炭坑が開発されたのは今世紀のはじめからの頃であるが、一九二〇年代の積荷期間はおよそ三ヵ月であり、その後温暖化が進むにつれて、三〇年代、四〇年代には、状況のよい年には七ヵ月も積荷作業のできるほどその期間がのびた。ところがこの操業の期間が、一九六二年には一～二週間に限られてしまったのだから、その変化は実にはげしかった。……一九六三年は世界的に異常気象が見られた年である。この年の二～三月には、グリーンランドとノルウェーとの海域は、その半分が氷におおわれたが、これは寒冷であった一七～八世紀のもっとも悪い年に比較しうるほどの氷の多さであった。その後、一九六五年にはアイスランド北岸は極氷によってとざされ、また一九六八年にはアイスランドとグリーンランドは完全に氷でつながった。これは八十年ぶりのことといわれ、この氷原の上を渡って北極熊がアイスランドまでやってきた。アイスランドで北極熊を見るのは五十年ぶりという。[†11]

一九六九年には北大西洋の氷は過去六十年のどの年よりも大きく広がった。一九二〇年から一九六五年までは流氷はアイスランド付近でめったに見かけなかったのに、しかしその終りのころになると、流氷がアイスランドの北端海岸の港をふさぎ、漁業ができなくなった。こんなことが再び一九六八年にも起った。一九六九年には、いっそう著しくなった。漁業産業が半ばマヒ状態になるとともに、アイスランドは三度も通貨の平価切下げを行なって貨幣価値はやっと以前の半分でとどまった。……この破局的な変化について議論をたたかわせようと、科学者やその他の人たちが会議を開いた。[†12]

繰り返して問おう。地球温暖化論者は、「一九七八年から現在までに」北極の氷が数％減少したことを強調している。しかし、たとえそのことが事実であるとしても、それは氷が非常に多かった時期と比べての話ではないのだろうか。むしろ、氷の量が減らずに、一九六〇年代～七〇年代のままであるならば、その方がよほど由々しき事態であるようにさえ思われる。となると、異常なのはむしろ一九七〇年代半ば頃まででであって、その後正常に戻りつつあると考えることもできるのである。いずれにせよ、北極の氷が近年数％減少しているにしても、それだけで問題視すべき事態が生じていることにはならない。氷が増減するたびに異常だ異常だと叫ばれても、一般の市民は戸惑うばかりである。あるいは、北極の氷は、減ろうが増えようが、いつでも常に異常だとでも言うのであろうか。ちなみに、一九七〇年代前半には、北極地方の氷の増大に対処するため、さまざまな対策が考えられていた。

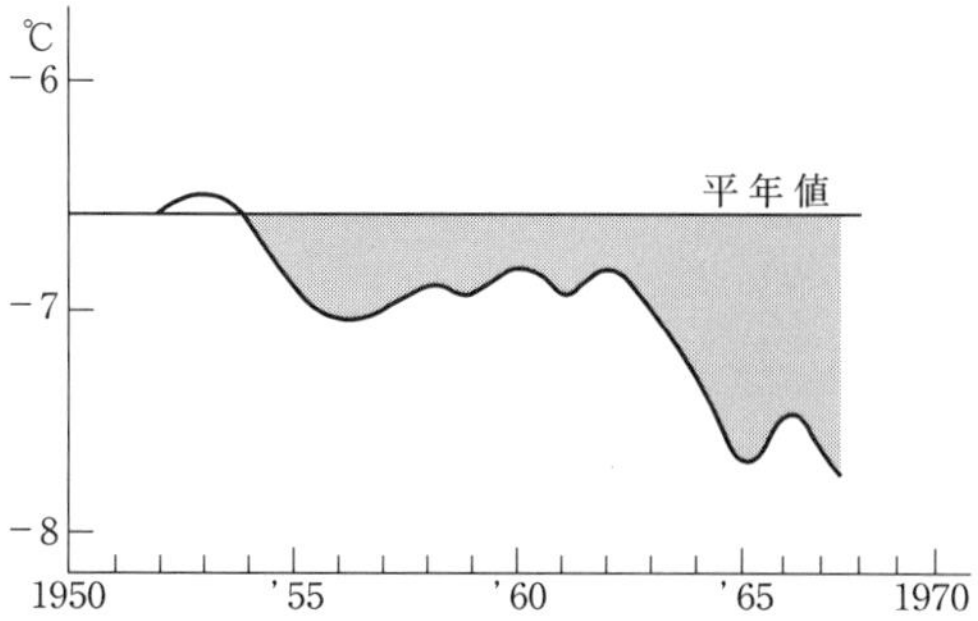

図2−5　北極地方の年平均気温（3年移動平均）

出所：朝倉正『異常気象と環境汚染』共立出版、1972年、73頁。

たとえば、朝倉正氏は、次のような案を紹介している。

……原子力を利用して、巨大なポンプをすえつけ、太平洋のあたたかい海水をおくりこんで極氷をとかそうという考えがある。もう一つは、大西洋でグリーンランドの東側がおおきくあいているが、水深は約一〇〇メートルにすぎないので、ポンプか何かを利用して、大西洋の海水を北極海にひきこもうというものである。そうすると、北極海の氷がとけ、極地の気候が緩和されるであろう、という考えである。[†13]（図2−5参照）

現在から見ると信じられないかもしれないが、当時は大真面目だったのである。現在の地球温暖化対策にしても、これと同じ轍を踏まないという保証はない。少なくとも、北極の氷に関しては、もう少し説得力のある説明をすべきであろう。

次に、南極の問題を考えよう。南極では、大量の氷が陸地の上にあるので、もし本当にそれが融け出すとなると、かなりの海面上昇被害をもたらすことは間違いない。一九八〇年代以後、多くの論者がその危険性を論じている。また、人為的な地球温暖化の影響で、すでに南極の氷が融解し始めているという指摘も多い。たとえば、次のようなものである。

南極の棚氷の融解現象は、地球上でいま急速に進む温暖化の危険の度合いをいち早く私たちに警告してくれるシグナルなのである。[†14]

南極大陸は広大な氷の大陸である。海へ張り出した氷の部分は棚氷と呼ばれており、アルゼンチン南端に近い部分にはラルセン棚氷がある。この棚氷周辺の基地の年平均気温は、この五〇年間で二度以上も上昇し、棚氷が溶けて大崩壊が続いている。一九八六年には秋田県に相当する面積が崩壊した。九五年一月末から約五〇日間で、大阪府の一・五倍に相当する面積の棚氷が轟音とともに崩壊を続けた。そして九七年二月には、南極半島南端に巨大な裂け目が発見された。これは半島と大陸が分離してゆく兆候と考えられる。このように、気温が上昇すると寒冷地の氷が溶け、海面が上昇する。[†15]

……南極の氷は岩盤の上にあり、八〇%が海面より上にあります。……動的な変化が起こらないと仮定すれば、一〇〇年後の海面上昇は六五センチから一・五メートルと発表されているのです。……現在、すでにこの動的変化が起き始めています。南極周辺の巨大氷山が解け出して、巨大氷河が海に流れ落ちているのです。[†16]

なるほど、地球の気温が高くなれば氷が融けるというのは、単純明快な理屈であるようにも見える。

また、南極の棚氷や氷山の融解現象は、人為的な地球温暖化の明快な証拠であるかのように思われるかもしれない。しかし、ここでも物事はそれほど単純ではない。というのは、もし南極の氷が融けないのであれば、年々の降雪量によって、氷は一方的に増大し続けることになってしまうからである。南極でも、氷が多ければ多いほどよいというものではあるまい。南極の氷の量が一定に保たれるためには、降雪量の分だけ、毎年どこかで融解が生じていなければならないのである。増えた分が減ってこそ、バランスが保たれるのだ。したがって、氷山や棚氷の融解現象が見られるというだけでは、南極全体の氷が過度に減少していることを意味しないのである。しかも、南極大陸は全般的に標高が高く、気温もきわめて低いので、たった数度の温度上昇が氷河減少の原因になるとは考えにくい。実際、「南極の氷は温暖化で逆に増えるため（例えば、降雪量の増加）、海水準の低下をもたらす。[†17]」とさえ言われているのである。シュナイダー氏もまた、同様の見解に立ち、次のように述べている。

> 南の海に崩れ落ちていく氷は、この大陸の上に蓄積する雪の量とほぼ一致するため、何千年ものあいだ南極大陸東部の氷原の大きさは変わっていないと考えられる。実際、南極大陸の大部分は大変寒いので、温度がたとえ五℃あるいは一〇℃上昇しても、一年じゅう氷点下のままである。したがって南極大陸に温暖化が与える影響は、氷がいま以上に溶けることではなく、降雪量だけが増加することである。[†18]

要するに、「海に崩れ落ちていく氷」の量は、降雪量とほぼ一致しているため、全体的な氷の量はバランスが保たれているのである。しかも、地球が温暖化していけば、海水等の蒸発が促進されるばかりでなく、空気中の水蒸気量をも増やすため、「降雪量だけが増加」することになってしまう。すると――巷説とは逆であるが――わずかながらも「海面を下降させ」[19]ることになるというわけである。これは、シュナイダー氏だけの考え方ではない。根本順吉氏もまた、オランダのヘクストラ氏の研究を根拠に、次のように述べている。

> 南極大陸では気温が一〇～一五度ぐらい上昇しても、海抜が高く、表面の温度がたいへん低いので、そこの氷がとけだすことは考えにくい。逆に、気温が上昇すると大気中にふくまれる水蒸気量が急増するため、雪が降りやすくなる。そして、温室効果による気温上昇で、次の二〇〇〇年で南極の氷冠は〇・五％も拡大する。これは海水位に換算すると三〇センチ程度の低下であり……。[20]

この予測――それが真理かどうかはまだ分からないが――から計算すると、南極の氷床拡大による年平均の海水位低下は、一・五ミリメートル（＝三〇〇〔㎜〕／二〇〇〇〔年〕）となる。具体的な数値は別にしても、以上のように検討して見ると、地球温暖化の影響で南極の氷量がすでに減り始めており、それがまさしく人為的温暖化の証左なのだというような論法には、いささか疑問を感じざるをえない。そもそも、海洋に浮いている棚氷や氷山がいくら融けようとも、海面水位に直接的な影響を及ぼすことなどないであろう。むしろ問題になるのは、氷床（大陸氷河）の方である。そして、先にあげたシュナイダー氏や根本氏らの予測は、まさに氷床域における氷の増加傾向を指摘しているのである。

予想だけではなく、南極の氷床はすでに増加傾向にあるという指摘さえ存在する。田中正之氏は、次のように述べているのである。

南極やグリーンランドの氷床の融解の影響はまだ検出されていません。グリーンランドの氷床はほぼバランス状態にあるか、わずかに縮小傾向にあり、南極氷床は気温上昇にともなう降雪量の増加でわずかながら増加しているものと見られています。[21]

実際の南極氷床は、現に増大傾向にあると言われているのだ。IPCCの報告においても、「グリーンランドや南極の氷床域では、今後五〇年〜一〇〇年間にはほとんど変化はないと予想される」[22]と記されている。率直に言えば、氷床が融けそうな具体的兆候は何も見られないということだろう。IPCCでさえも、氷床の融解を差し迫った問題として懸念しているわけではないのである。

歴史的に振り返って見ても、南極氷床の氷は、そう簡単には融けてこなかった。年平均気温が現在より二〜五℃も高温であったとされる「ヒプシサーマル期（八〇〇〇年から四〇〇〇年前）にも南極の氷が溶けたことはなかった」[23]と言われている。そればかりか、「ヒプシサーマルに、南極の氷は最大になったはずである」[24]という指摘さえ存在する。これは大いに参考にすべき事柄であろう。過去の高温期においては、南極の氷が、融けるどころか、かえって増大したらしいのである。しかしながら、地球温暖化を論じる書物では、ヒプシサーマル（後氷期高温）期における南極氷床の状態や変化に関して、ほとんどと言ってよいほど論及されていない。ヒプシサーマル期でさえ融けなかった南極氷床が、なぜ人為的な温暖化では融けうるのかを説明せずして、その危険性ばかりを論じたてても全く説得力がないのである。過去の温暖期に南極氷床がどのように変化したのかをしっかり検討することなしに、未来のコンピュータ予想ばかりに走るのでは、物事の順序が逆なのである。仮想の未来予想をするのであれば、まず実際に生じた現象くらいは十分に説明しておく必要がある。にもかかわらず、多くの書物はこの点に関して非常に不親切なのだ。われわれは、次のような言辞――たいていは漠然とした言い回しであるからなおさら――をしばしば聞かされ、根拠も理由もよくわからぬまま、ただ漠然とした不安感を与えられてしまうのである。

地表気温の上昇にともなって、海水の温度も当然高くなり、海水の体積が膨張します。さらに、南極やグリーンランドの氷床が融けて、海水面の上昇をひきおこす危険も指摘されています。

……もしかりに、南極大陸やグリーンランドをおおっている氷がぜんぶ融けてしまうと、海水面は現在より六〇メートル上昇すると推計されています。[†25]

この記述自体は、誤りではない。氷床融解の危険を指摘する者はどこかにいるだろう。本当に南極やグリーンランドの氷床が全部融ければ海面は六〇メートルほど上昇するであろう。それでも、このような書き方では、あたかも人為的な地球温暖化によって南極の氷までもが融けかねないと言わんばかりである。たとえそのような言辞が各所で反復されていることが事実だとしても、自ら検証もせずにそれを受け入れることには問題がある。大切なことは、明確な論拠に基づいて考察することである。

少なくとも現時点において、南極氷床が融解してしまうかのような可能性を示唆することは、いたずらに不安を煽るだけではないだろうか。たとえ仮定の話であれ、「南極大陸やグリーンランドをおおっている氷がぜんぶ融けてしまう」などと言うのであれば、それなりの科学的根拠を示さなければならない。過大な脅威をほのめかすような語り口は、地球温暖化問題に関して冷静に検討する態度をかえって損なうように思える。実際に南極氷床は融けていないのだし、IPCCの予測でさえ「今後五〇年～一〇〇年の間にはほとんど変化がない」となっているのである。ちなみに、この種の議論に関しては、J・グリビン氏が皮肉を込めて次のようにコメントしている。

氷床が大量に流れ出したら世界はどうなるか。これについては、推量が空論にまで発展する。……このようなシナリオは、私のようなSFの愛読者にとってはおもしろいかもしれない。[†26]

たとえありったけの最新情報を散りばめたとしても、明確な証拠もなく未来を語ることは、科学の仕事ではなく、SF（空想科学小説）の世界である。SFはSFであって、それがいかに科学的であっても、科学そのものではない。地球温暖化を真剣に考えようとすれば、われわれはこの区別を明確にしておかなければならないであろう。

次に、グリーンランドはどうであろうか。グリーンランドの氷に関してシュナイダー氏が紹介している唯一の数字は、「気温上昇一℃につき、グリーンランドに起因する海面上昇は年間で〇・五ミリメートル[†27]」というものである。〇・五ミリと言えば、シャープペンシルの芯ほどの太さに過ぎない。

この数字は、仮に事実だとしても、それほど恐ろしいものではない。たとえ地球温暖化によってグリーンランドの氷が融けたとしても、この程度の海面上昇率であれば、それは南極の氷の増大とかなりの部分相殺されてしまうと考えられるからである。実際、根本順吉氏は、ＩＰＣＣによる海面上昇予測――二一〇〇年に六五センチの上昇――を「過大なお墨付き」[28]だと批判し、次のように明言している。

では海面の実状はどうか。たしかに海面は上がっています。それは一年平均一ミリの上昇です。少ない見積もりをする人は〇・八ミリ、大きな見積もりをする人は一・二ミリ、大体平均して一ミリと考えていい。一年一ミリだから一〇年で一センチでしょう。一〇〇年で一〇センチです。大したことないのです。……グリーンランドはわりと緯度が低いから、実際温度が上がると氷はとけ出します。……世界中の氷とか雪の九九パーセントはグリーンランドと南極大陸にあるのですから、その両方を計算すればいい、ほかの氷は問題になりません。それを計算すると、グリーンランドの場合はたしかに氷がとけて海面が上がるように働くけれども、南極の場合は反対なのです。……どうぞご安心ください。[29]

これは、シュナイダー氏の科学的見解ともほぼ一致しているように思われる。シュナイダー氏もまた、「南極大陸に温暖化が与える影響は、氷がいま以上に溶けることではなく、降雪量だけが増加することである」と述べているし、「現在の海面の変化」についても「一年に約一・二ミリメートル」[30]

だと認めているのである。しかし、両者のたどり着く結論は正反対である。根本順吉氏は、IPCCの海面上昇予想を「過大」だと批判し、「どうぞご安心ください」と述べている。これに対し、シュナイダー氏がたどり着いた結論は、「今後一世紀のあいだに平均海面が一メートルほど上昇する」[†31]というものであり、その上で次のように主張するのである。

私は、温暖化の詳細は不確かだからという理由で、次世紀により多くの洪水が起こりうる可能性のある沿岸において、その被害を減らすという重要な計画を妨げてはならないと判断する。[†32]

ここでも、「不確か」であろうが、証拠が欠けていようが、実際の観測値がどうであろうが、ともかく温暖化対策はしなければならないというわけである。だが、温暖化と氷河融解の問題に関して実際に報告されている出来事は――確証された真理か否かはともかく――一九世紀後半から地球の気温が上昇し始めたこと、現在の海面の上昇速度は年平均一ミリメートル前後であること、および地上の氷の約九〇％を占める南極氷床はむしろ増大傾向にあること、等々である。要するに、「海水準が加速的に上昇している事実は検出されていない」[†33]のだ。シュナイダー氏は、これらの事柄を承知の上で、どうして「今後一世紀のあいだに平均海面が一メートルほど上昇する」という見解に到達するのであろうか。その根拠を知りたいものである。なお、根拠がどうであれ、世の中では「多くの洪水が起こりうる可能性のある沿岸において、その被害を減らすという重要な計画」が着々と進んでいる。二〇〇一年八月の新聞紙面には、次のような記事が掲載されていた。

海面が九〇センも上がったら、防波堤や道路はどうなる？――国土交通省は、地球温暖化の影響で海面が上昇することを想定し、海岸などにある施設を守る計画づくりに初めて本格的に取りかかった。……外洋に面した堤防では二・八メートル、内湾の岸壁では三・五メートルのかさ上げが必要で、対策費用は計一一兆五千億円になるという。[†34]

何と、一一五〇〇〇〇〇〇〇〇〇〇円。すなわち一〇〇億円の一〇〇〇倍を大きく超える金額で、国民一人当たり約一〇万円弱の負担である。これは、たとえ温暖化対策費用といった名を冠したところで、実態は公共事業である。まさに、超弩級巨額特大公共事業であろう。何だかほとんど万里の長城とかみたいな感じと言うか……。ちなみに、二〇〇〇年度の日本の国家予算では、公共事業費を全て合計しても一〇兆円に届いていない。つまり、温暖化対策の堤防等建設費は、一年分の全公共事業費をも大きく上回る金額なのだ。そして、この超特大巨額公共事業にお墨付きを与えているのが、他ならぬ地球温暖化論なのである。人為的地球温暖化論を主張することは、国民に対して、少なくとも一一五〇〇〇〇〇〇〇〇〇〇円の費用負担に関する責任があるということである。そのことだけは忘れてはならない。必然的に、儲からない文化や芸術や教養を支える費用等は、堤防大建設の分だけ圧迫されることになろう。それらを差し置いても温暖化対策が重要だと言うのであれば、納税者を納得させるだけの覚悟と根拠を明言して欲しいものである。でなければ、最低かつ最悪の無責任であろう。ともあれ、日本政府は、原子力発電の推進や大堤防の建設など、地球温暖化対策に非常に熱心なのだと言えよう。

話を戻そう。そもそも、どうして「南極やグリーンランドの氷床が融けて、海水面の上昇を引き起こす危険」などがしきりに唱えられるようになったのであろうか。というのは、南極大陸においては、「気温の上昇⇩氷の減少」という図式が単純に当てはまるものではないということが、ずっと以前から知られていたはずだからである。たとえば、「南極大陸の氷河は間氷期に拡大し、氷河期にはかえってある程度後退している」[†35]ことなど、常識でありこそすれ、特段に専門的な最新知識ではないであろう。すでに一九七三年の時点で、木崎甲子郎氏は次のように述べているのである。

……現在の氷河、テイラーIは古期ウィスコンシン氷期（ウルム氷期）いらい最大の状態にあることになったのである。いいかえれば、現在の溢流氷河はほぼ七万年ぐらいむかしよりも前進しているのである。……地球は一万年前から、氷河時代はおわり、温暖になり、氷河は後退しているという中緯度の傾向と、南極氷床とはまったくちがったものらしい、ということがわかった。[†36]

地球の温暖化を論じようとするような者が、まさかこの程度の事柄を知らないはずはあるまい。にもかかわらず、南極氷床が融解する危険性を語る論者は、誰もこの点に論及していないのである。歴史的に見れば、南極の氷量は温暖期にかえって増大してきたというのに、なぜ今般の人為的温暖化だけは氷床の融解をもたらすと考えられるのであろうか。いみじくも大災害の危険性を少しでも示唆するのであれば、この程度の疑問には答えておくのが当然であろう。第一、陸上の氷河が融けるとすれば、それは夏の気温が上昇することによるのだろう。氷河が存在するような地域は元々非常に寒いので、冬の気温が数度上昇したところで、氷が大量に融解するほどの影響はないはずなのである。しかし、温暖化のコンピュータ予想によると、温暖化の影響は、夏の気温をさらに上げることではなく、冬の寒さを和らげる形で現れることになっている。すなわち、「CO_2の増加は、高緯度における冬の寒さをやわらげ」るのであって、昇温は「冬に最大となり、夏には小さい」とされているのである。[†37]であれば、なぜ極地の氷が融けるのであろうか。この点も疑問である。

また、かつて地球の気温低下が盛んに唱えられていた頃には、南極に近いニュージーランドの氷河の減少が、むしろ地球寒冷化――新たな小氷期への突入――の証拠として理解されていたことも、忘れてはならない。一九七〇年代には、氷の減少がむしろ寒冷化の証拠だと言われていたのである。

数万年単位の本格的な氷河時代を調べた結果からすると、ニュージーランドの氷河の後退現象は、小氷期への移行を示すものと考えられる。……小氷期に入って氷河が後退する、というのは矛盾しているようだが、氷河の成長には、少なくとも気温と降水量の二つの要因が関係しており、気温の下降より降水量の減少が激しければ、氷河は後退してしまう。[†38]

これは、理論的に見れば、シュナイダー氏らの主張と合致している。つまり、南半球の高緯度地帯では、温暖化すれば降雪量が増え、寒冷化すれば降雪量が減るというわけである。このように考えてみると、何が正しいのかさっぱり分からないであろう。分かっているのは、堤防建設の費用が一一五

○○○○○○○○○○○円と見積もられているということくらいである。

地球温暖化に伴う海面上昇の問題を考えるに当たっては、気温の上昇に基づく海水の膨張もまた、考慮に入れておかなければならない。この問題に関しては、和田武氏のように「海水の膨張による海面上昇は、水温上昇の早さと深さの程度によるが、氷の融解よりも影響は小さい[39]」とする説がある一方、熱による海水の膨張が海面上昇の最大要因であるとしている論者も多い。たとえば、ゴダード宇宙研究所（GISS）の発表によると、「過去一〇〇年間の上昇の主要な原因は海水の熱膨張であり、これからの数十年間もこれが主因になるだろう[40]」ということである。シュナイダー氏もまた、海水膨張主因説を受け入れている[41]。困ったことに、人によって言うことがまちまちで、ここでも何が正しいのかさっぱり分からないのである。一体全体、海水はどのくらい暖かくなり、それによってどのくらい膨張するのであろうか。この点に関して、シュナイダー氏は一応次のような数値をあげている。

膨張する量は、温度上昇開始時の平均水温に依存する。たとえば、二五℃の場合、一〇〇メートルの厚さのある海水層は、水温一℃の上昇につき約三センチ程度膨張する。ところが、同じ厚さの海水の層でもゼロ℃の時は〇・五センチしか膨張しないのだ。したがって、熱帯地方や亜熱帯地方の海水が先に暖かくなると、高緯度地方で同じ程度の温暖化が起こるよりももっと大きな海面上昇が起こるのである[42]。

この記述は、「一〇〇メートルの厚さのある海水層は、水温一℃の上昇」につきどれだけ膨張するのかを論じているに過ぎない。つまり、一〇〇メートルの深さを持つ海水の温度が実際に上がった場合のことである。なるほど、たしかに海水自体の温度が実際に上がれば、その体積も膨張するであろう。しかし、気温が上昇することと、海水温が上がることとは違う。気温が上昇すれば、それに伴って海水の温度もまた上昇するのであろうか。すなわち、数度程度の気温上昇が、はたして水深一〇〇メートルもの海水温にまで影響を与えるのだろうかという疑問が生じるのである。

もちろん素人考えに過ぎないが、海面付近の平均気温がたとえ五度上昇したとしても、厚い海水層の温度はそう簡単には上がらないように思える。というのは、液体は上から加熱しても対流が起こらないので、なかなか温度も上昇しないというのが科学的な常識だからである。たとえば、鍋に水を入れて下から加熱すると水温が上昇し体積も増えるだろうが、上から多少熱を加えたところで、表面の水が蒸発して水量が減ることはあっても、水温の上昇に伴う体積の増大がそれほどあるとは考えにくいであろう。ましてや、水面に接している大気の温度が数度上がったくらいで、水深一〇〇メートルもの海水層が膨張するほどの温度上昇が本当に起こるのであろうか。多くの温暖化論者が大なり小なり海水膨張による水位上昇を警告している一方、次のような指摘もまた存在するのである。

……たとえ対流圏の温度が五度C上昇したとしても、それに応じて海が暖かくなるには、ひじょうに長い時間がかかるだろう。[†43]

素人にとっては、こちらの方が分かりやすい。少なくとも、数度の気温上昇によって大規模な海水膨張が起こるとは、どうしても考えにくいのである。地球温暖化に伴う海水の膨張を指摘する書物は、どれもこの点を理論的に説明してくれていない。示されているのは、ここでもコンピュータ予想ばかりである。当然、われわれ一般市民には、海水膨張の科学的機構がよく分からない。よく分からないのだから、何となく信じられない。かと言って、人類の危機だと伝えられると、不安にならざるをえない。人為的な地球温暖化の危機を語るのであれば、この点に関しても、もう少し科学的に丁寧な説明が是非とも必要なのである。

さらに、シュナイダー氏の海水膨張に対する論じ方には、何とも言えない違和感を覚える。彼は、「熱帯地方や亜熱帯地方の海水が先に暖かくなると、高緯度地方で同じ程度温暖化が起こるよりももっと大きな海面上昇が起こる」と警告している。もちろん、ウソやデタラメを書いているのではないことは承知している。もし仮に熱帯や亜熱帯地方で先に温暖化が起こるとすれば、高緯度地方で同じ温暖化が起こるよりも大きな海面上昇が起こることになるのだろう。しかし、シュナイダー氏自身の予測では、そんなことは起きないはずなのである。シュナイダー氏は、温暖化による雪や海氷の融解を論じる文脈において、次のように述べている。

二酸化炭素が倍増した世界において、どのモデルも数字に相違はあるものの、最大の気温変化は結局、高緯度地方に起こるだろうという点で一致している。これらすべてのモデルには、内部的な気候変数の一部として雪や海氷を含んでいる。二酸化炭素の濃度上昇に誘発された温暖化は、その雪や海氷の一部を融解させる原因となる。海氷の融解によって、空気は冷たくて明るい氷の表面にかわって、暖かくて暗い海洋にさらされることになる。このことによって、そういった地域では気候モデルに劇的な温度上昇が見られることになる。[†44]

つまり、雪や海氷の融解を論じるときには「最大の気温変化は結局、高緯度地方に起こる」というモデル予測を引き合いに出し、海水膨張について論じる際には「熱帯地方や亜熱帯地方の海水が先に暖かくなると、高緯度地方で同じ程度の温暖化が起こるよりももっと大きな海面上昇が起こる」と言うのである。このような論じ方は、虚偽ではないにせよ、一貫性があるとは言いがたい。とにかく被害の大きさを強調するような方向にばかり、議論が進められているのだ。しかも、両方の文脈を総合して考えると、大幅な海水膨張と大規模な氷雪融解は、一方が起これば他方は生じないということになる。となると、「南極の氷や極近くの山岳氷河が融けだし、海水が温められて膨張することも手伝って[†45]」海面が上昇するといった、よく聞かれる論法もまた、いささか舌足らずだというそしりを免れない。そのような言い方では、大幅な海水膨張と大規模な氷雪融解が、あたかも同時に起こるかのような印象を与えてしまう可能性があるからである。地球温暖化問題を真摯に考えるのであれば、できる限りこのような誤解を生じさせないよう努力するべきなのだ。あまりにも当然のことながら、地球環境問題を論じるに当たっては、間違っても、相手を不安に陥れることによって自分たちの信念を注入しようなどという態度に陥らないよう、最大限の注意を払わなければならないのである。

1970年に比べて氷河が少ないのは異常なのだろうか？
（後退する氷河。1970年にはこの標識のところまで氷河があった）

出所：地球環境と大気汚染を考える全国市民会議（CASA）編『温暖化を防ぐ快適生活』かもがわ出版、1998年、5頁。（朝日新聞社提供）

まとめよう。もし多くのモデルが「最大の気温変化は結局、高緯度地方に起こるだろうという点で一致している」のであれば、それらは、海洋の大幅な熱膨張は起こらないという点でも一致していることになる。人為的温暖化論の側に立つ予測ですら、「温暖化は海洋の熱膨張をもたらすが、それによる上昇分は一〇〇年間に二~七センチメートル程度である」[†46]という値を示しているのである。その一方、極氷の融解を見れば、南極氷床――地上の氷の約九〇％を占める――は、むしろ増大傾向にあることが指摘されている。両方の事実を考え合わせると、人為的な温暖

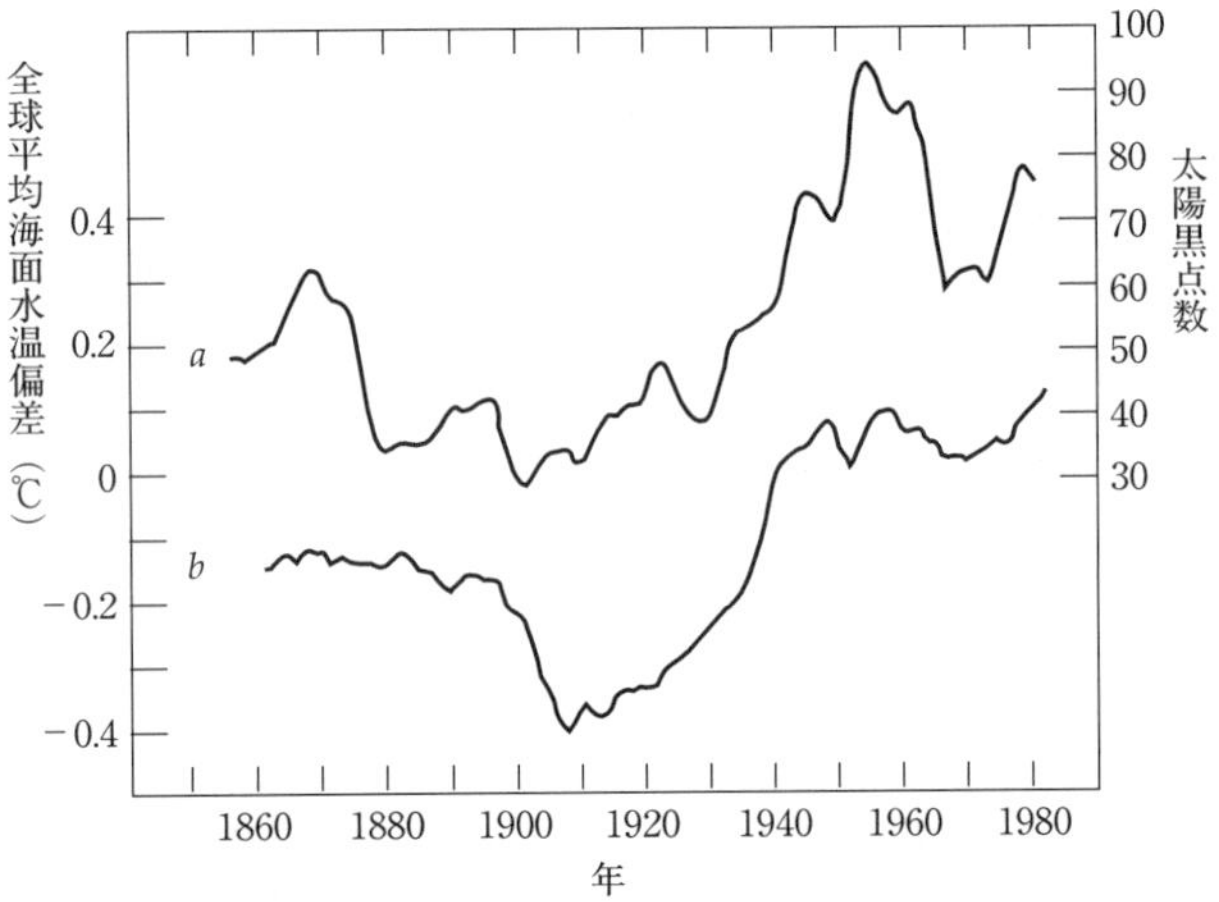

図2－6　11年移動平均した（a）太陽黒点数（b）全球平均海面水温

出所：気象庁編『異常気象レポート '89　近年における異常気象と気候変動―その実態と見通し（Ⅳ）』1989年、15頁。

化によって「自由の女神の胸に大西洋の波が打ち寄せ」るようになることなど、まずありえないと判断する方が妥当であると思われるのである。もちろん、これらは素人考えに過ぎないのかもしれない。だが、素人でも思いつく素朴な疑問にさえ、人為的温暖化論者の明確な科学的統一解答が説明されていないことが問題なのである。

●付記

気象庁の『異常気象レポート'89』には、次のような事実が指摘されている。

地球全域の平均海面水温の長期変動は、太陽黒点数の長期変化とよく対応している（図2-6）。このことから太陽常数の変化が海水温を変え気候に影響をおよぼしている可能性が示されている。[†47]

なるほど、見事なまでの一致である。もしこれが単なる擬似相関ではなく、一致の背後に何らかの因果関係があるとなると、海水温の変動は、まず第一義的に太陽活動の強弱に規定されることにもなる。ということは、もし海水温の大きな上昇が実際に起こったとしても、それは温室効果によるものではない可能性も高いということである。常識的に考えても、海面に接する空気によって上から水が温められるという説明より、太陽から水中に差し込むエネルギーが直接海水を温めるという論法の方が、ずっと理解しやすい。いずれにせよ、太陽活動と海水温の相関関係がこれほど明確に示されている以上、本当に海水の熱膨張を心配するのであれば、温室効果の議論ばかりするのは、どうかしているとしか言いようがない。にもかかわらず、人為的な地球温暖化を主張する者は、誰もこの指摘を分析していないのである。ちなみに、海面水位の陸地への影響にとっては、気圧の分布も非常に重要だと思われるのであるが、この点はどうなのであろうか。素朴な疑問である。

改めて問いかけよう。海水温の変化は温室効果ガスの増減によって第一義的に規定されるのか、それとも太陽活動に起因するのか。これは重大な問いである。これに対する科学的な解答がなければ、対策もまた立てようがない。少なくとも、これに関して全く論及されていないというのは、ほとんど信じられないことである。

注

1 「COP6揺れる議定書（中）」読売新聞、二〇〇一年七月一一日。

2 スティーブン・H・シュナイダー『地球温暖化の時代―気候変化の予測と対策』内藤正明・福岡克也監訳、ダイヤモンド社、一九九〇年、一六九頁。

3 古川昭雄「環境影響」大来佐武郎監修『講座地球環境　第1巻　地球規模の環境問題〈I〉』中央法規出版、一九九〇年、一六四頁。

4　根本順吉『超異常気象―三〇年の記録から』中央公論社、一九九四年、一一一頁。
5　北野康・田中正之編著『地球温暖化がわかる本』マクミラン・リサーチ研究所、一九九〇年、一二六頁。
6　さがら邦夫『地球温暖化とCO_2の恐怖』藤原書店、一九九七年、一二四―一二七頁。
7　地球環境と大気汚染を考える全国市民会議（ＣＡＳＡ）編『しのびよる地球温暖化』かもがわ出版、一九九六年、八―九頁。
8　Ｎ・コールダー『ウェザー・マシーン―気候変動と氷河期』原田朗訳、みすず書房、一九七九年、八頁。
9　坪井八十二『気候変動で農業はどうなるか―食糧危機を考える』講談社、一九七六年、六七頁。
10　中村政雄『気象資源―地球を動かす水と大気』講談社、一九七六年、二四頁。
11　和田英夫他『異常気象―天明異変は再来するか』講談社、一九六五年、八四―八六頁。（段落は無視）
12　Ｇ・Ｒ・テイラー『地球に未来はあるか―地球温暖化・森林伐採・人口過密』〔新装版〕大川節夫訳、みすず書房、一九九八年、四九―五〇頁。（原著は一九七〇年発行）
13　朝倉正『異常気象と環境汚染』共立出版、一九七二年、八一―八二頁。（段落は無視）
14　さがら『地球温暖化とCO_2の恐怖』前掲書、一二二頁。
15　大前巌『二酸化炭素と地球環境―利用と処理の可能性』中央公論新社、一九九九年、i頁（はじめに）。
16　高木義之『地球大予測―選択可能な未来』総合法令出版、一九九五年、三八頁。
17　財団法人電力中央研究所編著『どうなる地球環境―温暖化問題の未来』電力新報社、一九九八年、三三頁。
18　シュナイダー『地球温暖化の時代―気候変化の予測と対策』前掲訳書、一八五―一八六頁。
19　シュナイダー『地球温暖化の時代―気候変化の予測と対策』前掲訳書、一八六頁。
20　根本順吉『熱くなる地球―温暖化が意味する異常気象の不安』ネスコ、一九八九年、一一五頁。

21 北野・田中編著『地球温暖化がわかる本』前掲書、一二六頁。
22 環境庁地球環境部監修『ＩＰＣＣ地球温暖化第二次レポート』中央法規出版、一九九六年、七四頁。
23 ジョン・グリビン『夏がなくなる日—明日を襲う気象激変と「温室効果」』平沼洋司訳、光文社、一九八四年、二一五—二一六頁。
24 鈴木秀夫『氷河時代—人類の未来はどうなるか』講談社、一九七五年、一七八頁。
25 宇沢弘文『地球温暖化を考える』岩波書店、一九九五年、五八頁。
26 ジョン・グリビン『地球が熱くなる』山越幸江訳、地人書館、一九九二年、二七七頁。
27 シュナイダー『地球温暖化の時代—気候変化の予測と対策』前掲訳書、一八五頁。
28 根本『超異常気象—三〇年の記録から』前掲書、四八頁。なお、ＩＰＣＣの予測値は、一九九〇年になされた値である。その後、ＩＰＣＣの予測値は、二一〇〇年に五〇センチメートルの上昇に下方修正された。
29 根本『超異常気象—三〇年の記録から』前掲書、一一〇—一一一頁。
30 シュナイダー『地球温暖化の時代—気候変化の予測と対策』前掲訳書、一八六頁。
31 シュナイダー『地球温暖化の時代—気候変化の予測と対策』前掲訳書、一二四頁。
32 シュナイダー『地球温暖化の時代—気候変化の予測と対策』前掲訳書、一八七頁。なお、シュナイダー氏は、次のようにも述べている。
　ほかにも温室効果ガスが生み出す気候変化に適応する戦術としては、海面の上昇から土地を守るための堤防を築くとか、猛暑によって衰弱するかもしれない人びとのためのシェルターを開発するなどの手が考えられる。（同訳書、一九八頁）
33 財団法人電力中央研究所編著『どうなる地球環境—温暖化問題の未来』前掲書、三三一頁。

34 朝日新聞、二〇〇一年八月一日夕刊。
35 竹内均「縦にずれるニュージーランド」『科学朝日』一九七七年一月号（五三―五七頁）、五六頁。
36 木崎甲子郎『南極大陸の歴史を探る』岩波書店、一九七三年、二六頁。
37 真鍋淑郎「二酸化炭素と気候変化」『科学』第五五巻二号、一九八五年（八四―九二頁）、八九頁。
38 鈴木秀夫「乾燥化が氷河の縮小を招く」『科学朝日』一九七七年一月号（四一―四六頁）、四一―四三頁。
39 和田武『地球環境論―人間と自然との新しい関係』創元社、一九九〇年、八六頁。
40 グリビン『地球が熱くなる』前掲訳書、二六〇頁。
41 シュナイダー『地球温暖化の時代―気候変化の予測と対策』前掲訳書、一八三―一八四頁を参照。
42 シュナイダー『地球温暖化の時代―気候変化の予測と対策』前掲訳書、一八四頁。
43 グリビン『夏がなくなる日―明日を襲う気象激変と「温室効果」』前掲訳書、一一四―一一五頁。
44 シュナイダー『地球温暖化の時代―気候変化の予測と対策』前掲訳書、一二七頁。
45 地球環境と大気汚染を考える全国市民会議（CASA）編『温暖化を防ぐ快適生活』かもがわ出版、一九九八年、四頁。なお、IPCCの報告でも、「海面水位は海洋の熱膨張と氷河及び氷床の融解の結果上昇すると予想される」という記述になっている（環境庁地球環境部監修『IPCC地球温暖化第二次レポート』前掲書、一七頁）。
46 財団法人電力中央研究所編著『どうなる地球環境―温暖化問題の未来』前掲書、三三頁。
47 気象庁編『異常気象レポート'89』大蔵省印刷局、一九八九年、一九二頁。

8　アルベド・フィードバックに関する疑問

地球の大気圏に達した太陽放射のエネルギーは、全てが地表に吸収されるわけではない。入射エネルギーのうち、約三〇~四〇%は、反射や散乱によって大気圏外に戻されるのである。この分のエネルギーは、地球を温めるためには使われない。原理的に言うと、黒い鉄板に日光が当たれば熱くなるが、鏡に日光が当たってもほとんど熱くならないのと同じである。物体の表面に入射した光は、一部が物体に吸収され、残りは反射される。この場合の入射光と反射光のエネルギーの比をアルベド(albedo=反射能)と言う。黒い鉄板は反射率がゼロに近く、鏡は反射率が一〇〇%に近い。反射率が大きければ日光を撥ね返す割合も高く、熱を吸収しにくいのである。地球の場合、その表面の状態は一様ではない。地表は、森林、砂漠、雪面、氷原、海水面等々、さまざまな部分から構成されている。アルベドは、地表の種類によって値が異なる。新雪面などは反射率が八〇%を越えるのに対して、森林の場合は二〇%以下である。概して、氷原や雪面のアルベドは大きい。つまり、氷原や雪面の占める割合が大きければ、日光が撥ね返される率も高くなり、地表に吸収される熱も小さくなるのである。逆に、地球が温暖化し雪や氷が融けると、日光をよく反射する面積が縮小することになるので、地表に吸収される分のエネルギーが増加し、さらなる温暖化が進行することになる。この温暖化増幅過程

大気—海洋混合層モデルによって得られたCO_2 4倍増に伴う東西平均年平均気温（K）増加の緯度—高度分布

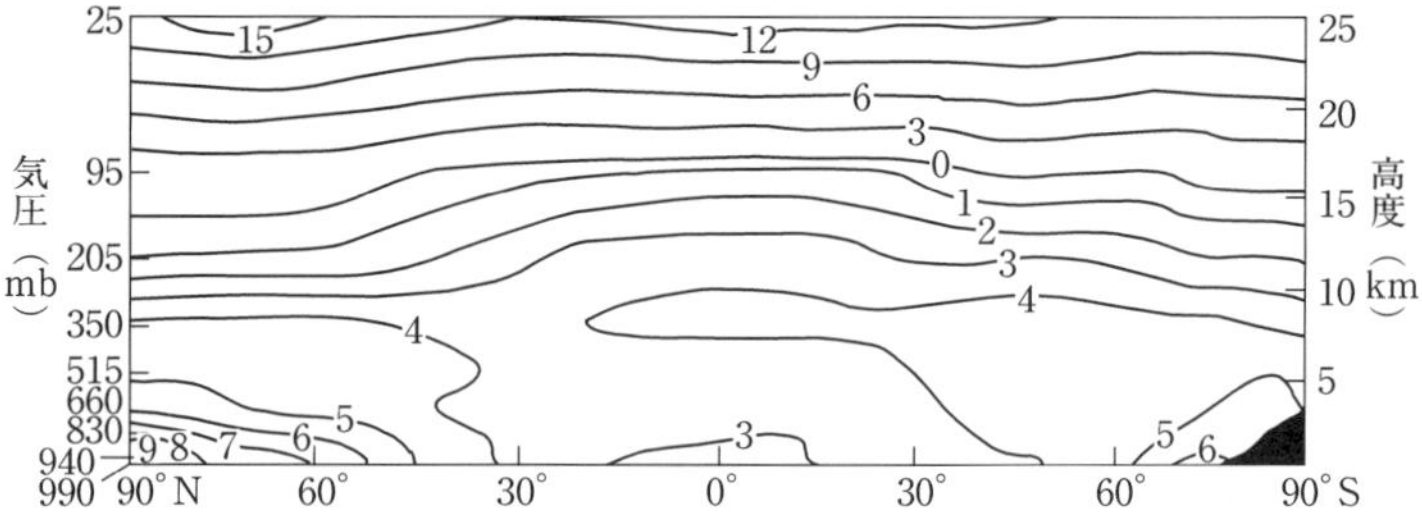

図2-7　コンピュータ予想では緯度が高いほど昇温値が大きく出ているのがわかる

出所：真鍋淑郎「二酸化炭素と気候変化」『科学』第55巻2号、1985年（84-92頁）、89頁。

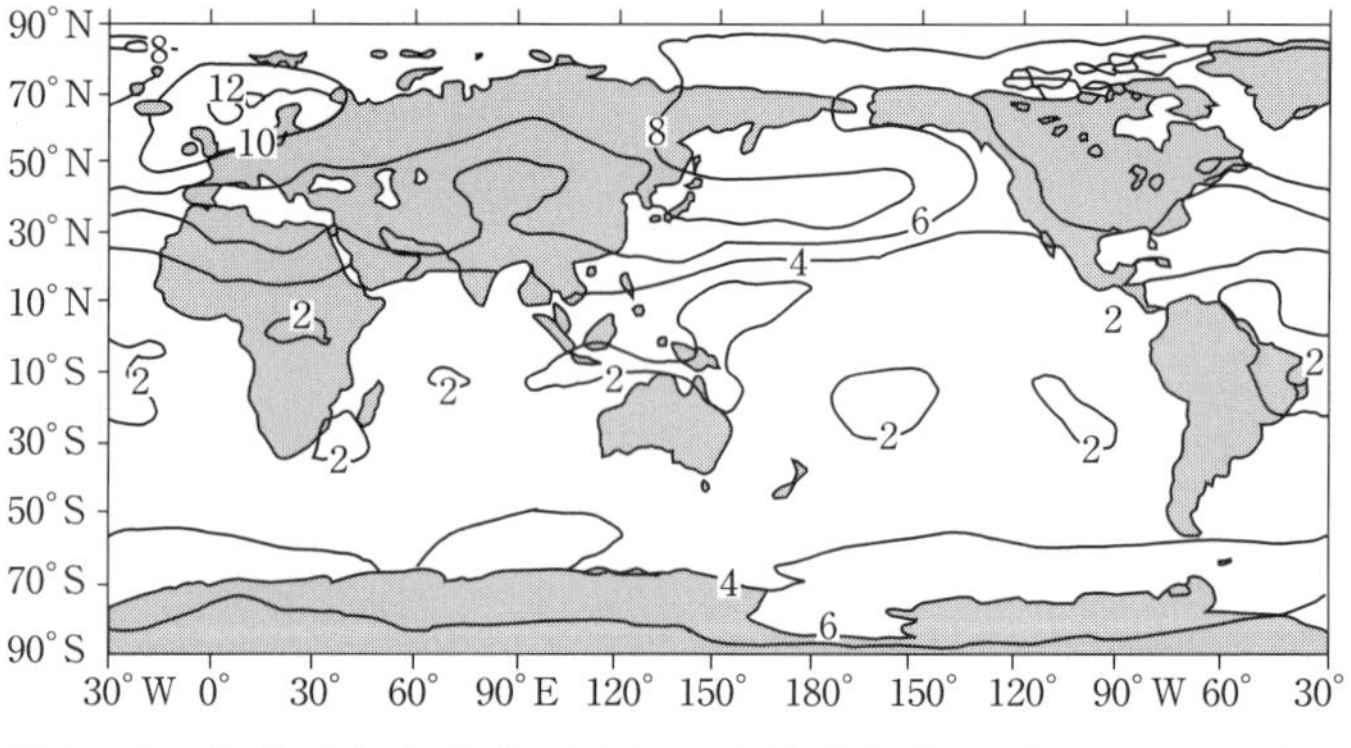

図2-8　気象庁気象研究所大気・海洋混合層モデルによって得られた二酸化炭素 2 倍に伴う年平均気温の上昇量（℃）

出所：気象庁編集『異常気象レポート'89——近年における世界の異常気象と気候変動』大蔵省印刷局、1989年、巻頭。

は、アルベド・フィードバックと呼ばれるものである。多くの気候シミュレーションは、「雪氷面積アルベド・フィードバック効果をモデルの中にとりいれ[†1]」ており、その分を計算に入れて将来の昇温予想を行っている。逆に言えば、気候シミュレーションによる将来の気温予想は、アルベド・フィードバックが起こることを前提として、その分をあらかじめ上乗せしてあるということである。この前提は、多くのモデル予想において、人為的な地球温暖化による「最大の気温変化は結局、高緯度地方に起こるだろうという点で一致している[†2]」ことに基づいている。すなわち、「極地方はいちじるしく気温が上昇するので、氷や雪が溶けやすく[†3]」なり、アルベド・フィードバックが作用し、さらに温暖化が加速される計算になるというわけである。このフィードバック過程は——モデル大気における年平均気温の分布予想に基づいて——次のように説明されている。

対流圏の昇温は、高緯度の地表付近で特にいちじるしい。表面気温の上昇に伴って日射を強く反射する雪と海氷が極に向かって後退するため、日射の表面吸収がふえ、温暖化を強めるためである[†4]。(図2–7参照)

……気象研究所の大気大循環モデルを用いて計算された、二酸化炭素濃度が倍増したときの結果を示す。……地球全体の平均の気温の上昇は摂氏四度であるが、もっとも大きな温暖化が両半球のいずれも極地方でおこっている。これは氷や雪が積もっていると、太陽光線はほとんど反射されて地面を暖めないが、地球が温暖化して氷や雪が融けると、太陽光線が地面を直接暖めるよう

になり、その結果さらに温暖化が進むためである。これを氷や雪の正のフィードバックという。[†5]

（図2-8参照）。

この種のモデル予想によると、二酸化炭素濃度が二倍になれば「両極に近い地方では、気温上昇が一〇度Cを超えるところも」[†6]見られるということである。だが、それはあくまでもコンピュータ予想がはじき出す値であり、それ以上でも以下でもない。第一義的に問題となるのは、コンピュータが示すスコアではなく、現実の地球における実際の気温変化の方である。大気中の二酸化炭素濃度は産業革命期から増加しており、危機的な人為的温暖化がすでに進行中であると言われる現在、実際に「もっとも大きな温暖化が両半球のいずれも極地方でおこっている」のだろうか。そして、それによってどの程度の「雪と海氷が極に向かって後退」しているのだろうか。この点を現実に即して考えると、コンピュータ予想を鵜呑みにしてしまうには抵抗があるように思える。本節では、この問題を考察する。これは、かなり大きな問題である。なぜなら、もし大したアルベド・フィードバックが起きないのであれば、将来の昇温予想はその分だけ差し引いて考えなければならなくなるし、気候のコンピュータ予想の信頼性自体も失墜してしまうからである。それればかりではない。もし極地や高緯度地域の気温上昇が、中・低緯度地域より小さいことにでもなれば、温室効果ガスの人為的排出による地球の温暖化という図式自体が成り立たなくなってしまう可能性が出てくるのである。

温室効果ガスの人為的大量排出によって、両極付近の高緯度地方において温暖化が特に顕著になるという理論自体は、非常に単純なものである。地球温暖化問題に少しでも関心を持つ者なら誰でも知っていることではあろうが、念のため蛇足説明をしておこう。まず、「大気中に存在する温室効果ガスとして最強のはらたきをもつものは、水蒸気である」[†7]ことを思い出して欲しい。周知のとおり、空気中に含まれることのできる水蒸気の量は、一般に気温が高いほど多くなる。気温が低ければ、たとえ相対湿度が高くなろうとも、大気中の水蒸気量そのものは少ない。つまり、極地やその近辺は非常に寒いので、大気中の水蒸気量は暖かい地域に比べて少なくならざるをえないのである。当然、水蒸気による温室効果もまた、それほど強くなることはない。一方、熱帯地方や夏季の温帯地方では、気温が高い分だけ、大気中に多くの水蒸気が含まれることになる。となると、水蒸気だけですでに強力な温室効果をはたしてしまうから、二酸化炭素等が付け加わったところで大した影響はない[†8]。すでに人手が足りている工場で従業員を増やしてもあまり意味がないのと同じ理屈である。しかし、大気中に水蒸気が少ない高緯度地方においては、二酸化炭素等の増加が直接的に温室効果を強めることになる。人手不足の工場では、従業員数の増加が生産の拡大に直結するのと同様である。このような理由から、温室効果ガスによる地球温暖化は、大気中の水蒸気量が元々少ない高緯度地方で顕著になるという帰結に達するのである。そして、この顕著な昇温が氷雪面積の減少を促し、アルベド・フィードバックが作用することによって、高緯度地方の気温はますます上昇するのだとされている。すなわち、この増幅効果が加味されると、二酸化炭素濃度が倍増すれば「両極に近い地方では、気温上昇が一〇度Cを超える」所さえ現れるはずだというわけである。

以上の理屈を逆から考えれば、もし高緯度地方よりも中・低緯度地域において温暖化傾向が顕著であるならば、その昇温の原因は温室効果ガスの増加によるものではないということになる。これは、人為的地球温暖化論にとって、かなり重大な事柄であろう。と言うのは、もし仮に極地がたいして温暖化していないのに、中緯度地域の方が温暖化してしまったのでは、理論と現実が全く合致していないことになるからである。理論的に考えて、温室効果ガスの人為的排出が地球温暖化の原因であるならば、その影響は「高緯度の地表付近で特にいちじるしい」ものにならなければおかしいのである。

同様の理由から、夏季の気温が高くなることで平均気温が押し上げられても、それは温室効果ガスの増大による直接的な影響だとは言いにくいことになろう。一般的に言って、二酸化炭素やメタン等による温室効果が強く働くのは、気温が比較的低く、空気中の水蒸気量が少ない場合だからである。したがって、温室効果ガスの増大に起因する温暖化の直接的な影響は、夏季の猛暑ではなく、むしろ暖冬となって現れてくるはずなのである。実際、真鍋淑郎氏によると、「CO_2の増加は、高緯度における冬の寒さをやわらげ、したがって気温の季節変化を小さくする」[†9]はずだとされている。もっとも、全球的に考えれば、温室効果ガス増大の直接的な影響だけでなく、それに伴うさまざまな間接的影響が生じるであろうから、一概にそのとおりにはならない可能性も十分にある。しかし、第一義的に考慮しなければならないのが直接的な影響であることは言うまでもないことであろう。人為的な温暖化でまず問題にすべきは暖冬なのであって、真夏の猛暑ではないのである。

話を戻そう。産業革命期以来大気中の二酸化炭素濃度が増大し、急速な人為的温暖化がすでに進行しつつあると言われる現在、実際に「もっとも大きな温暖化が両半球のいずれも極地方でおこっている」のだろうか。そして、それによってどの程度の「雪と海氷が極に向かって後退」しているのだろうか。この問題を考えるに当たっては、前節で指摘した経験的事実を思い出してほしい。まず、一九六〇年代～七〇年代半ばあたりにかけて、北極圏の氷が、人々の生活を脅かすほど著しく増大したという事実である。北極地域の氷が大幅に増加したため、ノルウェーのスピッツベルゲン諸島では石炭の積み出しが困難を極め、アイスランドでは漁業が半ば麻痺状態に陥ったのだ。これは、実際に生じた現実の出来事である。二酸化炭素濃度等の増大が高緯度地方の気温を特に著しく上昇させるのであれば、なぜ二〇世紀の後半にもなって極地の寒冷化が起こったのだろうか。これが、第一の初歩的疑問である。なお、北極圏の気温変化について、かつては次のように指摘されていた。

……北極海の真ん中にあり、東半球では最北の陸地で、ドイツ語のフランツヨゼフ・ラントとしても知られている。北緯八十度以北に位置し、古くから気象観測所が置かれて、北極圏の気温変化などを調べてきたところだ。そこの観測結果によると、一九一〇年代以来、最高を記録したのは、一九二〇年代の始めで、年平均気温が二度という暖かさだった。ところが以後は、次第に低下し、四〇年代の後半には零度となった。それから六〇年代になると、さらに急激に低下し、一九六八年の観測では、ついに年平均の気温がマイナス七度になってしまった。つまり、四〇年代から六〇年代の後半まで、わずか二〇年ほどの間に、平均気温が七度も低下したということだ。[10]

すでに一九世紀末には顕在化し始めたとされる人為的温暖化によって、それを増幅するアルベド・フィードバックが実際に働いて来たのであれば、一九六〇年代以降にもなって北極地域が寒冷化し、氷雪量も増えるというのは、どうにもおかしな話であろう。そもそも、一九六〇年代〜七〇年代半ばというのは、二酸化炭素排出の急増期でもあったはずである。いずれにせよ、経験的事実から言えることは、産業革命期以来大気中の温室効果ガス濃度が一貫して増加し続けているにもかかわらず、それが必ずしも極地に著しい温暖化をもたらしてきたとは言えないということである。顕著に昇温するはずの極地付近で、現実に顕著な寒冷化が見られたのだ。一九七〇年代前半には、「六〇年代になってからの気候の変化のうちもっとも顕著なのは北極地方の寒冷化」[11]だと考えることが定説であった。よりによって、北極地方の寒冷化が最も顕著だったのである。この事実は、「極地方はいちじるしく気温が上昇」するという理論と正反対である。となると、少なくとも一九六〇年代〜七〇年代半ばあたりにかけては、北極域の氷雪面積の減少がアルベド・フィードバックを引き起こし、地球の温暖化を加速させたという事実はなかったということになろう。これらの出来事は、どう考えても、温室効果ガスの人為的排出による地球の温暖化という図式と合致しない。たとえ一九七〇年代末期以降、全球平均気温が上昇に転じたとしても、その原因を温室効果ガスの人為的排出に求めるのは、かなり無理があるように思えるのである。むしろ、その原因は自然的なものだと考えるほうが納得しやすいであろう。気象研究者の見解を見ても、朝倉正氏は「一九八〇年代に今世紀温暖年上位六年が入っているのを……自然的要因で発生するとみられる数十年規模の気候変動の影響のほうが大きい」[12]と明言しているし、根本順吉氏も次のように発言しているのである。

これまで温暖化というと、経済活動に伴う二酸化炭素の排出量が問題にされてきた。だが、私の見たところ、その影響よりずっと、温暖化傾向は自然の大きな流れによるもの。人間がどうこうしようなんておこがましいことなんです。[13]

人為的温室効果ガス主因説よりも、こちらの方がよほど科学的に矛盾がないように思える。しかも、複数の気象専門家が、温暖化の主因は自然的なものだと明言している事実を無視するわけにはいくまい。人為的温暖化論を唱えるのであれば、朝倉氏や根本氏の主張する自然要因説に対して、明確な科学的根拠に基づく反論を加えておくことが絶対に必要なのである。

次に、南極地方の現状を思い出してみよう。シュナイダー氏は、「南極大陸に温暖化が与える影響は、氷がいま以上に溶けることではなく、降雪量だけが増加すること」[14]だと述べていたはずである。端的に言えば、南極の氷は将来も減らないということだ。であれば、「雪と海氷が極に向かって後退」し、アルベド・フィードバックが高緯度地域の温暖化を増幅するという図式が、南極に関しては将来的にも成り立たないことになる。実際、「南極氷床は気温上昇にともなう降雪量の増加でわずかながら増加しているものと見られています」[15]という指摘もなされており、現に氷は減っていないのである。たしかに、アルベド・フィードバックで問題となるのは、氷雪の質量ではなく、氷雪面積であることは承知している。しかしながら、降雪量が増えるというとは、新雪面が形成されてゆくということである。言うまでもなく、乾いた新雪面は最もアルベド値が大きい（〇・八〜〇・九五）。通常、海氷原（〇・三〜〇・四）の二倍以上である。となると、アルベド・フィードバックによって温暖化が加速されるという説明は、そう単純に成り立つものではないと思われる。むしろ、温暖化によって極地の降雪が増え、新雪面が次々と形成されてゆくのであれば、それは温暖化を抑制する負のフィードバック効果をもたらすのではないのだろうか。この点についてはよく分からないが、科学的に明確な説明を聞きたいものである。

そもそも、「両極に近い地方では、気温上昇が一〇度Cを超えるところも見られ」るという予想は、「おもに雪氷面積アルベド・フィードバック効果をモデルの中にとりいれたことによって」導き出されたものである。[16]ということは、アルベド・フィードバックは、「気温上昇が一〇度Cを超える」以前から生じていなければならないはずである。だが、シュナイダー氏は、「南極大陸の大部分は大変寒いので、温度がたとえ五℃あるいは一〇℃上昇しても、一年じゅう氷点下のままである」[17]と言っていたはずである。根本順吉氏もまた、「南極大陸では気温が一〇〜一五度ぐらい上昇しても、海抜が高く、表面の温度がたいへん低いので、そこの氷がとけだすことは考えにくい」[18]と述べている。よく考えてもみよう。気温が「一〇℃上昇しても、一年じゅう氷点下のまま」である南極大陸で、その氷が融ける影響によって「気温上昇が一〇度Cを超える」所さえ現れるというのは、どう考えても論理矛盾であろう。少なくとも南極域において、フィードバック効果をもたらすほど「雪と海氷が極に向かって後退する」という事態は起こらないのではないだろうか。南極の氷は気温が一〇度上昇しても融けないことを認めながらも、もしそれが融ければフィードバック作用が働いて気温が一〇度上昇するなどという論理は、初めから破綻しているようにさえ思われるのである。

ちなみに、根本順吉氏は、その著書『熱くなる地球』の中で――山元龍三郎氏と星合誠氏の測定を根拠に――北半球の温暖化傾向に関して次のように指摘している。

……地球上のどこもがいちように上昇しているのではなく、低緯度地方（〇～三〇度、熱帯）ではわずかな上昇はあるがほとんど変わらず、中緯度地方（三〇～六〇度、温帯）の上昇がもっとも著しいが、さらに高緯度地方（六〇～九〇度、寒帯および極）になると上昇傾向はいくぶん小さくなっている。[†19]

これは――真理か否かは確証できないが――実際に観測された出来事であることを忘れてはならない。現実の気温上昇が最も顕著なのは、何と中緯度地方なのである。さらに、高緯度地方の中でも特に両極に限ってみれば、「理論的には一番顕著なはずの両極地方で、ほとんど温暖化が認められていない事実[†20]」さえ指摘されている。これらは、極めて重大な指摘である。たとえ全球平均気温の上昇が事実だとしても、両極地方では昇温がほとんど見られず、中緯度地方の昇温が最も著しいのであれば、昨今の人為的温暖化説は成り立たないからである。温暖化のコンピュータ予想もまた、一見当たっているように見えて、本質的には外れてしまっていることになろう。二酸化炭素等の濃度上昇が温暖化の主因であるのならば、極付近が著しく昇温しなければおかしいのである。にもかかわらず、一九六〇年代〜一九七〇年代前半には北極地方の顕著な寒冷化が起こり、それ以後の温暖化傾向も中緯度地方を中心とするもので、おまけに「両極地方で、ほとんど温暖化が認められていない」のだ。これが、実際に経験されてきた事実なのである。これらの現実を直視し、論理的に考えれば、人為的温暖化説もコンピュータ予想も、にわかには信じがたいという結論に達せざるをえないであろう。

実際の出来事、コンピュータ予想、多数派の意見、これらのうちどれを信じるかと言えば、もちろん実際の出来事である。コンピュータ予想は実物の簡略な代用物にしか過ぎないのだし、科学は政策的な多数決ではないのだから……。間違っても、尊重すべきはコンピュータ予想や多数派の意見であって、実際の出来事の方は大した証拠にはならないなどと言うわけにはいかないであろう。多くの偉い人たちが言っているからとか、コンピュータ予想ではそうなっているからといったことだけで物事を納得するのは、ほとんど思考停止状態なのである。もちろん、地球温暖化対策の必要性を唱える専門家諸氏には、深遠なる科学的知識があるに違いない。だが、私のような一般市民は、明晰で分かりやすい科学的説明が与えられなければ、どうしてもそれを理解することができないのである。

図2－9　北極圏における気温、CO_2濃度、照射量の比較

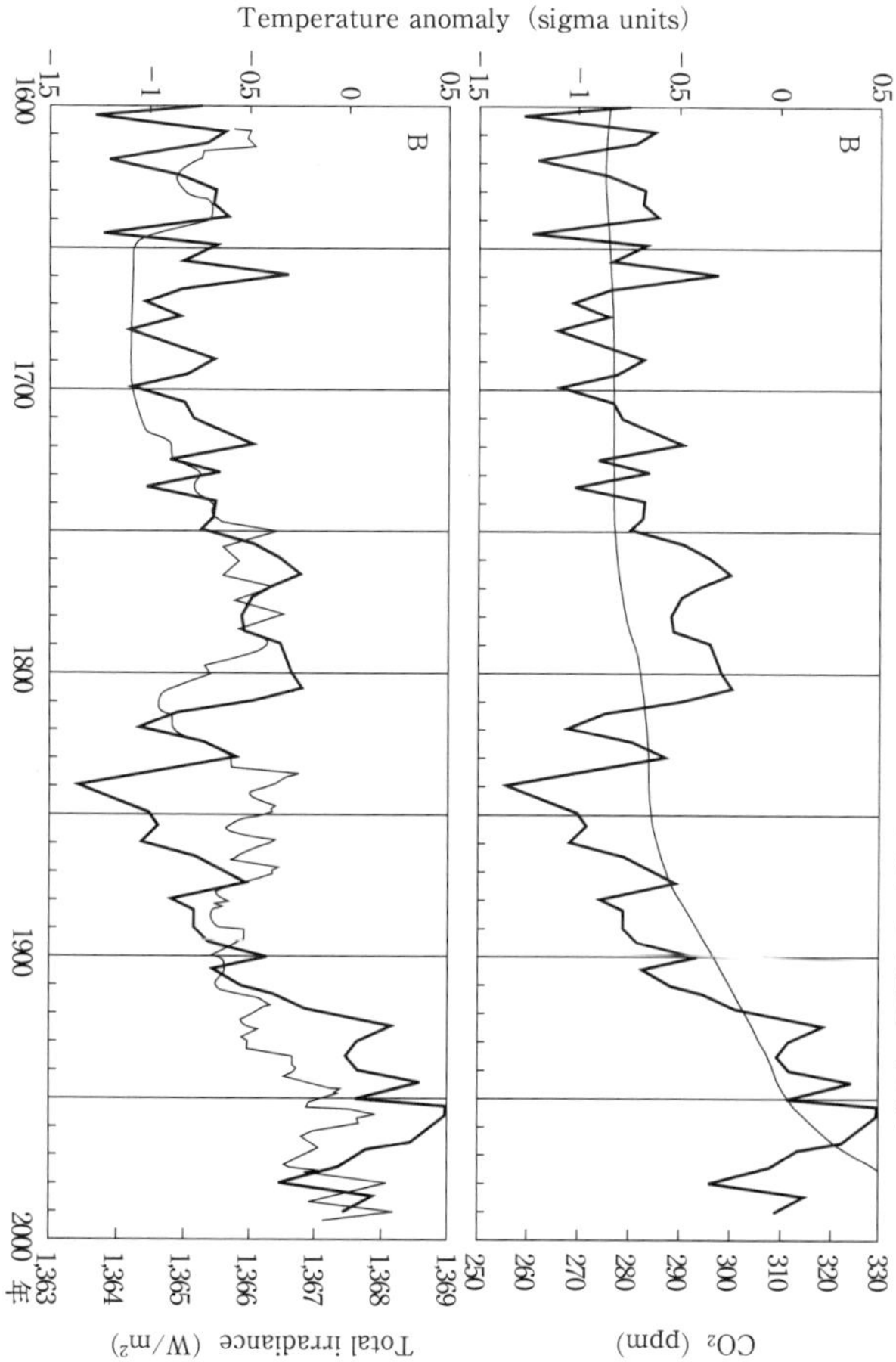

出所：J. Overpeck *et al.*, "Arctic Environmental Change of the Last Four Centuries," *Science*, Vol. 278, November 14, 1997 (pp. 1251-1256), p. 1254.

率直に言えば、ごく一部の専門家以外には、なぜ温暖化の主因が人為的な温室効果ガスの排出なのか、考えれば考えるほど科学的にさっぱり理解できないといっても過言ではないであろう。自分では科学的に深く考えることをしないで、世評や時勢に洗脳され、分かったつもりになって行動を起こすことほど、愚昧かつ危険なことはないのである。なお、実際のデータに即した指摘には、次のようなものもあるので紹介しておこう。

本当に炭酸ガスが増えるから温度が上がっているのでしょうか。炭酸ガスが増えて温度が上がるなら、緯度の高いほうに温度の上がりがうんと大きくあらわれるはずです。赤道のほうはあまり上がらないで、北極とか南極が上がってしまう。ところが、エンゼルという人がデータから集約したところによると、南極とか北極とかではほとんど温度は上がっていないのです。これは温室効果では説明できない。[21]

ところで、北極付近の気温変動に関しては、人為的温暖化説とは全く異なる説明も存在する。北極地方の気温は、主として日射量の影響下にあるという指摘である。たとえば、槌田敦氏は――オーバーペック氏らの論文に基づいて――「北極圏では、過去三五〇年にわたる気温の変化と太陽受光量の変化はよく対応している」[22]という事実を紹介している（図2-9参照）。なお、オーバーペック氏らは、北極圏の気温変化について次のように述べている。

一八四〇年以後の温暖化（約〇・七五度）の半分は、一八四〇年から一九二〇年にかけて起こった。それは、CO_2およびCH_4の大気中濃度が、それぞれわずか二〇ppm（＝〇・〇〇二％）と二〇〇ppbv（＝〇・〇〇〇〇二％）だけ上昇した期間であった。微量気体の強制力に対する気候の感受性に関する最近の最良の評価に沿って考えると……、微量気体の強制力だけでは、一九二〇年以前の温暖化のうちのごく小さな部分（〇・一〜〇・四℃）しか説明できないであろう。一九世紀から二〇世紀における北極圏気温の空前の上昇のうちの最初の半分は、一八四〇年から一九二〇年の間に、火山の強制力が弱まったり、日射量が増大したり（温室効果ガスはあまり大したことがない）といったような、自然の再調整作用であると思われる。[23]

つまり、一九世紀から二〇世紀にかけて北極圏の気温が上昇したことが事実であるとしても、特にその昇温の開始期には、温室効果ガスの影響などほとんどなかったのだということである。温室効果の理論だけでは、一八四〇年から一九二〇年における北極圏気温の上昇を、ほとんど説明できない。したがって、北極圏の気温を主に規定してきたのは、人為的起源の温室効果ガスではなく、日射量等の自然的要因だと理解する方が妥当であろうというわけである。もちろん、オーバーペックらの論文は、近年における温室効果ガス濃度の急上昇が、北極圏の気温に何らかの影響を与えているであろう可能性を否定するものではない。しかし、北極圏の気温が日射量によって大きく規定されてきたことだけは、たしかに示唆されているのである。

ここで、一つの仮説を立てて考えてみよう。もし仮に、近年の全球平均気温の上昇——それが事実だとして——が、太陽からの日射量の増加によってもたらされているのだとすれば、地域的昇温傾向の実態ともよく合致するように思われる。すなわち、日本等の中緯度地方は、高緯度地方の氷雪域よりアルベド値が小さく、低緯度地方に比べて陸地の占める割合が高いので、温度上昇が最も顕著になって当然なのである。海は陸よりも温まりにくいこと、氷雪面が日光をよく反射することを考えれば、必然的にそうならざるをえないであろう。もちろん、このような仮説は、一素人の浅知恵にすぎない。だが、誰でも思いつくような程度の疑問に対して、人為的温暖化論者が明確に答えてくれていないこともまた、事実である。いずれにせよ、温室効果ガスの人為的排出⇩高緯度地方の顕著な温暖化⇩アルベド・フィードバックによる温暖化の加速というコンピュータ予想は、過去および現在の経験的事実と照らし合わせて見るならば、あまり説得力があるとは言えないのである。

ちなみに、太陽活動と気候の相関性に関しては、多くの肯定的見解が提示されている。たとえば、前節の最後でも指摘したように、地球全域の平均海面水温の長期変動は——温室効果ガスの濃度よりも——太陽黒点数の長期変化とよく対応していることが知られているのである。そこで、次節では、近年の温暖化傾向と太陽活動の関係について考察することにする。

●——注

1　田中正之『温暖化する地球』読売新聞社、一九八九年、一二〇頁。

2 スティーブン・H・シュナイダー『地球温暖化の時代―気候変化の予測と対策』内藤正明・福岡克也監訳、ダイヤモンド社、一九九〇年、一二七頁。
3 高橋浩一郎『気候が変わる―そのインパクト』中央公論社、一九八〇年、一五六頁。
4 真鍋淑郎「二酸化炭素と気候変化」『科学』第五五巻二号、一九八五年（八四―九二頁）、八九頁。
5 増田善信『地球環境が危ない』新日本出版社、一九九〇年、五〇―五二頁。
6 田中『温暖化する地球』前掲書、一二九―一三〇頁。
7 財団法人電力中央研究所編著『どうなる地球環境―温暖化問題の未来』電力新報社、一九九八年、四〇頁。
8 もちろん、水蒸気と他の温室効果ガスとでは、吸収する赤外波長帯が必ずしも一致するわけではないので、全く影響がないとは言えない。
9 真鍋「二酸化炭素と気候変化」『科学』前掲論文、八九頁。
10 日下実男『大氷河期―日本人は生き残れるか？』朝日ソノラマ、一九七六年、八五頁。
11 根本順吉『氷河期へ向う地球』風涛社、一九七三年、一六頁。
12 朝倉正「気候温暖化と異常気象」『科学』第五九巻九号、一九八九年（六二〇―六二四頁）、六二三頁。
13 『週刊朝日』二〇〇〇年九月一五日号、一二七頁。
14 シュナイダー『地球温暖化の時代―気候変化の予測と対策』前掲訳書、一八六頁。
15 北野康・田中正之編著『地球温暖化がわかる本』マクミラン・リサーチ研究所、一九九〇年、一二六頁。
16 田中『温暖化する地球』前掲書、一二九―一三〇頁。
17 シュナイダー『地球温暖化の時代―気候変化の予測と対策』前掲訳書、一八六頁。
18 根本順吉『熱くなる地球―温暖化が意味する異常気象の不安』ネスコ、一九八九年、一一五頁。

19 根本『熱くなる地球―温暖化が意味する異常気象の不安』前掲書、七六―七七頁。
20 根本順吉編著『地球汚染Q&A―君たちの未来が危ない』岩波書店、一九九〇年、三五頁。
21 根本順吉『超異常気象―三〇年の記録から』中央公論社、一九九四年、一三三頁。(段落は無視)
22 槌田敦「CO_2温暖化脅威説は世紀の暴論―寒冷化と経済行為による森林と農地の喪失こそ大問題」環境経済・政策学会編『地球温暖化への挑戦』東洋経済新報社、一九九九年、二三五頁。
23 J. Overpeck, K. Hughen, D. Hardy, R. Bradley, R. Case, M. Douglas, B. Finney, K. Gajewski, G. Jacoby, A. Jennings, S. Lamoureux, A. Lasca, G. MacDonald, J. Moore, M. Retelle, S. Smith, A. Wolfe and G. Zielinski, "Arctic Environmental Change of the Last four Centuries," *Science*, Vol. 278, November 14, 1997 (pp. 1251–1256), pp. 1253–1254. なお、括弧内の%表記は引用者による。

9 気候変化の自然的要因——太陽活動、地磁気など

前節で紹介したとおり、オーバーペック氏らの指摘によると、温室効果の理論だけでは一八四〇年から一九二〇年における北極圏気温の上昇をほとんど説明できないらしい。つまり、北極圏の気温を主に規定してきたのは、人為的起源の温室効果ガスではなく、日射量等の自然的要因であろうというわけである。この所見——太陽活動主因説とでも呼ぶべき見解——は、北極圏に関してのみ主張されてきたわけではない。全球的規模の気温変化に関しても、太陽活動主因説は展開されている。その代表的なものは、アメリカのマーシャル研究所が一九八九年に出したレポート（Scientific Perspectives on the Greenhouse Problem）であろう。このレポートは、「この一〇〇年間起こっている〇・五度の緩やかな昇温傾向が温室効果ガスの排出と相関している証拠は何もない」[†1]と分析している。というのは、「〇・五℃の気温上昇のうち大半は一九四〇年代までに達成されており、温室効果気体が増大してからの昇温量は少ないから」[†2]である。このような事実認識に基づいて、同レポートでは、過去一〇〇年の昇温傾向の原因を、主に太陽活動の変動に求めることになる。

そのレポートの論拠は、この〇・五℃の温暖化傾向の分析にある。この昇温傾向が温室効果ガスの排出増大のカーブに追従していないことを、著者たちは指摘しているのだ。それよりも、著者

たちは、この昇温を説明する自然的原因を探し、太陽活動の変化がかなり良くこの昇温傾向を反映していることを発見するのである。[†3]

つまり、温暖化が著しかった時代は今日ほどの温室効果ガスの排出はない一方、温室効果ガスの排出が加速度的に増加してからは、かつてほど大きな昇温傾向はないことに加えて、「太陽活動（黒点数の三三年移動平均）が〇・五℃の昇温カーブと相似して[†4]」いるというわけである。この所見は、オーバーペック氏らが北極圏の気温に関して提示した見解と、ほぼ重なる。要するに、北極圏に限っても全球的に見ても、過去の昇温傾向の主原因を温室効果ガスに求めることは不可能だということである。念のため紹介しておくと、人為的活動の増大傾向に関しては、次のように言われている。

今世紀の一〇〇年ほどの間に化石燃料使用量は十数倍、工業生産量は二十数倍に膨れ上がり、しかもその五分の四は一九五〇年代以降に達成されたという幾何級数的成長の道を歩んでいる。[†5]

これを読めば明らかなように、二〇世紀が「CO_2排出の世紀[†6]」であったとしても、その影響が顕著になるのは、一九五〇年代以降でなければおかしいのである。つまり、過去一〇〇年間における「気温上昇のうち大半は一九四〇年代までに達成され」たことが事実であれば、人為的活動の加速的拡大が地球温暖化を招くという説明と矛盾してしまう。皮肉にも——先にも述べたとおり——地球の気温は「五〇〜六〇年代は下降した[†7]」のである。もちろん、シュナイダー氏らの人為的温暖化論者たちは、マーシャル研究所のレポートに対して即座に異議を唱えた。しかし、その異議は、ほとんど科学的な反論になっていないように思える。『サイエンス（*Science*）』誌が伝えるところによると、シュナイダー氏らの唱えた異議は、次のような内容なのである。

シュナイダーやマルマンらが言うには、人々が温室効果による温暖化を心配している理由は、過ぎた百年間における〇・五℃の気温上昇のためではなく、二酸化炭素、ＣＦＣ類、メタンの放出が明らかに増加しつつあることによるのだ、とのことである。[↑8]

つまり、シュナイダー氏らは、「過去の昇温が問題なのでなく、温室効果気体濃度がふえたら将来どうなるかを問題にしているので論点が違うと主張している」[↑9]のである。だが、この主張を逆から見れば、過去約一〇〇年間の昇温に関しては太陽活動が主因だという事実を認めていることになる。すなわち、論点を過去約一〇〇年間の昇温に絞れば、太陽活動がその主因であるという見解に対して、シュナイダー氏らは何の反論も加えていないのである。自分たちが論じているのは温室効果ガスの大量排出という現状と、それによる将来の温暖化であって、過去の事実など無関係だと言わんばかりなのだ。なるほど、将来の研究をしている者に対して過去を持ち出して批判することは、論点を外した難癖だと言えないこともない。しかしながら、シュナイダー氏は、過去一〇〇年間の昇温傾向を、人為的地球温暖化の状況証拠のごとく持ち出していたではないか！　過去一〇〇年間における昇温傾向の原因は、どうでもいいような事柄ではなく、人為的温暖化説の妥当性を判断する重大な論点だったはずなのである。

実際、シュナイダー氏は、過去約百年の昇温傾向に関して、「私は、八〇パーセントから九〇パーセントの確率で、これが自然な変動ではないと思う」[10]と述べているし、「この上昇の多くは温室効果ガスの蓄積によって起きたものであるらしいという点についてはまったくハンセンと同意見だ」[11]とさえ述べている。どう考えても、過去約百年間の昇温原因は重要な問題なのだ。なぜなら、シュナイダー氏の考えによると、「未来の気候変化の推定を、過去を調べることによって検証するのはきわめて大切だ」[12]ということだからである。

シュナイダー氏だけではない、多くの人為的温暖化論者たちは、過去百年の昇温傾向を「人間活動による温暖化が進んでいる一つの証拠」[13]としてしばしば持ち出してきたのである。そのことは、厳然たる事実であろう。たとえば、以下の諸記述を見てみよう。

一八九〇年から一九八九年の一〇〇年間に、平均気温は〇・五度上昇しています。この、平均気温の上昇は、大気中の温室効果ガスの濃度、とくに二酸化炭素の濃度の上昇に、原因があることはこれまでもお話してきました。[14]

過去一〇〇年間で平均気温が地球全体で〇・六〜一℃上昇したことがわかります。このような気温上昇の速度は、自然にはほとんど起こらないほど大きなものなのです。[15]

過去一世紀に地球全体の気温は〇・三℃から〇・六℃の範囲で上昇した。地球が温暖化しているのは、二酸化炭素など温室効果ガスの増加による。[16]

……地球の平均気温が過去一〇〇年のあいだにすでに〇・三～〇・六度上昇したことが確かめられ、この問題はにわかに現実味を帯びてきました。……この気温上昇は、その度合いが温室効果ガスの大気中濃度の増大から予測されるものとほぼ一致しており、そのことによって生みだされた可能性がきわめて高いとみられています。[17]

すでに一九世紀の終わりから現在までに、地球の平均気温は〇・三～〇・六度上昇しており、化石燃料の消費や森林伐採など人間の活動がその主な原因であるとされています。[18]

……二酸化炭素の濃度は、産業革命前の約二八〇ｐｐｍｖから現在の三六〇ｐｐｍｖへと三割も増加している。その結果この一〇〇年間の気温で〇・三～〇・六℃、海水面も一〇～二五センチも上昇している。一九九五年に発表されたＩＰＣＣ（気候変動に関する政府間パネル）第二次評価報告書では、このように人類の影響によって、地球温暖化が起こっていると結論づけたのである。[19]

……全地球の地表気温が、過去一〇〇年の間に〇・三～〇・六度、上昇したことが確かめられ、この気温上昇は人為的な温室効果ガスの排出による大気中濃度の上昇によって生み出されたものと考えることが合理的であると言われている……。[20]

もし、過去約一〇〇年の昇温傾向の原因に関して、マーシャル研究所の見解を受け入れるのであれば、これらの諸記述は全て誤っていることになる。しかも、シュナイダー氏に従えば「未来の気候変化の推定を、過去を調べることによって検証するのはきわめて大切だ」ということであるから、これらの諸記述は、「きわめて大切」な部分で誤っていることになるのである。

ともかく、シュナイダー氏をはじめとする多くの人為的温暖化論者たちは、過去約一〇〇年の昇温傾向の主因を、人間活動に求めて来たのだ。これは、否定しがたい事実である。そして、マーシャル研究所のレポートは、その学説に異議を唱えているのであって、決して論点を違えているわけではない。同レポートは、人為的地球温暖化論の「きわめて大切」な部分を否定しているのである。にもかかわらず、それに対して科学的に明確な反論がなされていないのは、どう考えても納得できないであろう。たしかに、反論らしきものはなされている。だが、シュナイダー氏による太陽活動主因説に対する反論は、次のようなものに過ぎないのである。

……温室効果に疑問を抱く人びとは、（直接の証拠はないにもかかわらず）太陽放射の変化が温暖化傾向の原因だとする説を唱えた。私をはじめ多くの同僚たちは、太陽放射だけで、過去一〇〇年間の気候の変化を説明できる可能性はないと考えているが、かといって、その可能性を九九パーセントの確率で排除できるとも思っていない。[†21]

一読すれば明らかなように、これは太陽活動主因説に対する批判にはなっていない。論点が全く外れているのだ。というのは、シュナイダー氏の言うとおり「気候の変化は、気候システムの多くの構成要素……のあいだの複雑な相互作用の結果として起こる」[†22]のであるから、当然、「太陽放射だけ(the sun alone)で」気候の変化を説明できるはずなどないのである。誰がどう考えても極めて当たり前の

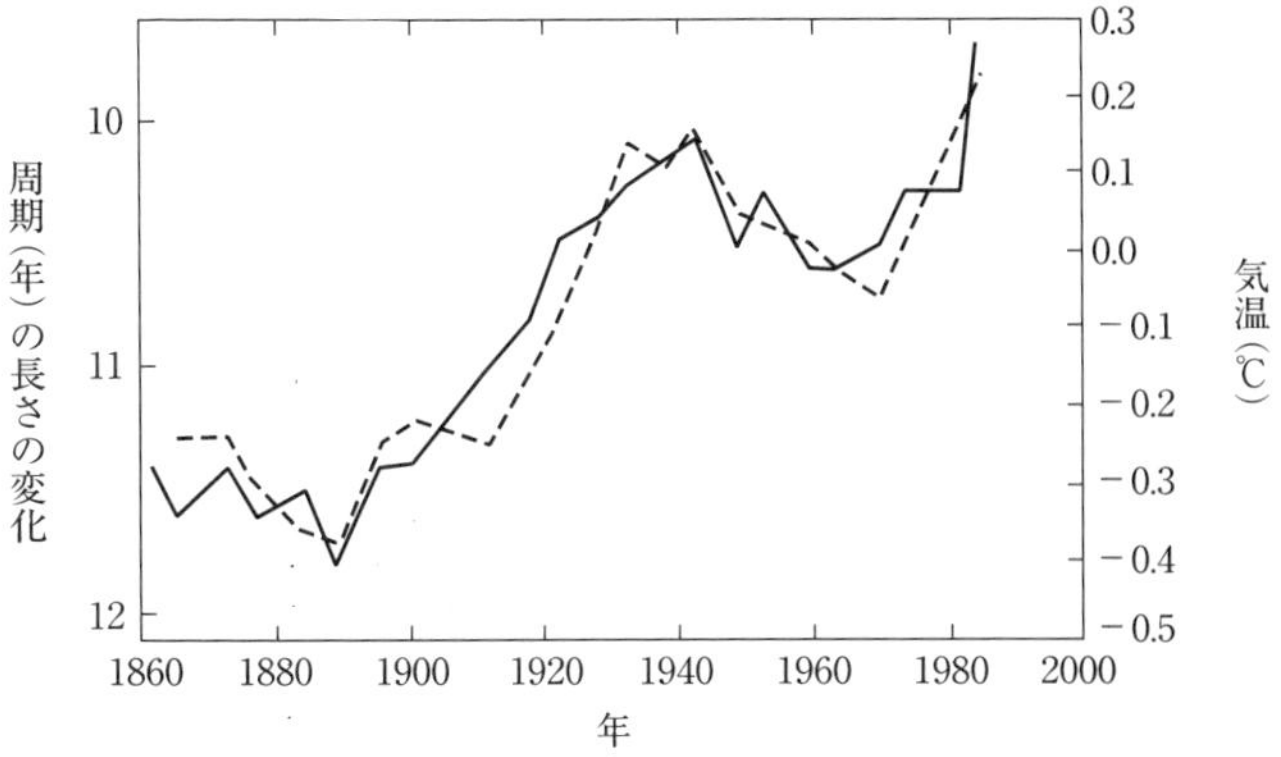

図2－10　太陽黒点周期の長さの変化（実線）と北半球気温偏差（破線）との相関（1861～1989）

出所：根本順吉『超異常気象―30年の記録から』中央公論社、1994年、45頁。

話である。太陽活動主因説は、何も温室効果を完全否定して、「太陽放射だけで」全てを説明しようとしているのではない。誰だって、「太陽放射だけで、過去一〇〇年間の気候の変化を説明できる可能性はない」ことくらいの見当はつくのである。同様に、温室効果ガスの人為的排出だけで「過去一〇〇年間の気候の変化を説明できる」と考える人もまた、誰もいないであろう。そもそも、「太陽放射だけで」気候の変化が説明できると主張している人など、どこにいるのであろうか。要するに、右のシュナイダー氏の言辞は、論点をすり替えているだけであって、批判にも主張にも何にもなっていないのである。しかも、「直接の証拠はない」と言って相手を非難するのであれば、自らが「直接の証拠」を出せばよいのである。少なくとも、太陽活動主因説は、過去約一〇〇年の気温変化と温室効果ガス濃度との不相

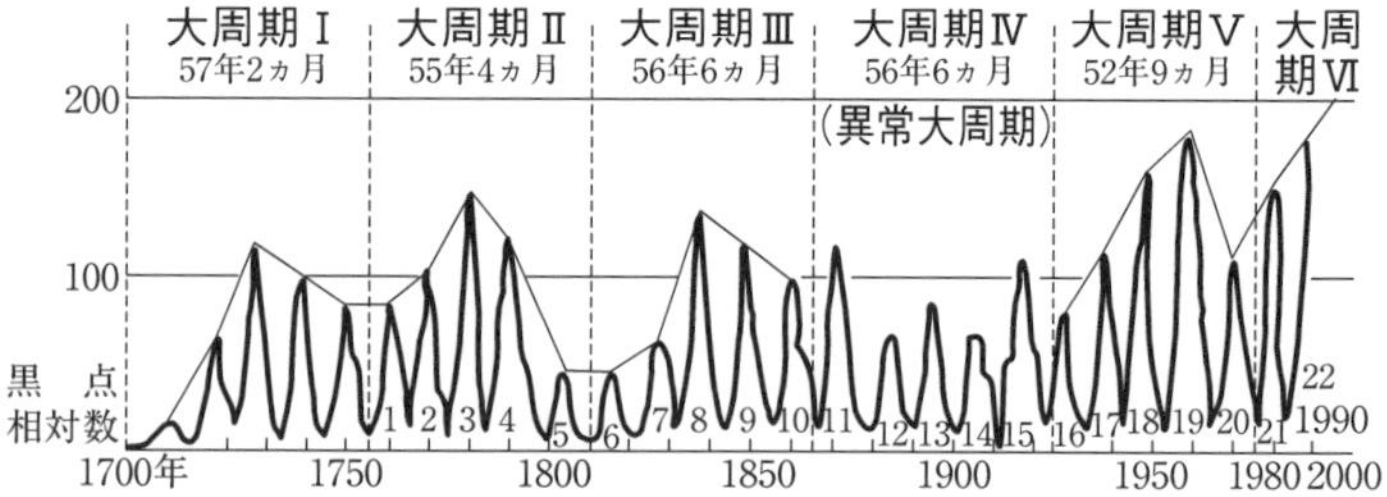

図2-11　太陽黒点の「吉村サイクル」

注：約55年の大周期は5つの11年小周期からなる。
出所：朝倉正・吉村広和・嶋中雄二「太陽黒点世紀末の大爆発！」『週刊ダイヤモンド』1989年4月29日／5月6日合併号（14-13頁）、15頁。

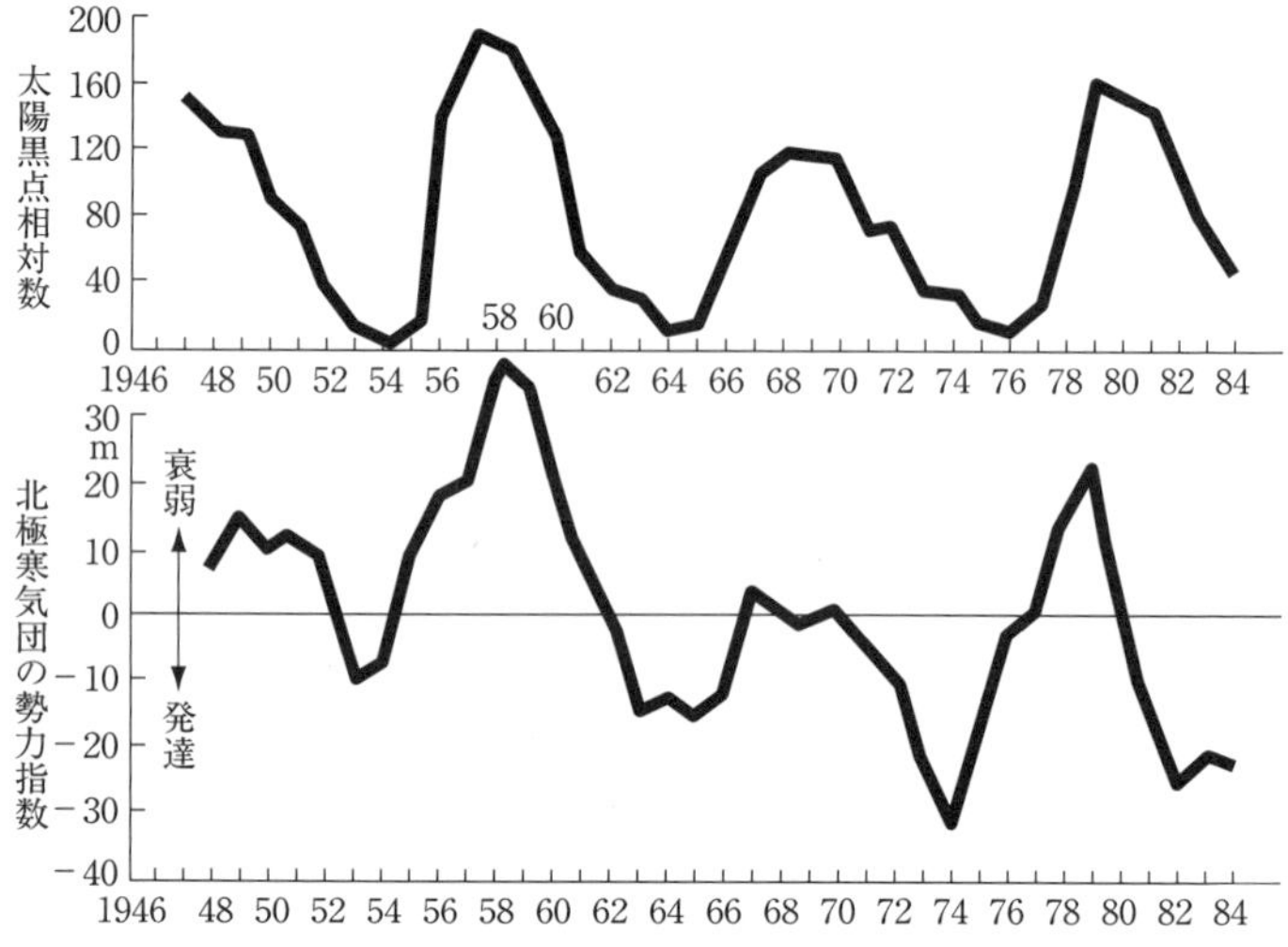

図2-12　太陽黒点と北極寒気団の見事な一致

出所：朝倉正・吉村広和・嶋中雄二「太陽黒点世紀末の大爆発！」『週刊ダイヤモンド』前掲誌、18頁。

関という事実を指摘している。一九八〇年代の高温化傾向にしても、大気中の二酸化炭素濃度の増加率と相関していないことが知られている。観測された二酸化炭素濃度の増加率を見ると、「気温上昇の著しい八〇年代には、その増加は横ばいになっている」[†23]のである。となると、人為的温暖化論の側は、それらと同等以上の科学的証拠を提示しなければならない。科学的反証を提示しないということは、自分たちの誤りを認めたのと同じであろう。

マーシャル研究所のレポートが提出されたのと同じ年（＝ハンセン氏のアメリカ上院における「九九％発言」の翌年）、『週刊ダイヤモンド』誌上で、「太陽黒点世紀末の大爆発！」という特集が組まれた。すなわち、「最近太陽活動が非常に活発になってきて、太陽黒点数は月平均で一六〇を超えている」[†24]ことが注目されたのである。同特集で吉村宏和氏が語っているところによると、太陽活動は一九七六年に黒点の極小期を迎え、それ以後新たな五五年周期（大周期Ⅵ）に入り、「傾向的に太陽活動は活性化し続けている」[†25]とのことである。同じ年には、根本順吉氏もまた、「現在、太陽活動は記録的な上昇傾向を示している」[†26]と指摘していた。なお、太陽活動の変動は、約一一年の小周期と、それが五つ集まった約五五年の大周期から成っている。要するに、一九八八～九〇年頃は、太陽黒点五五年大周期の中の第二小周期（一一年サイクル）のピーク期だったのである。となると、一九九〇年代前半は太陽活動の低下期（ピーク後の下り坂）に当たり、その次の小周期のピークが二〇〇一年頃にくることになる。素人目に見ると、この予測は的中したように映る。というのは、二〇〇一年三月、新聞紙上に次のような記事が――夕刊の隅っこにとても小さく――掲載されたのである。

米航空宇宙局（NASA）や米海洋大気局（NOAA）などの観測によると、太陽の表面で過去十年で最大の黒点活動が起きている。二十九日の大きな爆発（フレア）で高速の荷電粒子が噴き出し、北米の高緯度地域では電離層の乱れから、ラジオ電波が一時途絶した。[†27]

以上のような経緯もまた、記憶にとどめておくべき事実であろう。それにしても、人為的温暖化や京都議定書の記事に比べると、悲しくなるほど小さな扱いであった。どうでもいい問題だからマスコミの扱いも小さいのか、マスコミが取り上げないので人々の関心を惹かないのか……よ～く考えてみよう。ちなみに、太陽活動の低下期に当たる一九九〇年代前半は、実際の気温もあまり上がらなかったようである。シュナイダー氏も、「一九九二年から九三年にかけて、地球表面の平均気温はそれまでの年よりもおよそ〇・二〇℃下がった」[†28]ことを認めているのである。

話をマーシャル研究所のレポートに戻そう。シュナイダー氏は、『地球温暖化の時代』の中でも、このレポートに対して激しい論難を加えている。その内容は――あまり科学的ではない部分が多く――以下のようなものである。

一九八九年、マーシャル研究所（Marshall Institute）が、地球温暖化についてレポートを出した。ワシントンに本部を置く、数年前にはレーガン前大統領の戦略的防衛構想（SDI）の旗を振った、この悪名高いシンクタンクの主張は……温室効果ガスの蓄積に対し、単なる調査研究の段階からさらに進んで何らかの政策的対応を行なうことは妥当でない、というものだった。……毎年数十億ドルをSDIに投入すべきだと言っているマーシャル研究所は、二十一世紀へ向けて、かつてない地球温暖化が進む可能性が、戦略防衛上の体制を完全に抜け穴のないものにできる可能性よりも高いと思っているのだろうか、それとも低いと思っているのだろうか[†29]。

シュナイダー氏は、マーシャル研究所のレポートを、「モデルの限界や不確実な部分については頻繁にふれているのに、季節変動のシミュレーションなど、モデルの有効性の検証がなされていることについては述べていない[†30]」と批判している[†31]。要するに、気候モデルには〝夏は暑く冬は寒い〟という真理を予言する能力があるのに、それを無視して、モデルにはできない点ばかりをあげつらっているというわけである。シュナイダー氏の反論は、この一点に尽きる。彼は、コンピュータの予言能力だけを力説しているのである。それ以外の科学的論拠は何もない。すなわち、過去の昇温原因が何であれ、未来に関しては、コンピュータによって予言できるということである。ここでも、シュナイダー氏は、太陽活動主因説そのものに対して何の反論もしていない。シュナイダー氏があげる根拠は、コンピュータの予知能力――季節変動なら予測できる――だけに過ぎないのである。そもそも、レーガン政権だとかSDIだとか、気候変動論と全く無関係な事柄を持ち出して何になるのであろうか。

太陽活動主因説の論拠は、過去の記録ばかりではない。西岡秀雄氏もまた、近年の気温上昇化現象の主原因に関して、「太陽活動に内在するエネルギーの周期説」を採るべきだと主張しているのであるが、その根拠の一つは次のようなものである。

いわんや地球のみならず、火星の極冠（ice cap）さえ近年縮小しつつある姿が観測されている。いかに炭酸ガス説支持者といえども、火星において産業革命が生じていると強弁はできまい[†32]。

つまり、地球だけではなく、火星もまた昇温傾向にあるというのだ。地球と火星の両方に影響を与える要因としては、太陽活動がまず第一に考えられる。したがって、近年の地球温暖化の主原因もまた、太陽活動に他ならないであろうというわけである。もちろん、火星と地球が同一の原因で温暖化している保証はないのであるから、これは一つの状況証拠に過ぎない。しかし、無視できない重要な指摘であるには違いないのである。

いずれにせよ、気候システムは「非常に多くの構成要素[†33]」から成っている。そして、太陽活動は、その重要な構成要素の一つなのである。したがって、将来の気候変動を考えるに当たっては、太陽活動の変化をしっかりと考慮に入れておかなければならない。このこと自体は、自明の理であろう。にもかかわらず、シュナイダー氏を始めとする多くの人為的地球温暖化論者たちは、温室効果ガスの排出ばかりを問題にするのだ。まるで、気候変動の傾向と対策を、何が何でも温室効果ガスの人為的排出に還元しようとしているかのようにさえ見える。だが、そのような路線は、地球規模の博打ではないだろうか。というのは、以下のような心配に対する備えが全て欠落していることになるからである。

つまり、二酸化炭素の増加による地球温暖化とは、少なくとも現在と同じ程度の太陽活動がこれからもつづくであろうことを前提としているのだ。だが、今後太陽活動が低下しないという保証はどこにもない。仮になんらかの理由で太陽活動が低下したときには、余計なもののようにうとんじられている二酸化炭素が、われわれ人類を寒冷化から保護する衣の役割を果たす可能性もあるのだ。[†34]

衆知のとおり、「太陽はさまざまな時間スケールで変動[†35]」している。すなわち、「あるときは非常に強く、またあるときは非常に弱く、あたかも一個の生命体のように太陽は息づき、変化しながらエネルギーを放出している[†36]」のである。過去の歴史を見ても、太陽活動の変化は、地球の気候に大きな影響を与えて来た。その典型的な例は、太陽活動の衰退期として知られる「Maunder極小期が、地球の小氷河期と呼ばれる時期に一致している事実[†37]」であろう。その時期、太陽活動が衰退したせいで、実際に地球の気温がかなり低下したのである。

本章6でも指摘したとおり、地球の気候は、一四～一六世紀あたりから一九世紀半ば頃にかけて、小氷期（小氷河期 Little Ice Age）と呼ばれる寒冷期にあった。テムズ川が凍結したり、アルプスの山岳氷河がふもとの村を押しつぶしたりした時代である。当時は、人為的な産業活動による気候への影響など微々たるものであったから、この気候変動は自然的な要因によってもたらされたと考えざるをえない。そして、その原因として最も重要視されているのが、「太陽活動の異常な衰退[†38]」である。

桜井邦朋氏は、次のように述べている。

……中世から近代への移行期に地球を襲った小氷河期は、地球環境に流入する太陽エネルギーの減少によってひき起こされたのだ、と結論できることになる。[†39]

特に、小氷期の「最盛期は、実は一七世紀半ば頃から一八世紀初頭にかけての七〇年ほどにわたる期間」[†40]とされている。そして、その期間は、太陽面上から黒点がほとんど消え去ってしまい、それとともに太陽が暗くなってしまっていた時代なのである。この無黒点期（一六四五〜一七一五年）は、発見者[†41]の名にちなんで、マウンダー極小期と呼ばれている。ともあれ、小氷期の最盛時とマウンダー極小期は、その時代が見事なほど一致しているのである。桜井氏の言葉を続けよう。

……マウンダー極小期は太陽活動が著しく低下した期間で、太陽面上にはこの期間を通じて黒点がほとんど現れなかった。他方、この期間は小氷河期の最盛期に重なっており、気候の寒冷化が最も著しくすすんだ時代でもあった。[†42]

重要なのは、そう遠くない過去において、太陽活動の衰退による地球気温の大幅な低下が実際に起こったということである。一方、人為的地球温暖化論者たちは、「少なくとも現在と同じ程度の太陽活動がこれからもつづくであろうことを前提」として議論を進めている。だが、過去の例を見れば明らかなように、こんな前提が成り立つ保証はないどころか、ほとんど成り立たないように思われるのである。となれば、もし仮に近年の温暖化傾向が温室効果ガスの人為的排出に起因しているとしても、それにばかりに注目した気候変動対策は、まさに賭けに他ならないことになろう。それは、単騎単勝一点買いのようなものであって、たとえいかに大本命であっても、外れた場合には将来に大きな悔いを残す可能性をはらんでいるのである。

本節において、温暖化問題の専門家でもない私が、太陽活動主因説を主張し、人為的温室効果ガス排出主因説を排斥しようというのではない。そうではなくて、どうして昨今の論潮が人為的脅威ばかりを強調し、他の自然要因説をことごとく排斥するのかが疑問なのである。普通に考えれば、太陽活動主因説もまた、充分に検討する価値があると思われる。レーガン政権だとかＳＤＩだとか、気候変動とは何の関係もない政治的要素まで持ち出して太陽活動主因説を否定しなければならない理由は、どこにあるのだろうか。地球温暖化が人類全体に関わる問題であるのなら、もう少し多方面にわたる科学的検証が必要であるに違いないのである。

補足しておくと、地球の気候に影響を与える自然的要因は、太陽活動だけではない。地磁気もまた、重要な要素なのだ。川井直人氏は、過去の気候変動と地磁気の強さとの関係を分析し、「地磁気は気候を制御する」[↑43]と主張している。地球の磁場が弱まれば、気候は寒冷化するというのだ。つまり、地磁気が作り出す電離層等によって――特に南北両極付近では――ある種の温室効果が生まれるのである。したがって、地磁気が衰弱すれば、磁気圏が衰弱量に応じて収縮することになり、その温室効果も減少し、地球は寒くなるというわけである。川井氏は、次のように述べている。

磁場が生きていて元気な時、地球のまわりには大気の外に水蒸気層、ＯＨ層、オゾン層、電離層、バン・アレン帯をふくむ磁気圏、プラズマ帯、宇宙塵層など、あたかも十二単衣を着ているかのようである。また、オーロラもあらわれ、美しい髪かざりになる。磁場が死ぬと、この着物は下着をのこしてはぎとられる。……ウルム氷期の気候が立ち直って暖かくなり、これに先だって先史時代から現代にいたるあいだに平均磁場強度は四〇パーセント以上も大きくなっている。[44]

すなわち、氷河時代は地球の磁場が衰弱していた時代で、現在の間氷期は、磁場強度が回復している時期だというわけである。だが、「磁場はこの五〇〇〇年間減少をつづけており、特に最近の一〇〇年から五パーセント以上も降下」[45]しているらしい。川井氏によると、「地磁気の変化は気候変化の前兆」[46]で、「磁場の劣化と気温低下は約一〇〇年強の差がある」[47]ということであるから――もし川井氏の所見が正しければ――これから先、地球の気温は低下してゆくことになろう。つまり、磁場は「最近の一〇〇年から五パーセント以上も降下」しているのだから、約一〇〇年経った現在あたりから、その影響がそろそろ出始めてもおかしくないのである。もちろん、地磁気だけで気候が決定されるとは限らないので、実際のところはよく分からない。ともあれ、川井氏は、以下のように述べている。

……総合すると地磁気の命令で気温が低下しつつあった時、火山と産業革命がそれを一時期はばみ、やや温暖な世界が本格的寒冷化の前に一時あらわれ、地球はカンフル注射を受けたのかもしれない。[48]

川井氏の見解では、地磁気活動から見れば地球は寒冷化に向かいつつあるが、火山の爆発と人為的な工業活動が水蒸気や二酸化炭素を大気中に大量に排出したため、それらの温室効果によって、地球は一時的な温暖期を迎えているということである。ただし——少なくとも百年程度のスケールで見た場合には——太陽の「黒点の多いときには地磁気の活動が盛ん」[†49]になっているという事実もあり、一概に「地磁気は気候を制御する」とも言えないかもしれない。つまり、地磁気の強さ自体が太陽活動によって規定されているのならば、気候変化の根本因は、やはり太陽活動だということになってしまうからである。だが、たとえそうであっても、地磁気という媒介要素が非常に重要であることには変わりない。シュナイダー氏の言う「学際的なアプローチ」の中に、地磁気の研究が全く出てこないのは、誠に不思議な話なのである。

何はともあれ、地球の気候は、人為的な活動だけではなく、多くの自然的要因からも強力な影響を受けていることだけは真実であろう。このことを無視して、人為的活動にばかり注目することは、非常に危うい態度なのではないだろうか。専門家諸氏の明快な教示をえたいものである。

●注

1 L. Roberts, "Global Warming : Blaming the Sun," *Science*, Vol. 246, November 24, 1989 (pp. 992-993), p. 992.

2 朝倉正「地球温暖化は太陽活動のせいか」『科学』第六〇巻三号、一九九〇年（一三一—一三二頁）、一三一頁。

3 Roberts, "Global Warming : Blaming the Sun," *ibid.*, p. 993.
4 朝倉「地球温暖化は太陽活動のせいか」『科学』前掲論文、一三二頁。
5 古沢広祐「文明の転換が必要だ!」『世界』一九九七年一二月号(七二一八一頁)、七二頁。
6 佐和隆光『地球温暖化を防ぐ—二〇世紀型経済システムの転換』岩波書店、一九九七年、四八頁。
7 松野太郎「温室効果ガスの増加による気候変化の推定」『科学』第五九巻九号、一九八九年(五八三~五九二頁)、五八六頁。
8 Roberts, "Global Warming : Blaming the Sun," *ibid.*, p. 993.
9 朝倉「地球温暖化は太陽活動のせいか」『科学』前掲論文、一三二頁。
10 スティーヴン・シュナイダー『地球温暖化で何が起こるか』田中正之訳、草思社、一九九八年、一五五頁。
11 スティーブン・H・シュナイダー『地球温暖化の時代—気候変化の予測と対策』内藤正明・福岡克也監訳、ダイヤモンド社、一九九〇年、二二七頁。
12 シュナイダー『地球温暖化の時代—気候変化の予測と対策』前掲訳書、九六頁。
13 環境庁地球環境部編『地球温暖化　日本はどうなる?』読売新聞社、一九九七年、一四頁。
14 宇沢弘文『地球温暖化を考える』岩波書店、一九九五年、四四頁。
15 和田武「大気の変化と地球温暖化」和田武・石井史『このままだと「二〇年後の大気」はこうなる』カタログハウス、一九九七年、八—九頁。
16 北野大監修/PHP研究所編『図解・地球環境にやさしくなれる本』〔新訂版〕PHP研究所、一九九八年、六四頁。
17 地球環境と大気汚染を考える全国市民会議(CASA)編『しのびよる地球温暖化』かもがわ出版、一九九六年、四頁。

18　地球環境と大気汚染を考える全国市民会議（CASA）編『温暖化を防ぐ快適生活』かもがわ出版、一九九八年、六頁。

19　渡辺耕一「地球温暖化をめぐる国際情勢とNGOの活動」『リサイクル文化』第五六号、一九九七年一〇月一五日（二〇―三一頁）、二〇頁。

20　環境庁企画調整局企画調整課調査企画室監修『地球温暖化対策と環境税』ぎょうせい、一九九七年、八〇頁。

21　シュナイダー『地球温暖化で何が起こるか』前掲訳書、一五五―一五六頁。

22　シュナイダー『地球温暖化の時代―気候変化の予測と対策』前掲訳書、一〇四頁。

23　根本順吉『超異常気象―三〇年の記録から』中央公論社、一九九四年、一四八頁。ただし、二酸化炭素濃度が横ばいなのではなく、その増加率が横ばいだということである。詳しくは、気象庁編『地球温暖化の実態と見通し―世界の第一線の科学者による最新の報告（IPCC第二次報告書）』大蔵省印刷局、一九九六年、一四頁、図1(b)（本書では図2-

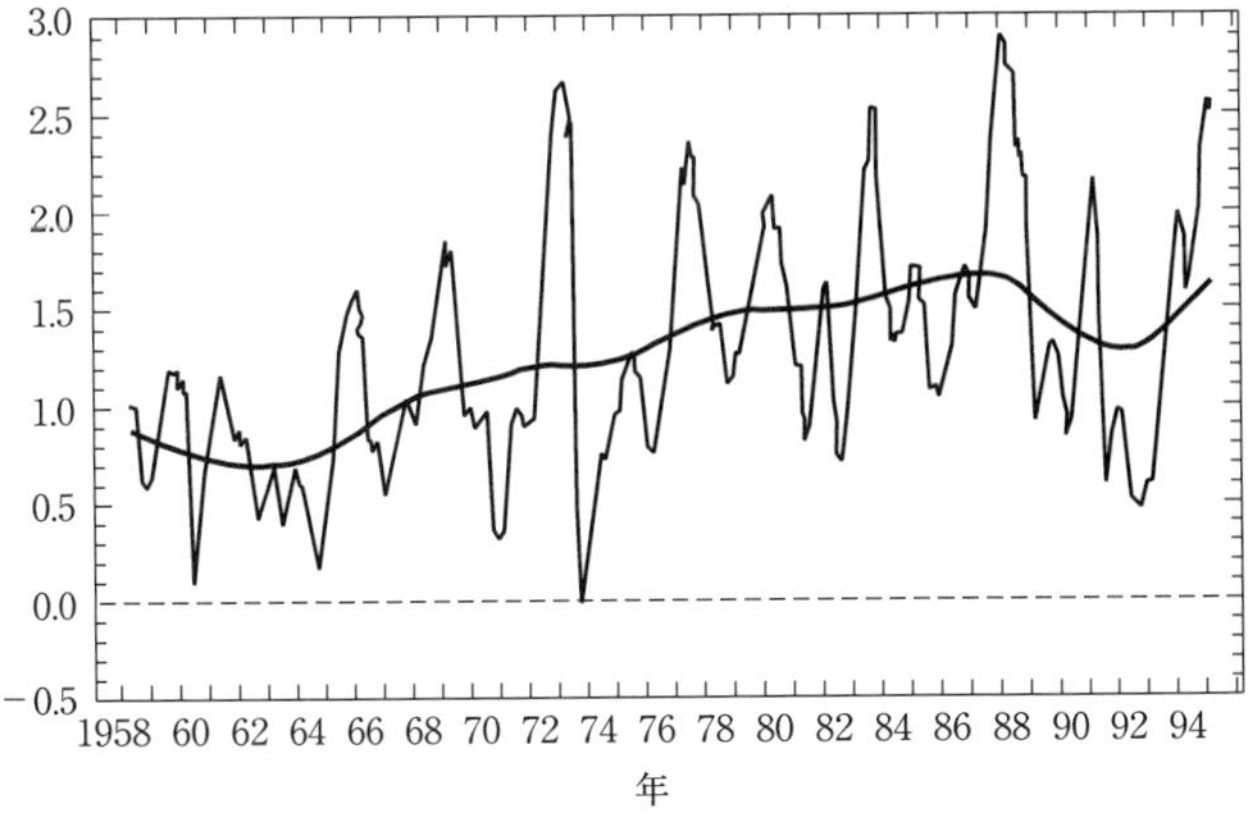

図2-13　CO_2濃度の増加率（ppmv／年）

出所：気象庁編『地球温暖化の実態と見通し』大蔵省印刷局、1996年、14頁。

13）を参照。

24　朝倉正・吉村宏和・嶋中雄二「太陽黒点世紀末の大爆発！」『週刊ダイヤモンド』一九八九年四月二九日／五月六日合併号（一四―二三頁）、一六頁。

25　朝倉・吉村・嶋中「太陽黒点世紀末の大爆発！」『週刊ダイヤモンド』前掲特集、一七頁。

26　根本順吉『熱くなる地球―温暖化が意味する異常気象の不安』ネスコ、一九八九年、九八頁。

27　朝日新聞、二〇〇一年三月三一日夕刊。

28　シュナイダー『地球温暖化で何が起こるか』前掲訳書、一二〇頁。シュナイダー氏は、この気温低下の原因を、ピナツボ火山の噴火（一九九一年）のせいだとしている。

29　シュナイダー『地球温暖化の時代―気候変化の予測と対策』前掲訳書、一三七―一三八頁。

30　シュナイダー『地球温暖化の時代―気候変化の予測と対策』前掲訳書、一三八頁。

31　その一方で、シュナイダー氏が太陽活動主因説に対して浴びせる批判は、次のようなものである。

……黒点がどのように地球の大気を動かすのかは知られていない。最近、太陽の黒点に一致した気候変動は、高緯度地方の風の向きに関係があるといわれているが、これもまだ物理的なメカニズムが何一つも明確にされていない。（『地球温暖化の時代―気候変化の予測と対策』前掲訳書、一〇六―一〇七頁）

シュナイダー氏は、「物理的なメカニズム」の未解明をあげつらうのであるが、「太陽の黒点に一致した気候変動」が実際に生じていることは否定できずにいるのである。また、マウンダー極小期と小氷期の時期的一致等、「太陽黒点に一致した気候変動」が実際に生じているのに、なぜ「物理的メカニズム」の未解明を理由にそれを容認しようとしないのであろうか。

32　西岡秀雄『日本人の源流をさぐる―民族移動をうながす気候変動』セントラル・プレス、一九八五年、二〇七頁。

33 シュナイダー『地球温暖化の時代―気候変化の予測と対策』前掲訳書、一一九頁。
34 坂田俊文『「太陽」を解読する』情報センター出版局、一九九一年、一七四頁。(段落は無視)
35 吉村宏和「変動する太陽I―振動する太陽磁場の起源」『科学』第四九巻九号、一九七九年(五五三―五六〇頁)、五五三頁。
36 坂田俊文『「太陽」を解読する』前掲書、三六頁。
37 吉村宏和「変動する太陽II―太陽活動の非線型多重周期磁気振動論」『科学』第四九巻一一号、一九七九年(七一六―七二五頁)、七二一―七二三頁。
38 桜井邦朋『太陽黒点が語る文明史―「小氷河期」と近代の成立』中央公論社、一九八七年、三〇頁。
39 桜井『太陽黒点が語る文明史―「小氷河期」と近代の成立』前掲書、三五頁。
40 桜井『太陽黒点が語る文明史―「小氷河期」と近代の成立』前掲書、五―六頁。
41 イギリスの天文学者、マウンダー(W. M. Maunder)。
42 桜井『太陽黒点が語る文明史―「小氷河期」と近代の成立』前掲書、二一―二三頁。
43 川井直人『地磁気の謎―地磁気は気候を制御する』講談社、一九七六年、二四八頁。
44 川井『地磁気の謎―地磁気は気候を制御する』前掲書、三四―三六頁。
45 川井『地磁気の謎―地磁気は気候を制御する』前掲書、五三頁。
46 川井『地磁気の謎―地磁気は気候を制御する』前掲書、二四六頁。
47 川井『地磁気の謎―地磁気は気候を制御する』前掲書、五三頁。
48 川井『地磁気の謎―地磁気は気候を制御する』前掲書、五五頁。
49 『世界大百科事典 20』平凡社、一九八一年、一〇〇頁。

10 二酸化炭素が地球温暖化の主因なのか——温室効果の限度

人為的な地球温暖化問題の中心的な議論は、二酸化炭素（CO_2＝炭酸ガス）をめぐって展開されている。つまり、産業活動によって人為的に排出される二酸化炭素が、「地球を熱くしている主犯[†1]」であり、「CO_2排出こそが、地球温暖化という二十一世紀の危機の源泉である[†2]」という認識が、市巷に共有されていると言えよう。たとえば、佐和隆光氏は「地球温暖化の元凶である二酸化炭素（CO_2）[†3]」と述べているし、宇沢弘文氏は、以下のように明言しているのである。

……微妙な大気の構成がいま人類の活動によって、崩されつつあります。それは、産業革命を契機として、大量の化石燃料の消費によって大気中の二酸化炭素の濃度が年々異常な率でふえているからです[†4]。

また、温暖化問題を論じた書物の目次をざっと眺めただけでも、次のような項目が数多く目に飛び込んでくる。

「楽して二酸化炭素を減らす方法[†5]」
「楽しみながら二酸化炭素を減らす[†6]」
「二酸化炭素（CO_2）対策[†7]」

「CO_2は削減できるか」[8]
「CO_2排出削減のための政策」[9]
「家庭のCO_2の排出量を調べてみよう」[10]
「二酸化炭素の規制と『ノートバイク』宣言」[11]
「二酸化炭素削減の目標」[12]
「二酸化炭素の排出を抑える」[13]
「CO_2—どうすれば減らせるか」[14]
「生協の二酸化炭素削減に関する取り組み」[15]

さらに、二酸化炭素に世間の注目が集まるあまり、「地表の平均気温が摂氏一五度なのに対し、もしCO_2の温暖化効果がなければ、平均気温はマイナス一八度にまで低下すると推測されている」[16]だとか、「二酸化炭素が完全になくなってしまえば、地球の平均気温は摂氏三三度下がる計算になり」[17]といった、科学的に暴走した記述が、権威ある岩波新書に登場する次第なのである。地球にはH_2O(=水・水蒸気)も多量に存在するし、そもそも重力が大気を捉えている限り、たとえ二酸化炭素の大気中濃度がゼロになろうとも、平均気温がマイナス一八度にまで低下することなど絶対にありえない。これは、あまりにも当然過ぎるほど当然の事実である。

ともあれ、人為的地球温暖化の議論は、二酸化炭素を中心に展開されているのである。田中正之氏もまた、「地球温暖化の対策としては、当然のこととして、大気中に二酸化炭素を出さないようにするということがあげられます」[18]と述べている。しかし、これはそれほど「当然のこと」なのだろうか。本当に二酸化炭素が地球温暖化の「元凶」なのだろうか。なぜこんな疑問を投げかけるのかと言うと、過去の現実の地球史を見れば、二酸化炭素の増加が必ずしも温暖化をもたらしていないことが指摘されているからである。二酸化炭素濃度の増加が実際にどのような影響を与えてきたのかについて、過去の地球史に照らした考察を三つ紹介しよう。

炭酸ガスの増加が地球の温暖化に結びつくのではないかということが、今日、一般に広く信じられている。だが、大気中の炭酸ガス濃度が二倍になったと確実な記録に残っている唯一の例は、人為活動によるものではなく、地球の温暖化とも結びつかなかった。それは約一万一〇〇〇年前に大きな温暖期を迎えた直後の炭酸ガス増加現象だ。その当時、炭酸ガスが増加したからといって、そのためにさらに温暖化が進んだことはなかった。[19]

……ここではっきりしておかなければならないのは、現在の大気中の二酸化炭素の濃度が二倍から三倍になったとしても、さほど大きな問題にはなりえないということだ。地球史の中で、二酸化炭素濃度はいまとは比較にならないほど激しく変化してきた。にもかかわらず、地球の温度は生物が生存可能な範囲で維持され、地球上に生物が絶えることはなかった。[20]

炭酸ガスの増加による昇温の影響は、自然の気候変動と比べれば大して重要なものとはならない

だろう。というのは、地質時代を振り返ると、炭酸ガスの濃度が高くても、寒冷な気候、氷期さえも現れているからだ。[†21]

過去の現実の地球史を振り返れば、二酸化炭素濃度の増加が必ずしも温暖化を引き起こしてはこなかったのである。この指摘を乗り越えずして、二酸化炭素「元凶」説を正当化することはできない。物事は、事実に即して考えるべきであろう。そして、事実が示すところによると、二酸化炭素濃度の増大が地球の温暖化を引き起こすという命題には、反例が存在することになるのである。

たしかに、二酸化炭素は温室効果ガスであるに違いない。だが、その温室効果は無際限に働くわけではないのである。二酸化炭素の温室効果には、かなり限られた枠がある。ここで、念のため温室効果の理屈をおさらいしておこう。

地球に入ってくる太陽放射は幅広い波長域を持つ電磁波であるが、エネルギーの大部分は約〇・四μm～約〇・八μmの可視光線領域に集中している。この波長域は、大気中の二酸化炭素や水蒸気にあまり吸収されることなく地表面に到達する。とは言え、雲や地表によって反射されたり、大気による散乱や吸収によって、大気圏外まで到達した太陽放射のエネルギーのうち、地表に吸収されるのは約半分である。一方、太陽放射を受けて暖められた地表面からは、大気へ向けて赤外放射（放熱）が行われている。一般に、地球放射と呼ばれるものだ。その放射エネルギーの大部分は――地表付近の常温では――波長約五μm～約一〇〇μmの範囲にある。その中で、単位波数（＝波長の逆数）当たりの放射エネルギーが最大になる領域は、波長約一〇μm〜約一三μmのところである。赤外線が地表面から大気に放射されると、二酸化炭素や水蒸気などの温室効果ガスが、それを捉えて吸収する。具体例で言うと――隙間の空いた串刺し団子三兄弟のような――CO_2分子に波長一五μmの赤外線が当たると――波長が合えばタイミングよく揺すられるので――中心原子Cが蝶番のようになって変角振動をするため、その運動エネルギーとして効率よく赤外線のエネルギーを吸収できるのである。温室効果の概略を示すと、ざっと以上のようになる。

ただし、温室効果ガスは、地表から放射される赤外線の全てを吸収できるわけではない。各温室効果ガスが捉える（トラップする）ことのできる波長領域は、かなり限定されている。たとえば、二酸化炭素の吸収帯は約一二μm〜約一八μmの範囲に過ぎない。[†22] 逆に言えば、大気中の二酸化炭素濃度が二倍になろうとも三倍になろうとも、約一二μm未満および約一八μmを超える波長帯の赤外放射は捉えることができないということである。このことは、他の温室効果ガスに関しても同様である。水蒸気の吸収帯は約八μmまでと約一六μm以上であって、その間の波長帯にある赤外線は捉えることができない。その結果、温室効果ガス（や雲）が捉えることのできなかった赤外線は、宇宙へと戻っていくことになる。ともあれ、問題は、二酸化炭素が吸収できる波長帯の中で、未だ二酸化炭素が捉えきっていない赤外線の量はどの程度なのかという点である。簡単な例でたとえよう。小学生（＝赤外線）が一〇〇人いるのに、教科書（＝二酸化炭素）が八〇人分しかなければ、教科書の増産

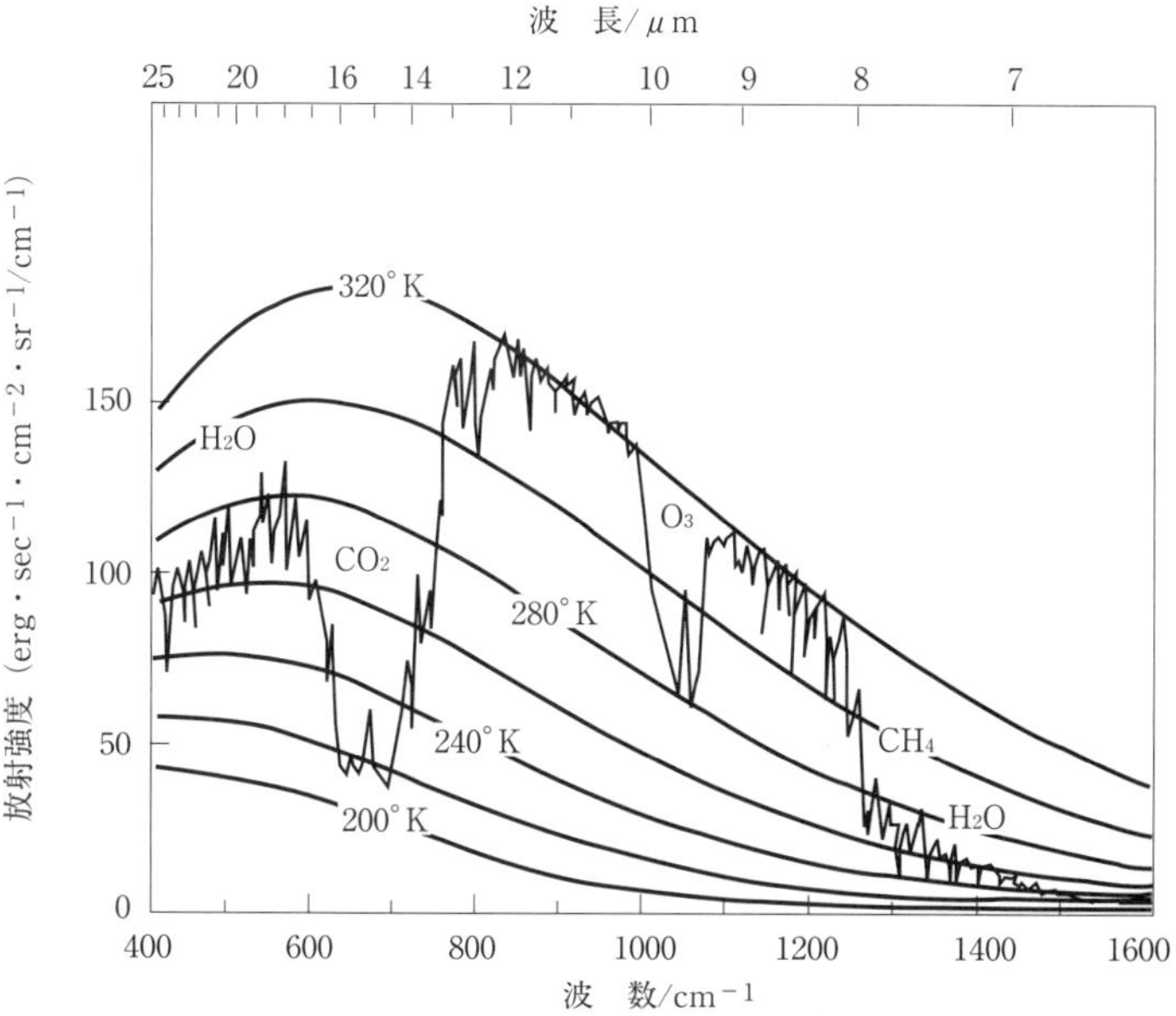

図2−14　人工衛星ニンバス4号より宇宙からみた地球放射のスペクトル。夏の真昼にサハラ砂漠上空で測定。なめらかな曲線は各温度での黒体放射。砂漠の表面温度は約320°K（47℃）と推定される。

注：サハラ砂漠上空から観測するのは、そこが乾燥地帯で雲が少なく、地表面を直接視界に入れることができるからである。ただし、その分だけ、雲（H_2O）による赤外放射吸収はほとんど含まれていない。地球全体で平均すれば、H_2Oによる吸収は、砂漠地帯（＝雲もなく空気も乾燥）よりもずっと強いはずである。

出所：和田武『地球環境論—人間と自然との新しい関係』創元社、1990年、67頁。

（＝二酸化炭素の濃度増大）が、教育効果の向上（＝温度上昇）につながるかもしれない。だが、当然のことながら、教科書の増産による教育効果には限度がある。一〇〇人分を超えて生産しても、ほとんど意味がないのである。不足分だけ埋めればよいのであって、二倍増刷しようが三倍増刷しようが、余剰在庫が溜まるだけなのだ。同じように、二酸化炭素濃度の増大による温室効果にも、限度がある。約一二μm〜約一八μmの範囲にある赤外放射を全てトラップするだけの二酸化炭素があれば充分なのであって、それ以上増えてもあまり意味がないのである。では、この波長帯に、未だ二酸化炭素によって捕まえられていない赤外線がどの程度残っているのだろうか。

結論から先に述べると、大気中の二酸化炭素濃度は、もうすでに充分であるように思える。もし仮に今以上の温室効果が将来もたらされることがあるとしても、それは二酸化炭素以外の気体を主因とするのではないだろうか。実際、松野太郎氏は、メタンやＣＦＣ等の温室効果を論じる根拠として、「CO_2のように多量にないため吸収率が飽和していない」[†23]ことをあげているのである。逆に言えば、二酸化炭素はすでに多量にあり、その吸収率もすでに飽和しているということであろう。すなわち、今さら二酸化炭素濃度がさらに増加したところで、それによる温室効果の増進は大したものにはならないということなのである。これと同様の見解は、かなり以前から示されていた。Ｆ・ホイル氏は、すでに一九八〇年代の初めから、次のように述べていたのである。

> 二酸化炭素のわなの効率は大気中の二酸化炭素の量とはあまり関係がない。最近の環境保護論者

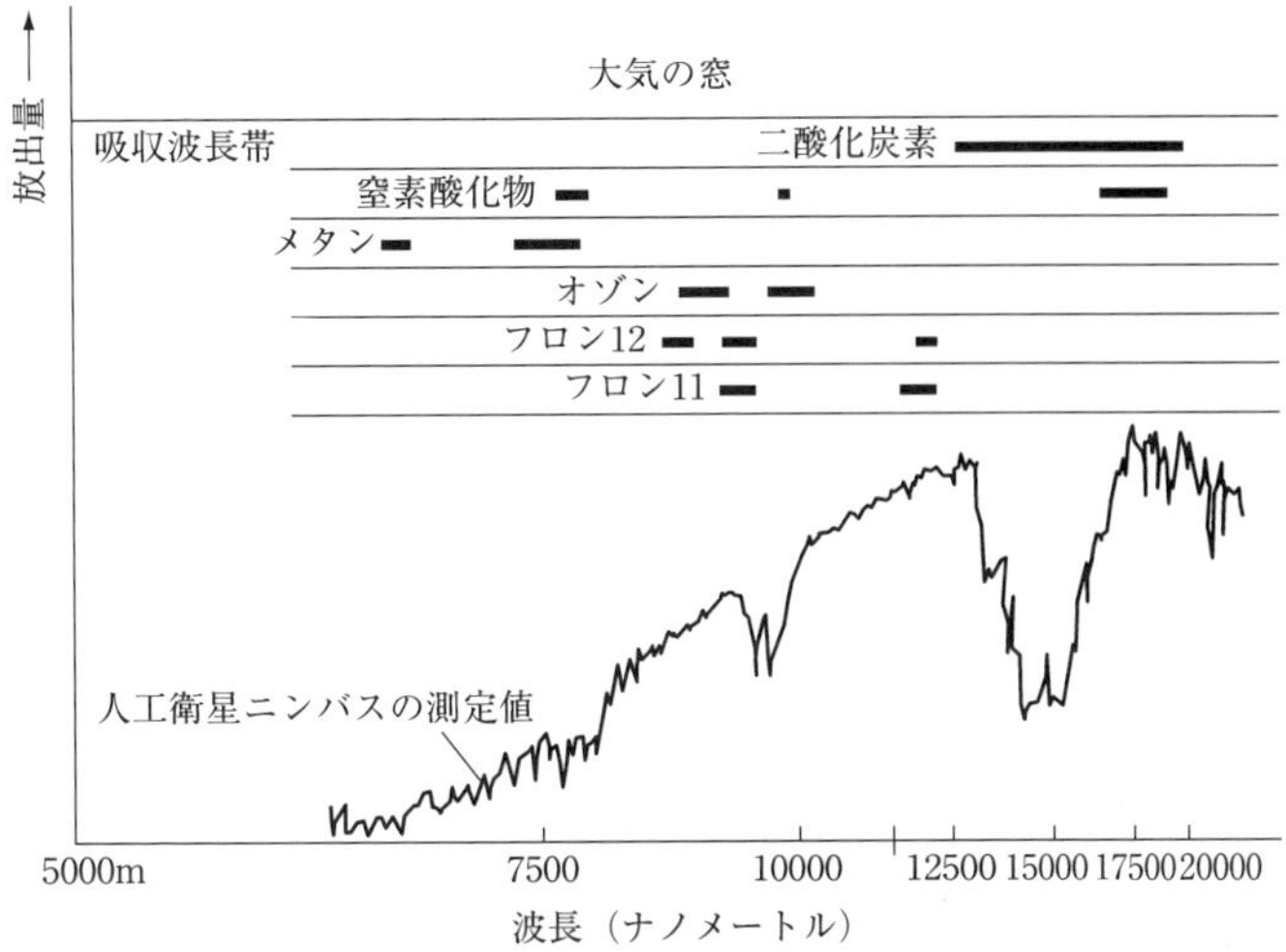

図2–15　UNEP 作成の温室効果の説明図

注：米本氏は、この図の出典をUNEP；the greenhouse gases, 1987としているが、詳しくはその12頁のfigure 4であろうと思われる。私が入手したのはマイクロフィルムから印刷したもので、図が不鮮明でよく分からないため、米本氏の図を転載している。
出所：米本昌平『地球環境問題とは何か』岩波書店、1994年、104頁。

たちが唱えている説とは違っているが、その量が五倍になってもわなにほとんど変化はない。[†24]

この説明は科学的にも理解しやすい。大気中に二酸化炭素がいくら多量にあろうとも、地表から——一二μm〜一八μmあたりに——放射される量を超える赤外線を捉えることなどできないのである。おそらく、現状でも二酸化炭素の吸収線中心付近ではすでに完全な不透明状態であろう。となると、たとえ「その量が五倍になっても」トラップする赤外放射の量に「ほとんど変化はない」というのは、非常に理解しやすい。すでに人手が余っている工場において従業員数を二倍にしても、増産効果がないのと同じである。なお、米本昌平氏もまた、同様の指摘を行っている。少し長い引用になるが、重要な事柄なので紹介しておこう。

ところで、アメリカが慣用した科学的な説明図の中で、EC諸国は決して引用しなかったものがある。その原図は、UNEPが編集した地球環境シリーズ……の『温室効果ガス』（八七年）に掲載されているものである（図2‐15）。地球は太陽からの熱（輻射熱）を受け、赤外線として宇宙に熱を捨ててバランスをとっている。黒体輻射の理論でみると、地球はほぼ絶対温度二八五度の物体として振る舞っている。実線は人工衛星ニンバスが観測した地球からの実際の放出量であり、よく見ると、二酸化炭素と対流圏オゾンによって吸収される波長は宇宙空間に放出される量ががくんと下がっている。この結果からも、二酸化炭素による温室効果が本当に働いていることがわかる。これを見ると、すでに大気中の二酸化炭素の吸収で、この部分の波長によって熱が捨てられる余地は小さく、逆にここに少々二酸化炭素がつけ加わっても影響は小さいように見える。[†25]

米本氏は――この事実を勘案すれば――「アメリカの政策に理があるようにみえてくる[†26]」と述べている。おそらく、どう考えても理があるだろう。別にアメリカ政府の肩を持ちたいわけではない。素直に考えて、そう思うのだ。本節で問題にしているのは科学的な事柄であって、政策的な問題ではない。そもそも、学問は真理の探究を志すものであって、政策のための手段ではないのである。いずれにせよ、アメリカ政府の主張であれ誰の主張であれ、「少々二酸化炭素がつけ加わっても影響は小さいように見える」ことには変わりない。いや、少々どころか、この図を見ると――ホイル氏の言うとおり――「その量が五倍になっても」大した影響はないと思われるのである。

なるほど、これに対する素朴な疑問も生じよう。というのは、米本氏が示した図を見ると、たとえ二酸化炭素の吸収帯（波長一五 μm付近）であっても、赤外線の放出量がゼロにまでなっていないからである。となると、まだ二酸化炭素が赤外放射をトラップする余地が少しは残っているようにも見えるだろう。だが、地球大気の温度が絶対零度（＝マイナス二七三・一五℃）ではない以上、大気もまた温度に応じた熱放射を行っているので、当然、人工衛星によって外から観測される赤外放射量がゼロになることはない。[†27] たとえマイナス数十℃以下の上層大気であっても、波長一五 μm付近の赤外線を――その温度に応じた量だけ――放出するのである。だから、米本氏の示した図を見て、まだ二酸化炭素による捉え残しがあると判断するのは非常に早計だと言えよう。むしろ、ほとんどないかゼロに近いと考える方が妥当だと思われる。あるいは、たとえそこまで考えなくても、「すでに大気中の二酸化炭素の吸収で、この部分の波長によって熱が捨てられる余地は小さ」いのであれば、二酸化炭素が今さら「少々」増えようが「五倍に」なろうが、同じことであろう。あと少しで満杯になるのなら、五倍になっても同じことであって、アメリカ政府の主張どおり、今後のCO_2増による「影響は小さい」のである。なお――右でも指摘したとおり――温室効果ガスが捉えた赤外線は、全てが地表方向に向けて再放射されるわけではない。その一部は、宇宙に向けても再放射されているのである。したがって、仮に地表からの赤外放射を一〇〇％温室効果ガスがトラップしたところで、宇宙にその熱が全く逃げないということにはならないということも忘れてはならない。

衆知のとおり、アメリカ政府は、地球温暖化防止京都会議（ＣＯＰ３＝第三回条約締約国会議）においても、二酸化炭素よりも代替フロン類[†28]の方をむしろ制限すべきだと主張した。日本やＥＵは、この主張に科学的な反論を加えることができなかったようである。その経緯は、次のように報告されている。

対象ガスに関して日本やＥＵは、「CO_2よりずっと温室効果の高い代替フロン類を制限しないのはおかしい」という正論に、正面から反論できなかった。結局……日本もＥＵも、対象ガスを六種類に拡大する方針を受け入れた。ただし、条件として、削減基準年を他の三種類のガスとは別に、一九九五年にしてもいい、という選択肢を作った。[†29]

二酸化炭素が「元凶」なのではないというアメリカ政府の主張が、「正論」だと言われているのである。それに対して——「正面から反論できなかった」にもかかわらず——日本やＥＵは、ハイドロフルオロカーボン（ＨＦＣ）、パーフルオロカーボン（ＰＦＣ）および六フッ化硫黄（SF_6）を規制対象ガスに含めることに反対した。なぜ「正論」に反対する必要があったのだろうか。この点に大いに疑問が感じられるが、ともかく、京都会議では規制対象ガスを六種類（CO_2・CH_4・N_2O・ＨＦ

C・PFC・SF6）とすることで決着した。率直に言えば、アメリカ政府の主張の妥当性が認められたことになろう。逆に言えば、二酸化炭素「元凶」説が論破されたということである。

にもかかわらず、人為的な地球温暖化問題の中心的な議論が二酸化炭素をめぐって展開されているという状況は、あまり変わっていない。実際、日本では、京都会議以後も「対応の大部分は二酸化炭素ということになる」[†30]とされている。だからこそ、炭素税なる代物が浮かび上がってきたのである。西暦二〇〇〇年前後において、EU諸国や日本では、温暖化対策の柱の一つとして、二酸化炭素の排出を規制するために「炭素税」の導入や検討が行われてきている。これは、「二酸化炭素の排出に対して、そのなかに含まれている炭素の量に応じて、一トンいくらというかたちで炭素税として徴収しようとする」[†31]ものであるから、あくまでも二酸化炭素を狙い撃ちにした政策である。なるほど、もし本当に二酸化炭素が「元凶」であるならば、それを狙い撃ちするのが最も効果的であろう。しかし、二酸化炭素が「元凶」ではないからこそ、京都会議においても、日本やEUはアメリカ政府の主張に反論できなかったのではないだろうか。常識的に考えれば、二酸化炭素だけの影響など、そんなに大したものではないように思われるのである。

では、なぜこれほどまでに二酸化炭素ばかりが注目されるのであろうか。京都会議においてアメリカの「正論に、正面から反論できなかった」にもかかわらず、なぜ日本では新たな炭素税負担が提唱されているのであろうか。炭素税の唱道者たちは、国民から血税を徴収すると言う以上、それなりの科学的根拠を明らかにしなければならない。そうでなければ、最低かつ最悪の無責任であろう。新税の導入が提唱される一方で、原子力発電所の増設や大堤防の建設等の温暖化対策を行うという方針が示されているという現実がある以上、われわれ一般市民からすれば、CO_2元凶論者たちにその責任を負うだけの覚悟と証拠を明確にして欲しいと思うのである。

ともあれ、温暖化問題に関心を持っている人は別であろうが、普通の一般市民の中には、二酸化炭素の温室効果だけを知っていて、パーフルオロカーボンやハイドロフルオロカーボンと言われてもピンとこない人もいるに違いない。なぜ二酸化炭素濃度ばかりがこれほど問題にされるのであろうか。その理由の一つは、おそらくコンピュータ・モデルにあると思われる。温暖化予測を行う気候のコンピュータ・モデルには、個々別々の温室効果ガスの影響を一つ一つ計算するのに、必ずしも充分な能力がなかったのである。この点について、松野太郎氏は次のように指摘している。

> ……温暖化を考える際にはCO_2以外の温室効果気体も同時に考慮せねばならない。しかし……気候モデルの実験などで、多数の気体をそれぞれに扱うのは煩雑であるから、それらの効果をCO_2の増加で置き換えられると仮定し、全部を一緒にしてCO_2濃度の増加で表現することが行なわれている。[†32]

つまり、コンピュータ・モデルの都合によって、全ての温室効果ガスが二酸化炭素に換算されていたというわけである。もちろん、二酸化炭素に一元換算する方がよいという科学的根拠など、どこにもないに違いない。それでも、等価二酸化炭素換算がしばしば行われることによって、結果的に二酸化炭素ばかりが有名になったのではないだろうか。言わば、コンピュータ予想の都合によって、二酸化炭素が注目を集める契機が生まれたのである。

ここでまた、疑問が一つ生じる。それは、コンピュータ・シミュレーションによる予想が、どのような前提条件の下で行われているのかという点である。全気体の「効果をCO_2の増加で置き換えられると仮定」するということは、CO_2を、この世にありもしない究極の温室効果ガスのごとく置き換えていることにはならないのだろうか。なぜこんな疑問を持つのかと言うと、大気中の二酸化炭素濃度が高まれば温室効果が強まるというプログラムを組んでコンピュータを走らせれば、当然のことながら、二酸化炭素濃度の増加が気温上昇もたらすという予想が出てくるに決まっているからである。たとえば、大気中の二酸化炭素増加率の平方根に比例して赤外放射の吸収量が増えるという前提でモデル実験を行うのであれば、出てくる予測値もまた、その前提に基づくものにならざるをえない。風が吹けば桶屋が儲かるという前提で予測を立てれば、風が吹いたなら桶屋が儲かるはずだという予測値が出るのと同じである。別に冗談を言っているのではない。現に、柳沢幸雄氏は、『CO_2ダブル――地球温暖化の恐怖』という著書の中で、次のような学説を展開しているのである。

二酸化炭素が温室効果を持つことは一九世紀にはすでに知られていたが、二酸化炭素濃度の増加が地球の問題として認識されるようになったのは、二〇世紀も後半の一九八八年である。「風が吹けば桶屋が儲かる」という言い方があるが、風が吹けばなぜ桶屋が儲かるのか、それを説明するには何段階もの原因と結果のステップを踏まなければならない。ちなみにそのステップとは、風─砂埃─失明─三味線─猫─ネズミ─風呂桶の六ステップである。これと同じように、あるいはそれ以上に複雑なステップが、気候変動の説明には必要である。[†33]

要するに、「風が吹けば桶屋が儲かる」ということを前提として、その理由を後から考えるのと同様、「二酸化炭素濃度が増えれば気温が上がる」ということを前提として、後からその複雑なステップなるものを考えようというわけである。このような条件設定でコンピュータ予想をすれば、出てくる予測結果は初めから明らかであろう。しかし、二酸化炭素自体が発熱源として地球を暖めるわけではないのだから、それが増えれば増えるほど気温が上がるという前提――気温はCO_2濃度の対数にほぼ比例して一貫上昇する等々――には、非常に疑問が残る。二酸化炭素の温室効果には、それに固有の範囲と限度があると思われるからである。

実際、コンピュータ・シミュレーションによる昇温予想に対しては、異義を唱えている学者も存在する。その一人は、「アリゾナ、フェニックスのアメリカ水資源研究所のシャーウッド・イドソ」[†34]氏であった。イドソ氏は、「コンピュータの抽象的な数字より、現実の世界における実際の測定」[†35]に基づく研究方法をとっていた。すなわち、「気温や放射エネルギーの直接測定によって、気温がいかに炭酸ガス温室に反応するかを示す『反応機能』を計算」[†36]しようとしたのである。この「現実の世界における現実の測定」から導き出された結果に照らして、イドソ氏は、二酸化炭素濃度が倍増すれば全球平均気温が二℃も上昇するという定説に異論を唱えた。その異論の要旨は、以下のように紹介されている。

……すべての気象予測者は同じ誤りを犯しており、「二度Cのコンセンサス」は実際の約一〇倍もの数値である、というものだ。イドソによれば、大気炭酸ガス濃度の倍増による気温の上昇は、せいぜい〇・二五度C程度にすぎないという。[↑37]

もちろん、イドソ氏の測定結果がどの程度精確なのかは議論があるだろう。だが、「現実の世界における実際の測定」に基づく研究成果が、コンピュータ予想とは異なる結論に到達したことだけは否定できない。通常の科学常識に立てば、コンピュータ予想と実地観測の結果が異なっていた場合、実地観測の方を信頼するのが普通ではないだろうか。まさか、正しいのはコンピュータ予想の方であって、間違っているのは実際の出来事の方だなどと言うのは本末転倒だと思われるのである。

なお、二酸化炭素ばかりが注目される原因は、コンピュータ予想の都合だけではない。さらに非科学的な理由が、その背後には存在するようである。たとえば、江澤誠氏は、次のような現状を指摘している。

……CO^{2}に注目が集まっているきわめて重要な理由は、〈排出枠取引〉という市場の「商品」としての適正《ママ》があり、「上場」が容易だからである。……アメリカの店頭市場ですでに行われている温室効果ガスの〈排出枠取引〉はCO_2が先行していることからもわかるように、CO_2は温室効果ガスのなかでその豊富な量と偏在性のないことから、〈排出権取引〉の上場商品としての適格性を最も有しているのである。CO_2の排出枠は〈排出枠取引〉市場に「上場」されることによって、市場主義国家に計りしれない富をもたらす「金の卵」となり得るのである。[†38]

二酸化炭素に世間の注目が集まれば集まるほど、その商品価値は高まる。逆に言えば、二酸化炭素に注目する人々こそが、排出枠取引市場の応援団なのである。この応援団に支えられて、CO_2取引業者は「金の卵」を手に入れる。何もそのことを非難しているのではない。もし二酸化炭素が温暖化の「元凶」であるならば、排出権取引市場の成立は、人類救済計画に大いなる貢献をするだろうからである。しかし、もし二酸化炭素が元凶でないのなら、われわれは皆目見当外れの方向へ向かっていることになろう。

ところで、昨今の地球温暖化議論では、もっぱら「水蒸気を除いた[†39]」温室効果ガスが問題にされていることを忘れてはならない。換言すれば、水蒸気はほとんど話題にされていないということである。たとえば、佐和隆光氏は「温室効果ガスの九〇%を占める二酸化炭素[†40]」と述べ、和田武氏は「温室効果気体のなかで大気中に最も多く存在し、気温に最も大きな影響を与えているのが二酸化炭素です[†41]」と述べている。しかし、それはあくまでも「水蒸気を除いた」場合の話に過ぎない。佐和氏や和田氏のような書き方では、まるで二酸化炭素が全温室効果ガスの中で最大の影響力があるかのように読めてしまう。だが、実際には「大気中の温室効果ガスとしてもっとも重要なのは水蒸気」なのであって、温室効果による「温度上昇の八〇～九〇パーセントは水蒸気によるもの」だとさえ言われているのである。[†42]シュナイダー氏もまた、次のように明言している。

最も重要な温室効果ガスは水蒸気である。水蒸気は、微量ガスのなかで最も量が多く、地球放射の赤外スペクトルの大部分を吸収するからだ。二酸化炭素は、もう一つの主要な温室効果ガスである。水蒸気にくらべると赤外放射を吸収して再放射する度合いはかなり（considerably）低いが、二酸化炭素が強い関心の的になっているのは、人間の活動によってその濃度が増えているからだ。[†43]

つまり、第一の温室効果ガスは水蒸気[†44]なのであるが、気候変動の人為的側面にだけ注目するならば、二酸化炭素の方が重要になるということである。すなわち、気候変動の主因が人為的活動であるという大前提に立つことによって初めて、二酸化炭素の注目度が高まるということなのである。しかし、そのような大前提は、本当に成り立つのであろうか。気候変動のあらゆる自然的要因を押しのけてまで、水蒸気よりずっと効果の小さい温室効果ガスに過ぎない二酸化炭素が、それほどの重要性を持つのであろうか。この点に、大きな疑問が残る。なぜなら、二酸化炭素が「強い関心の的になっている」理由そのものが、それが気候に与える影響の甚大性によるのではなく、「人間の活動によってその濃度が増えているから」に過ぎないからである。これではほとんど同語反復であって、二酸化炭素の重要性を示す根拠にはなっていないと言えよう。

温室効果による実際の「温度上昇の八〇～九〇パーセントは水蒸気によるもの」であるならば、効果の小さな二酸化炭素の濃度が数百ｐｐｍぐらい増えようとも、温暖化論者たちが懸念しているほど大きな影響はないのではないかと考えることもできるだろう。念のために数字を確認しておくと、大気中の二酸化炭素濃度が三〇〇ｐｐｍから六〇〇ｐｐｍにまで増えるということは、投票総数一万票の選挙において、これまで三票しか入らなかった候補者が、得票数を六票に倍増したというのと同じ計算である。もちろん、この点に関しては異論も存在する。つまり、二酸化炭素そのものは量も少なく、赤外線吸収度も小さい温室効果ガスであるが、それの増加は、直接の温室効果だけではなく「水蒸気によるフィードバック」[†45]効果をもたらすというわけである。これに関して、田中正之氏は次のように述べている。

二酸化炭素の増加によって気温が上昇すると、それにともなっていろいろな変化が生じ、それがまた気温にはねかえってくるという現象（フィードバック効果）が見られる……。たとえば、温室効果によって気温が上昇すると、水の飽和蒸気圧が増して、大気中の水蒸気量も増加します。水蒸気は、赤外線を強く吸収する性質があり、地球大気の温室効果の主役を演じている気体成分ですから、その増加によって大気の温室効果は一層強まり、気温はさらに上昇します。このように、はじめの変化が一層助長される場合を正のフィードバック効果といいます。[†46]

二酸化炭素自体は脇役に過ぎなくても、その増加が「主役」たる水蒸気量の増加をもたらし、結果的に温暖化を助長するということである。なるほど、そのような理屈も成り立つかもしれない。しかし、ごく常識的に考えれば、別の理屈も成り立つ。すなわち、地表気温が上がれば対流が盛んになり、水蒸気の濃度は減るのではないかとも考えられるであろう。もちろん、これも仮説に過ぎない。大切なことは、机上の仮説より、実際の出来事である。その実際の出来事について、環境庁が明示している見解は、次のとおりなのである。

……地表面からの赤外放射の吸収量が最も大きいのは水蒸気であるが、通常水蒸気については「温室効果ガス」としてはあまり話題にされず、二酸化炭素以下のトレースガスについて、地球温暖化への寄与が問題にされることが多い。その理由は……二酸化炭素以下のトレースガスについては近年、地球のバックグランド大気中での濃度増加が著しく、地球温暖化に直結することが恐れられているのに対し、水蒸気については現在直接には濃度増加がみられていないためである。[47]

要するに、二酸化炭素濃度が著しく増加しているにもかかわらず、水蒸気濃度は増加していないのである。すなわち、現実に即して判断するならば、水蒸気による正のフィードバック効果など――コンピュータの予想がどうであれ――実際には働いていないということになろう。産業革命期から二酸化炭素濃度の増加が開始したと言われ、「大気中の二酸化炭素濃度が年々異常な率でふえている」らしいが、水蒸気によるフィードバックの方は、未だに起きていないのである。

温暖化論者のコンピュータ予測は、どれもこのフィードバック効果を前提として将来の気温を予測している。つまり、相対湿度を固定し、気温上昇分だけ大気中の水蒸気量も増えると仮定した上で、将来の予想を行っているのである。具体的には、「このフィードバック効果により、昇温が一・八倍にも拡大[48]」すると言われている。逆から考えれば、もし水蒸気によるフィードバックが働かなければ、将来の昇温の予測値もまた、かなり低くならざるをえないことになろう。事実、このフィードバックの作用は、かなり疑わしいのではないかと思われる。なぜなら、「実際には、二酸化炭素濃度が増えて温暖化した場合に、本当に大気の相対湿度が一定に保たれるのかどうかは、必ずしも明らかではありません[49]」と言われていることに加えて、「水蒸気については現在直接には濃度増加がみられていない」という事実も指摘されているからである。このように考えれば、どうも二酸化炭素元凶説には――水蒸気によるフィードバック効果をも含めて――現実的な証拠が極めて乏しいように思われる。

なお、二酸化炭素「元凶」説は、日本政府にとっても受け入れやすい見解であると言えよう。なぜなら、二酸化炭素を出さないという理由で、原子力発電が正当化されるからである。たとえば、一九九〇年一〇月に閣議決定された「地球温暖化防止行動計画」には、すでに次のように記されていたのである。

二酸化炭素を排出しないエネルギーとして、安全性の確保を前提に原子力の開発利用を推進する[50]。

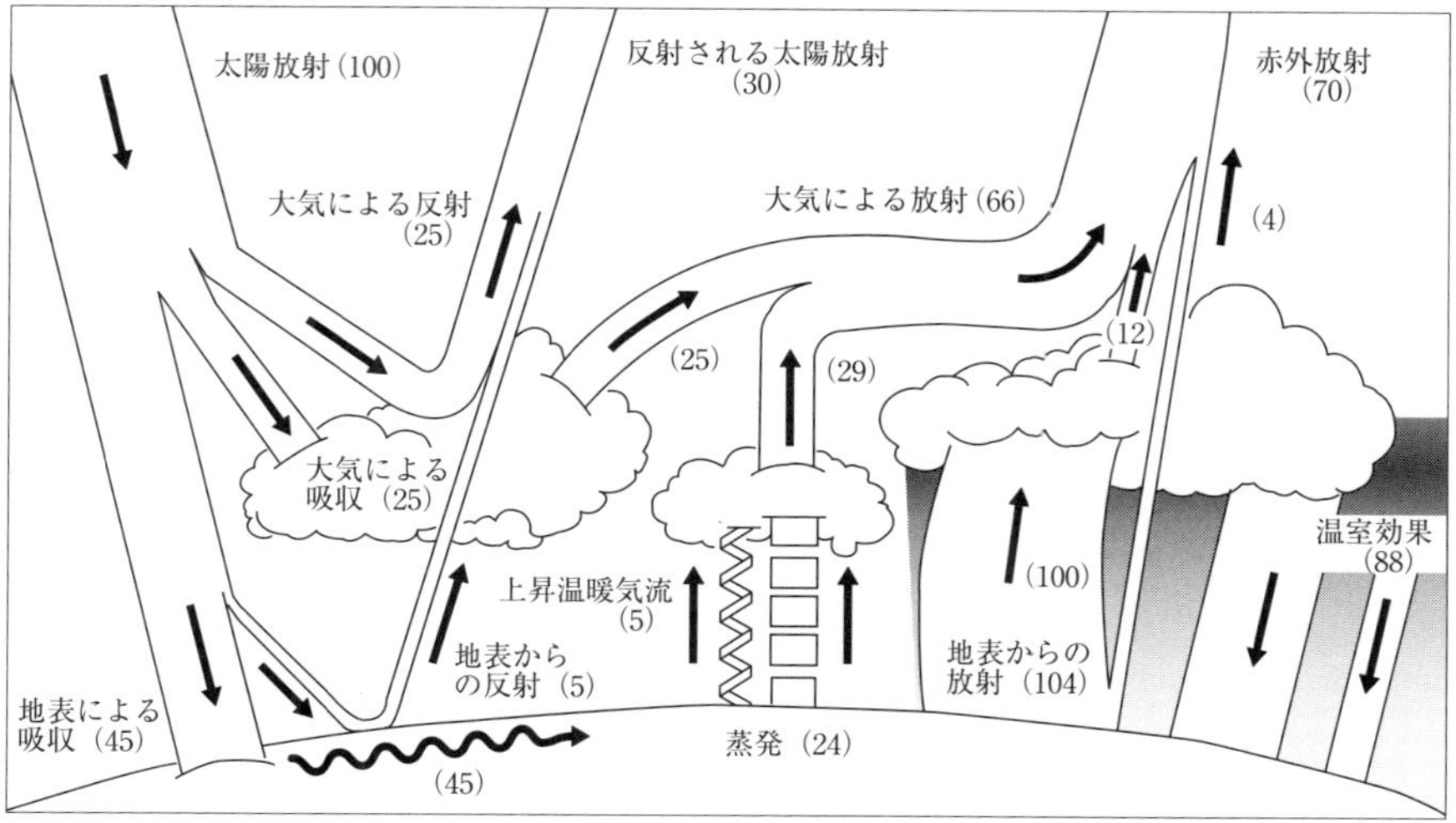

図2−16　地球のエネルギーバランス

注：温室効果をコントロールする地球の放射エネルギーのバランスは、この図のように示される。かっこ内の数字は、大気上層の平均太陽定数――1 m^2 当り約340W――に対するパーセンテージでエネルギー量を示したものである。太陽放射の約半分が雲と温室効果ガスを突き抜けて地表に到達しているが、その同じ雲と温室効果ガスが地表からの放射のほとんどを効率よくとらえ、大部分（88単位）を地表に向かって再放射していることに注目してほしい。これが温室効果のメカニズムなのである。

出所：スティーブン・シュナイダー『地球温暖化の時代―気候変化の予測と対策』内藤正明・福岡克也監訳、ダイヤモンド社、1990年、21頁。

また、温室効果全体に目を向けて考えてみると、また別の疑問が湧いてくる。なぜなら、温室効果はすでに充分働いており、これ以上どのような温室効果ガスがどれほど増加しようとも、あまり大した影響はないように思われるからである。このことを考えるに当たって、シュナイダー氏が作成した図（図2-16）を見てみよう。この図によると、地表からの放射されるエネルギーが一〇四単位、そのうち、雲や温室効果ガスによって大気中にトラップされるエネルギーが一〇〇単位、トラップされずにそのまま宇宙空間に逃げていくエネルギーが四単位、トラップされたものの結果的に宇宙方向に再放射されるエネルギーが（一〇〇単位のうち）一二単位、最終的に地表方向に再放射されるエネルギーが八八単位となっている。また、この図の解説文で、シュナイダー氏は次のように述べているのである。

太陽放射の約半分が雲と温室効果ガスを突き抜けて地表に到達しているが、その同じ雲と温室効果ガスが地表からの放射のほとんどを効率よくとらえ、大部分（八八単位）を地表に向かって再放射していることに注目してほしい。これが温室効果のメカニズムなのである。[†51]

つまり、「地表からの放射のほとんど」がすでにトラップされているのであり、大気を素通りして宇宙へ逃げているエネルギーは、一〇四単位のうちの四単位（約三・八％）に過ぎない。ということは、これ以上いくら温室効果ガスが増えようとも、この四単位分を超えるエネルギーを吸収することはないということになる。また、たとえ四単位分のエネルギーがすべてトラップされたところで、それがすべて地表方向に再放射されるわけでもない。いずれにせよ、温室効果自体は、あと約三％強程度しか高まる余地はなく、少なくとも無際限に働くようなものではないのである。このようなことは、専門知識に属するようなものではない。高校の地学の参考書にさえ――太陽放射のエネルギー量を一〇〇とした場合の――赤外放射の内訳が次のように示されているのである。

地表からの赤外放射は１２３であるが、そのうち大気圏外へ出ていくのはわずかに６で、そのほとんど（１１７）は大気圏で吸収される。この理由は、大気中のH_2O（水蒸気や雲）やCO_2は、波長の短い紫外線や可視光線はそのまま通すが、波長の長い赤外線はよく吸収する性質をもっているからである。[†52]

この記述でも、地表からの赤外放射のうち、H_2OやCO_2等の温室効果ガスにトラップされずに宇宙へ逃げていくのは、約四・九％（一二三分の六）とされている。これは、シュナイダー氏の説明――若干数値は異なるが――と本質的には同じ内容である。[†53]もちろん、あと三％〜五％も温室効果が高まれば、大きな問題なのかもしれない。放射対流平衡に達する温度も上昇するだろうし、さらなる温室効果によって暖められた地表や海洋面は、赤外放射の量そのものを増やすことにもなるだろうからである。だが、実際には、これ以上、それほど温室効果が高まるとは考えにくいのではないだろうか。と言うのは、大気を素通りして宇宙へ逃げていっている赤外線（四単位）は、そもそもどの温室効果ガスの吸収帯にも重なっていないように思われるからである。つまり、どのような温室効果ガス

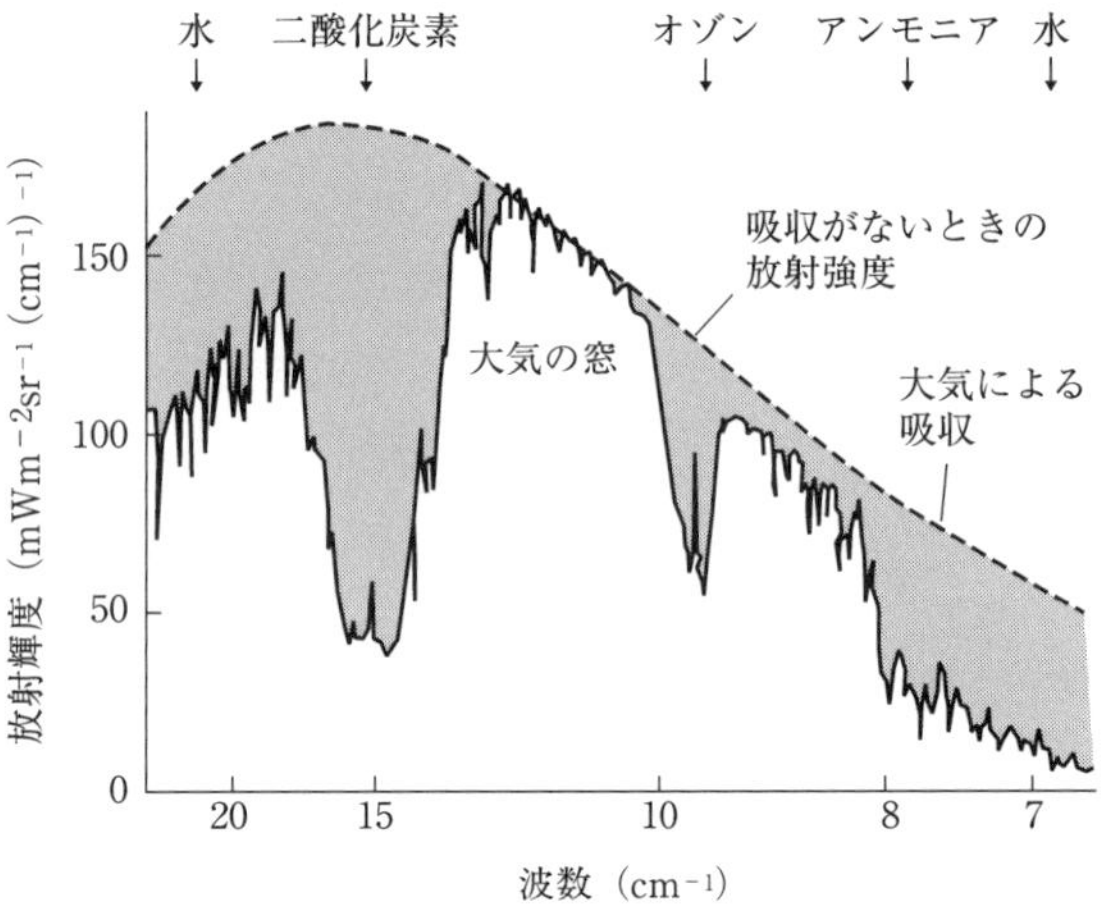

図2－17　ニンバス4号衛星で測定した地球と大気から宇宙空間に放出される放射強度。サハラ砂漠の上空で測定。水、二酸化炭素、オゾン、アンモニアなどによる吸収の分だけ、放射が少なくなっている。

出所：朝倉正『気候変動と人間社会』岩波書店、1985年、190頁。

であれ、吸収できる赤外線の波長域が限られている以上、どのみち数％程度の赤外放射は宇宙に逃げて行かざるを得ないのではないかと考えられるのである。この点を検討するに当たって、もう一度米本氏が示した図（図2-15）を見てみよう。この図によると、八μm～一三μmあたり、特に一〇μm～一二μmあたりの波長帯は――かなりエネルギーが高いにもかかわらず――どの温室効果ガスもトラップされることなく、ほとんどフリーパス状態で宇宙へ戻って行っていることが分かる。もちろん、理屈の上ではこの波長帯の赤外線を吸収しうる気体もあるのだろう。学者の中にも、「フロンが効率的に温暖化効果を示すのは、この領域に吸収があるため」[54]だと主張する者も多い。しかし、人工衛星からの実際の観測によると、現実にはほとんどフリーパス状態なのである[55]（図2–17）。すなわち、この波長帯に属する赤外線の大部分は、二酸化炭素が増えようがメタンが増えようが窒素酸化物が増えようが、どのみち宇宙へ逃げていくということであって、その抜け穴を完全にふさぐことは物理的に不可能であるように見える。実際の状況も、そのようになっている。産業革命期以来、人為的な温室効果ガスの排出が増加しているにもかかわらず、この「抜け穴＝大気の窓」は開いたままなのである。フロンガスにしても、一九七八年にアメリカ政府がエアーゾル製品の噴射剤として——CFC11およびCFC12——の使用を禁止する頃まで、数十年にわたって大量排出されていたはずである。なのに、「大気の窓」は実際にはふさがれなかったのだ。つまるところ、温室効果は、現状ですでに充分作用しており、これ以上それほど高まることなどないのではないだろうか。総合的かつ常識的に考えれば、この疑念がどうしても拭い切れないのである。なお、フロンガスは、成層圏のオゾン層を破壊する——それが事実か否かは別として——物質としても有名である。もしそうであれば、フロンガスの人為的排出は、地球の気温を低下させるのではないだろうか。と言うのは、「オゾンが減り、太陽からの熱を吸収しなくなり、そのために温度が下がる」[56]のであって、「成層圏のオゾン濃度が減少しているとき、下の地球は冷えている」[57]はずだからである。

温室効果の限度に関しては、イドソ氏もまた分析——どの程度精確なのかは判断しがたいが——を加えている。イドソ氏は、大気の放射率を実際に調べる――具体的には大気の「アブソーバー（吸収装置）およびラジエーターとしての性能はどの程度かを測定[†58]」する――ことを通じて、さらなる温室効果によって「四度C以上の気温上昇[†59]」がもたらされることはありえないという結論に達したとのことである。つまり、大気はすでに九〇％の効率（＝ブラック・ボディ効率）で地球表面から放射されるエネルギーを吸収していると測定される以上、たとえその吸収率が一〇〇％になったところで、温室効果による昇温はあと四℃以下（＝現状より一〇％以下のアップ）でしかありえないと言うのだ。しかも、吸収率が一〇〇％になることなど、「大気に何が起きようと[†60]」実際には絶対にありえない話なのである。なお、四℃以下の昇温という数値は、コンピュータ予想によって出てきたものではない。イドソ氏の方法論は、あくまでも「測定」に基づいたものなのである。

まとめよう。シュナイダー氏の図（図2-16）によると、すでに「地表からの放射のほとんど」がトラップされているということであり、米本氏らの示した図（図2-15、図2-17）によると、特定の波長帯の赤外線は、どの温室効果ガスにも捉えられず、ほとんどフリーパス状態で宇宙へ逃げているということである。両者を総合して考えれば、働きうる温室効果はすでに充分作用しており、今さら二酸化炭素やメタンや窒素酸化物等がいかに増えようとも、温室効果がこれ以上高まることはないということにならざるをえないのではないだろうか。ただし、これは太陽活動に変化がない場合のことである。もし、太陽から地球に入射するエネルギーが増大し、それに伴って地表からの赤外放射が増

図2-18　環境庁監修のマンガによると……

出所：環境庁企画調整局調査企画室監修『地球温暖化のなぞを追え！　マンガで見る環境白書Ⅳ』大蔵省印刷局、一九九七年、六〇―六一頁。

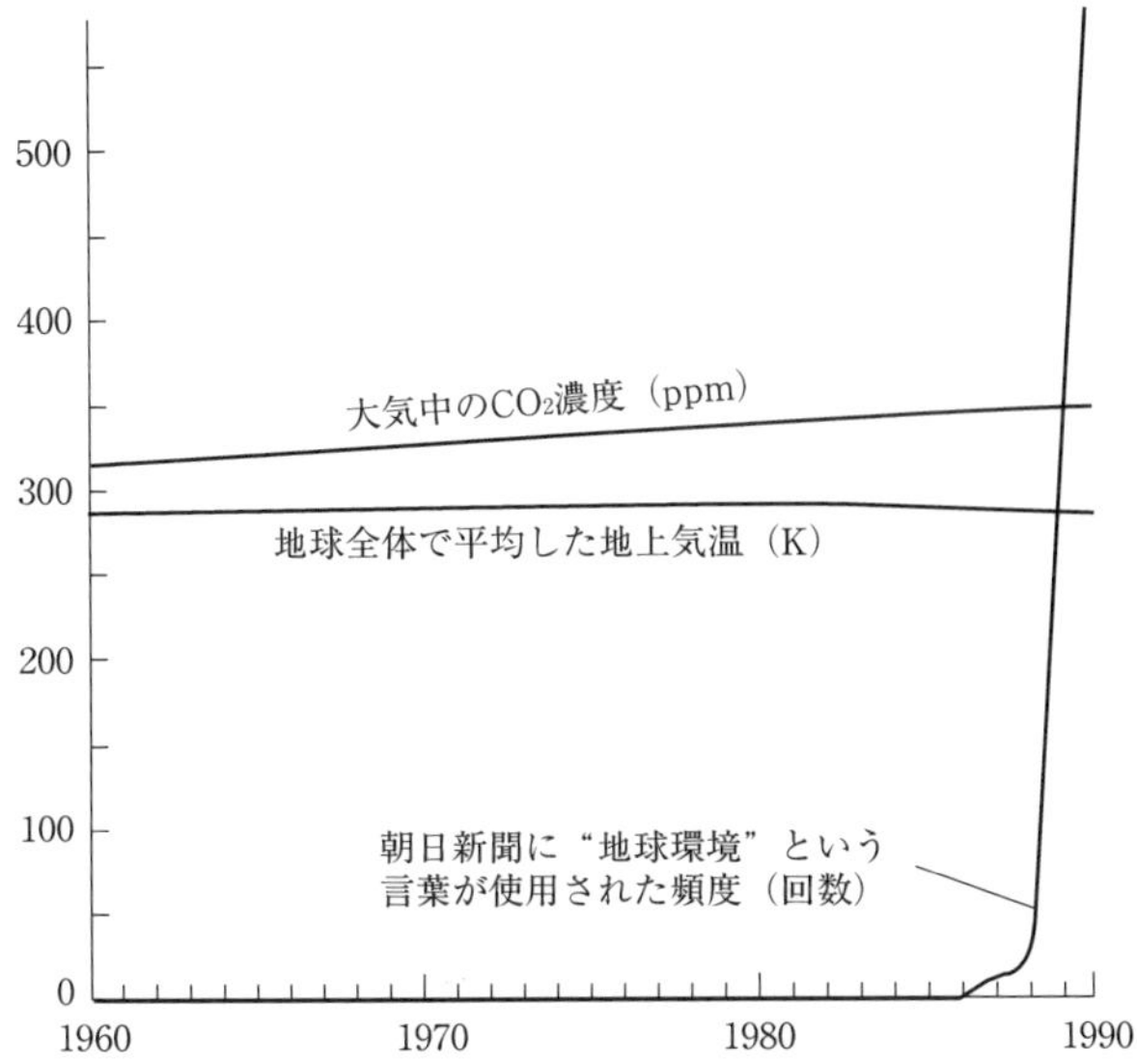

図2−19　地球温暖化問題に関連した3つの要素の最近の30年間の時間変化。縦軸の単位は、グラフによって異なる。

出所：木村竜治「気候変動の時間スケール」『科学』第61巻10号、1991年、646頁。

えるのであれば、温室効果もまた大きくなるに違いない。しかし、水蒸気という多量かつ強力な温室効果ガスを減らせない以上、こればかりはどうにも防ぎようがないのである。

　もちろん、以上は素人理論である。だが、普通に考えれば、本節で提示したような疑問が生じるだろう。少なくとも、この程度の理屈を説明せずして、人を納得させることはできないのである。重要な問題は、本節で展開した理屈が正しいか否かであるより、この程度の疑問に対する解答さえ明示されていないのに、二酸化炭素の削減が自明の善策であるかのごとく信じられていることにある。

本当に二酸化炭素は「元凶」なのか、その増加がさらなる気温上昇を本当に招くのか、あるいは、温室効果による昇温の余地はあとどの程度残っているのか、少なくともこれらの諸点に関して本節で提示した程度の素人疑問にさえ答えられていないのは、全くもって不可思議な話なのである。

本節を終えるに当たり、木村竜治氏が作成した面白いグラフを紹介しておこう（図2-19）。あまりに面白すぎるので、コメントは差し控えることにする。

注

1 ＮＨＫ取材班『地球は救えるか２ 温暖化防止へのシナリオ』日本放送出版協会、一九九〇年、「はじめに」。
2 佐和隆光『地球温暖化を防ぐ――二〇世紀型経済システムの転換』岩波書店、一九九七年、四八頁。
3 佐和『地球温暖化を防ぐ――二〇世紀型経済システムの転換』前掲書、四頁。
4 宇沢弘文『地球温暖化を考える』岩波書店、一九九五年、二〇七頁。
5 地球環境と大気汚染を考える全国市民会議（ＣＡＳＡ）編『温暖化を防ぐ快適生活』かもがわ出版、一九九八年。
6 地球環境と大気汚染を考える全国市民会議（ＣＡＳＡ）編『温暖化を防ぐ快適生活』前掲書。
7 日本経済新聞社科学技術部編『先端技術が地球を救う――環境保全技術の最前線』清文社、一九九二年。
8 さがら邦夫『地球温暖化とＣＯ$_2$の恐怖』藤原書店、一九九七年。
9 ジェレミー・レゲット編著『グリーンピース・レポート 地球温暖化への挑戦――政府・企業・市民は何をなすべきか』西岡秀三・室田泰弘監訳、ダイヤモンド社、一九九一年。

10　北野大監修／PHP研究所編『図解・地球環境にやさしくなれる本』〈新訂版〉PHP研究所、一九九八年。
11　増田善信『地球環境が危ない』新日本出版社、一九九〇年。
12　環境庁地球環境部編『地球温暖化―日本はどうなる?』読売新聞社、一九九七年。
13　スティーブン・H・シュナイダー『地球温暖化の時代―気候変化の予測と対策』内藤正明・福岡克也監訳、ダイヤモンド社、一九九〇年。
14　『世界』第六四三号、一九九七年一二月号の特集（六三―一一二頁）。
15　『リサイクル文化』第五六号、一九九七年一〇月一五日（四四―五五頁）。
16　佐和『地球温暖化を防ぐ―二〇世紀型経済システムの転換』前掲書、一六頁。
17　米本昌平『地球環境問題とは何か』岩波書店、一九九四年、二三頁。
18　田中正之『温暖化する地球』読売新聞社、一九八九年、二〇〇頁。
19　R・A・ブライソン「氷河期はまだ終わっていない?」『科学朝日』一九八五年三月号（三〇―三一頁）、三〇頁。
20　坂田俊文『「太陽」を解読する』情報センター出版局、一九九一年、一七二頁。
21　張家誠「炭酸ガスが濃くても寒冷化あった」『科学朝日』一九八五年三月号（三三頁）、三三頁。
22　CO_2の赤外線吸収帯は波長四・二五μmあたりにもあるが、そもそも地表からの赤外放射は大部分が波長約五μm～約一〇〇μmの範囲にあるため、それとあまり重なっておらず、大きな影響はない。
23　松野太郎「温室効果ガスの増加による気候変化の推定」『科学』第五九巻九号、一九八九年（五八三―五九二頁）、五八四頁。
24　F・ホイル『氷河時代がやってくる』竹内均訳、ダイヤモンド社、一九八二年、一三五頁。

25 米本『地球環境問題とは何か』前掲書、一〇五頁。

26 米本『地球環境問題とは何か』前掲書、一〇五頁。

27 田中正之氏は、次のように解説している。

宇宙空間からみると、地球から放出されている……赤外線の大部分は、大気中の赤外線を吸収する気体成分や雲から出されたもので、地表面からのものはごくわずかです。大気層からの赤外線のあるものは大気の上層から、あるものは大気の中層から、またあるものは大気の下層から放出されています。この違いは、成分によって赤外線を吸収する波長や強さが違うことによっています。吸収の強い波長では、下層で放出された赤外線は途中の大気層で吸収されてしまうので、上層で放出された赤外線が宇宙空間に出ていきます。逆に吸収の弱い波長では、地表面や大気下層からの赤外線が、その上の大気層の吸収をまぬがれて宇宙空間に出て行きます。（北野康・田中正之編『地球温暖化がわかる本』マクミラン・リサーチ研究所、一九九〇年、三頁）

これを読めばわかるように、波長一五μm付近の赤外線は、二酸化炭素による吸収が強いので、大気上層で放出された赤外線が宇宙から観測されるのである。

28 オゾン層を破壊するとしてモントリオール議定書で削減対象とされたフロン類を特定フロンと呼ぶのに対して、特定フロンの機能を代替するものとして開発されたフロン類を代替フロンと呼ぶ。代替フロンは、オゾン層を破壊する作用は低いが、温室効果は強いと一般には言われている。

29 大岩ゆり「温暖化防止京都会議の内幕」『世界』一九九八年二月号（一九二―二〇〇頁）、一九七頁。

30 茅陽一「京都議定書へのわが国の対応」環境経済・政策学会編『地球温暖化への挑戦』東洋経済新報社、一九九九年、二頁。

31 宇沢『地球温暖化を考える』前掲書、一四二頁。

32 松野「温室効果ガスの増加による気候変化の推定」『科学』前掲論文、五八五頁。
33 柳沢幸雄『CO_2ダブル―地球温暖化の恐怖』三五館、一九九七年、二頁。
34 ジョン・グリビン『夏がなくなる日―明日を襲う気象激変と「温室効果」』平沼洋司訳、光文社、一九八四年、一九六頁。
35 グリビン『夏がなくなる日―明日を襲う気象激変と「温室効果」』前掲訳書、一九八頁。
36 グリビン『夏がなくなる日―明日を襲う気象激変と「温室効果」』前掲訳書、一九六頁。
37 グリビン『夏がなくなる日―明日を襲う気象激変と「温室効果」』前掲訳書、一九六頁。
38 江澤誠『欲望する環境市場―地球温暖化防止条約では地球は救えない』新評論、二〇〇〇年、一五七頁。なお、新聞報道によると、次のような動向も紹介されている。
英政府は、二酸化炭素（CO_2）などの温室効果ガスの排出削減量を英国内の企業間で売買する排出量取引制度を来年中に発足させる方針を一六日までに決めた。将来これが世界初の温室効果ガス取引市場となり、金融、情報に強い英国がこの分野でも国際的売買の中心になる可能性がある。（朝日新聞、二〇〇一年八月一七日夕刊）
39 鷲田伸明「温室効果の機構」大来佐武郎監修『講座地球環境　第1巻　地球規模の環境問題〈Ⅰ〉』一九九〇年、中央法規出版、一〇七頁。
40 佐和隆光『市場主義の終焉―日本経済をどうするのか』岩波書店、二〇〇〇年、二〇六頁。
41 和田武『地球環境問題入門』実教出版、一九九四年、二五頁。
42 松井孝典『地球＝誕生と進化の謎―最新地球学入門』講談社、一九九〇年、四八頁。
43 スティーヴン・シュナイダー『地球温暖化で何が起こるか』田中正之訳、草思社、一九九八年、一三八―一三九頁。

44　大気中の水蒸気濃度は場所や季節によって変動が大きいが、一応「大気中に……一％ほど含まれている水蒸気」（環境庁「地球温暖化問題研究会」編『地球温暖化を防ぐ』日本放送出版協会、一九九〇年、二三頁）という指摘がある。なお、通常、大気組成は乾燥大気の組成で表現されていることが多い。

45　気象庁編集『地球温暖化の実態と見通し―世界の第一線の科学者による最新の報告（ＩＰＣＣ第二次報告書）』大蔵省印刷局、一九九六年、五六頁。

46　北野・田中編著『地球温暖化がわかる本』前掲書、一一五頁。また、松野太郎氏は、次のように述べている。

ＣＯ$_2$が増加して気温が上がると飽和蒸気圧が上がるので、大気中のＨ$_2$Ｏは増えると期待される。Ｈ$_2$Ｏは大気中で最大の温室効果をもっているから、その増加によって気温上昇は拡大する。つまり、正のフィードバックをもたらす。……Ｈ$_2$Ｏの量を固定したままＣＯ$_2$を二倍にした場合の昇温は一・三℃で、この水蒸気のフィードバックが大へん重要であることがわかる。（松野「温室効果ガスの増加による気候変化の推定」『科学』前掲論文、五八四頁）

47　環境庁「地球温暖化問題研究会」編『地球温暖化を防ぐ』前掲書、二九頁。

48　環境庁「地球温暖化問題研究会」編『地球温暖化を防ぐ』前掲書、二五頁。

49　田中『温暖化する地球』前掲書、一二三頁。

50　環境庁地球環境部監修『地球環境の行方―地球温暖化の我が国への影響』中央法規出版、一九九四年、一五七頁。

51　シュナイダー『地球温暖化の時代―気候変化の予測と対策』前掲訳書、二一頁。

52　石田志朗編『理解しやすい地学ＩＢ』文英堂、一九九五年、一一一―一一二頁。

53　なお、ＵＮＥＰのデータでは、大気圏外へ逃げていく赤外放射の割合は、約七・八％（9／115）となっている。すなわち、以下のように記されているのである。

……the 106 of 115 infrared units from the Earth that are absorbed by the atmosphere …… (United Nations Environmental Programme, THE GREENHOUS GASES, UNEP/GEMS Environment Library No 1., Nairobi, NNEP, 1987, p. 10).

ここでも数字にばらつきがあり、何が正しいのか分からない。

54 大前巌『二酸化炭素と地球環境—利用と処理の可能性』中央公論新社、一九九九年、四九頁。

55 なるほど、ハネル氏らのデータは一九七〇年代前半のものであり、代替フロン類が含まれていないという指摘も成り立つかもしれない。だが、その場合でも、温暖化の危機を正確に伝えたいのであれば、最新の実測データを広く伝えることが、温暖化論者の責務であろう。また、二酸化炭素による吸収がすでに飽和状態にあるという点に関しては、ハネル氏らのデータで充分だと思われる。

56 根本順吉『冷えていく地球』家の光協会、一九七四年、八四頁。

57 グリビン『夏がなくなる日—明日を襲う気象激変と「温室効果」』前掲訳書、一一九頁。

58 グリビン『夏がなくなる日—明日を襲う気象激変と「温室効果」』前掲訳書、二〇〇頁。

59 グリビン『夏がなくなる日—明日を襲う気象激変と「温室効果」』前掲訳書、二〇一頁。

60 グリビン『夏がなくなる日—明日を襲う気象激変と「温室効果」』前掲訳書、二〇〇頁。

11　二酸化炭素濃度が先か気温変化が先か――相関関係と因果関係は違う

人為的地球温暖化論の典型的な筋書きは、産業革命を契機として人間活動による二酸化炭素の大量排出が始まり、その温室効果によって地球の気温が不自然に上昇するというものであろう。つまり、大気中の二酸化炭素濃度の増大は、産業革命に端を発する人為的活動によって開始されたということである。佐和隆光氏は、次のように述べている。

……人間が石炭を燃焼させて蒸気機関を運転するようになるまでは、大気中のCO_2濃度は定常状態二八〇ppmv……に保たれていた。要するに、地球上のCO_2の収支がバランスしていたのである。産業革命以降、石炭、石油、天然ガスなどの化石燃料を動力源として燃焼させるようになったため、大気中のCO_2濃度は着実な増加傾向に転じ、一九九四年現在、三五八ppmにまで達した。[†1]

たしかに、大気中の二酸化炭素濃度が上昇に転じたのは一七五〇年頃であり、これは産業革命の開始時期とほぼ一致するように見える。実際、大気中の二酸化炭素濃度の増加傾向については、ネクテル氏らが、次のような数値を示している。

われわれは、これらの結果に基づいて、一七五〇年頃の大気中のCO_2濃度は二八〇±五ppmv

であり、それ以来、基本的には人為的要因によって、一九八四年には三四五ｐｐｍｖまで、二二・五％増加してきたと結論づける。[†2]

シュナイダー氏もまた、「産業革命以前の期間には、大気中の二酸化炭素の濃度は、およそ一〇〇万分の二八〇（すなわち二八〇ｐｐｍ）であった」[†3]としており、ほとんどの人為的温暖化論者の見解は、産業革命開始期の一七五〇年頃から二酸化炭素濃度の増加が起こったという点で一致しているようである。だが、一七五〇年という年号は、産業革命の前と後という時代区分にそれほどよく対応するものではない。歴史を細かく見てみると、その対応はかなり怪しいのである。たとえば、次の二つの記述を読んでみよう。これらは、どちらも同一の書物（宇沢弘文『地球温暖化問題を考える』）からの引用である。よく読み比べて欲しい。両者は、明らかに矛盾していることが分かるであろう。

①……大気中の二酸化炭素の濃度は、一七五〇年頃には二八〇ｐｐｍ前後だったのが、一九六〇年代には三〇〇ｐｐｍを超え、その後加速度的に上昇しています。一七五〇年というのはちょうど、産業革命がはじまろうとしているときです。……産業革命を可能にしたのは内燃機関を利用した新しい動力でしたが、それは化石燃料の燃焼によるものでした。[†4]

②一七六九年、イギリスの……アークライトが、水力式の紡績機を発明しました。……少し遅れて、クロンプトンがミュール紡績機を発明して、モスリンが大量に生産できるようにしました。

……産業革命のはじまりです。一七八二年には、ワットが蒸気機関を発明しました。それまで

の水力と違って、石炭を使って、人間が自由にコントロールできる、強力な動力を手にすることができたわけです。[†5]

①によると、化石燃料の燃焼によって二酸化炭素濃度の上昇が始まったのは、一七五〇年とある。一方、②によると、ワットが蒸気機関を発明し、動力源が水力から石炭に替ったのが一七八二年とある。両者は明らかに矛盾している。大気中の二酸化炭素濃度が上昇傾向に転じたのは、ワットが蒸気機関を発明する三〇年以上前なのである。世界に先駆けて産業革命を成し遂げたイギリスにおいて蒸気機関が開発されたのが一七八二年なのであれば、それが普及し、地球規模の影響が現れ始めるのは、そのずっと後のことでなければおかしいであろう。ましてや、ワットの蒸気機関が登場する以前から二酸化炭素濃度が上昇し始めているというのでは、全く辻褄が合わない。一七五〇年と言えば、日本では明治維新の一〇〇年以上前であり、フランスにしても大革命（一七八九年）のずっと前だし、アメリカもまだ独立していなかったのである。つまり、産業革命⇩化石燃料の大量消費⇩二酸化炭素濃度の増大⇩地球の温暖化という図式は、市巷で語られるほど自明な事実ではないのである。

なるほど、宇沢弘文氏は、一八世紀半ば頃における二酸化炭素濃度の増加傾向については、必ずしも化石燃料の大量消費に還元していない。宇沢氏は、次のように述べているのである。

もっとも、産業革命がおこってからしばらくは、化石燃料の消費は急にはふえていませんでした。十八世紀のなかばから十九世紀のおわり頃まで、大気中の二酸化炭素の濃度が上がっているのは、森林を切り開いて農地にしたからだといわれています。産業革命の結果、生産性が高くなって、人口が急にふえはじめたのが原因だったと思われます。[†6]

この説明もまた、先ほどの矛盾を解決することはできない。なぜなら、森林伐採が「産業革命の結果」として行われたのであれば、二酸化炭素濃度の増加が一七五〇年頃からすでに始まっていることの理由にはならないからである。このことに関しては、田中正之氏もまた、宇沢氏と同様の説明をしている。

CO_2濃度の増加が始まったのは一八世紀の中ごろであり……。……化石燃料の消費だけによっては説明できない。化石燃料以外のCO_2の放出源としては、森林の耕地化などによる産業革命以来の北半球中緯度での大規模な森林破壊が挙げられている。[†7]

この説明もまた、先の矛盾を何ら乗り越えていない。ここでも「産業革命以来」の森林破壊が問題にされており、産業革命そのものは「一七六〇〜一八三〇年のあいだに、イギリスのおいて典型的に行われた」[†8]ものだからである。世界に先駆けていち早く産業革命を起こしたイギリスでさえ、一七六〇年になってようやくその端緒が開かれたにすぎない。「北半球中緯度」の国々で産業革命が始まったのは、イギリスよりかなり遅れてのことである。産業革命の時期については、「一八三〇―六〇年にドイツ、フランスで、一八六〇―八〇年にアメリカで、一八九〇年以降にロシア、日本で進行した」[†9]と言われている。要するに、イギリス以外の国々では、すべて一九世紀――仏独でさえ一八三〇年——以後なのである。となると、「産業革命以来の北半球中緯度での大規模な森林破壊」が事実であったとしても、それはほとんど一九世紀中葉以後のことになろう。すなわち、一七五〇年頃から大気中の二酸化炭素濃度が増加した原因の説明には全くなっていないということである。

このように考えると、ここ約二五〇年における大気中の二酸化炭素濃度の増大傾向を、人為的活動に還元してしまうのは、大いに無理があるように思える。たしかに、大気中の二酸化炭素濃度と地球の平均気温の間には、有意な相関関係があるかもしれない。しかし、それはかなり大雑把な対応しか示していないし、そもそも相関関係だけでは、どちらが原因でどちらが結果なのかを判断することはできないであろう。つまり、大気中の二酸化炭素濃度の増大が気温を上昇させるのではなく、気温の上昇が大気中の二酸化炭素濃度を増加させたとも考えられるのである。

実は、このように因果関係を逆にして考える方が、事態は見えやすくなる。かなり古い指摘であるが、すでに一九六二年、ポール・B・シアーズ氏は、「一七五〇年前後以来一つの緩慢で、不均一な温度上昇が続いている」[†10]と指摘していたのである。つまり、気温もまた——大気中の二酸化炭素濃度と同様——産業革命期以前から上昇を始めていたということになる。マウンダー極小期（一六四五〜一七一五）頃に寒冷のピークを迎えた小氷期も、一七五〇年前後から少しずつ終わりに近づいてゆき、緩慢で不均一ではあるが、わずかずつ気温は上昇し始めたということであろう。気温は、人為的活動に関係なく、自然に上昇し始めていたらしいのである。これが正しければ、事態は非常に分かりやすい。気温が少しずつ上昇し始めたため、それが原因で、大気中の二酸化炭素濃度も上昇傾向に転じたと理解できるからである。すなわち、産業革命という人為的契機に先立って、それとは関係なく、気温も二酸化炭素濃度も共に上昇したというわけである。

また、百歩譲って、産業革命の前から人為的な二酸化炭素排出が増加し始めていたとしても、それが原因で大気中の二酸化炭素濃度を上昇させたかどうかは、かなり疑問である。というのは、工業化が飛躍的に進展した二〇世紀末頃になっても、人為的に排出した二酸化炭素の四〇%以上が自然界に吸収されているからである。自然界の力は、それだけ大きいのだ。田中正之氏は、次のように述べている。

……毎年化石燃料から出される二酸化炭素のうち、五八パーセントが大気に残って、大気中の二酸化炭素濃度を増加させていると考えると、マウナロア山での実際の濃度変化とみごとに一致するのです。……単純に考えれば、陸上の生物圏や海洋には二酸化炭素を吸収するはたらきがありますから、化石燃料の消費によって放出された二酸化炭素のうち、五八パーセントが大気に残り、あとの四二パーセントは生物圏もしくは海洋に行ったのだろうということで、納得できそうです。[†11]

大気中に残らなかった二酸化炭素がどこへ行ったのかはともかく、近年でさえ排出量の四割以上の二酸化炭素は、自然界のどこかで吸収されているのである。化石燃料の消費が進み、二酸化炭素の人為的排出量が激増したような状況においてさえ、自然界にはその四割強を吸収するだけの力があると

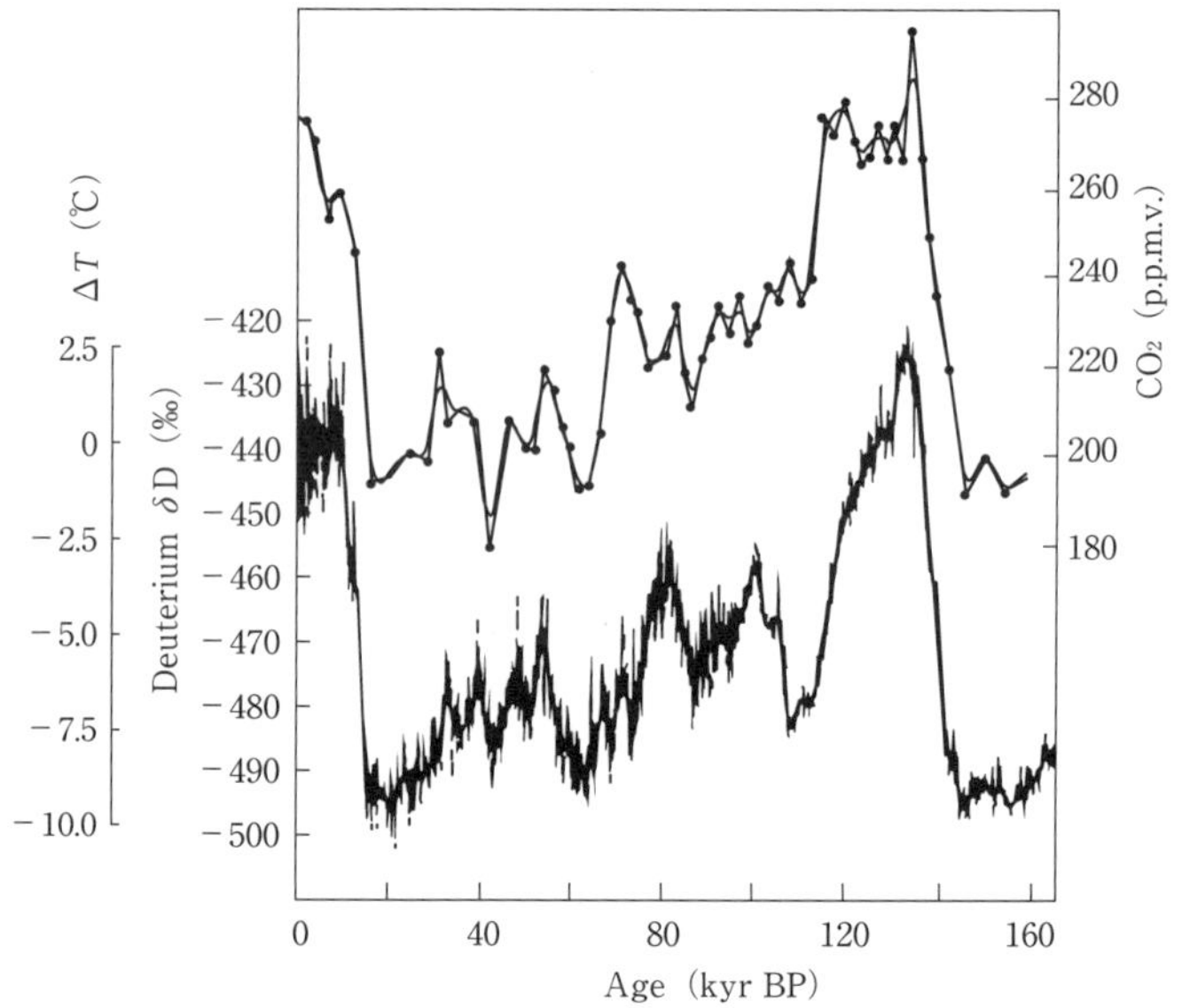

図 2-20　過去 16 万年間の大気中の CO_2 濃度と気温の関係

出所：J. M. Barnola *et al.*, "Vostok ice core provides 160,000-year record of atmospheric CO_2," *Nature*, Vol. 329, October 1, 1987 (pp. 408–424), p. 149.

いうことになろう。それならば、一八世紀における人口増加や森林伐採によって放出された二酸化炭素増加量くらい、ほとんど自然界によって吸収されそうなものである。そもそも――後述のように――自然界の炭素循環量に比べれば、人間活動の割合など、近年でもごく小さなものに過ぎない。もちろん、これは素人考えに違いない。だが、もし森林伐採や人口増加等によって、蒸気機関の普及以前から二酸化炭素濃度が増えたのだと言うのであれば、この程度の素人疑問くらいには明確に答えておく必要があるのである。

二酸化炭素濃度が気温を規定するのではなく、二酸化炭素濃度の方が気温による影響を受けるという仮説には、他の例証も存在する。その基礎データは、「地球温暖化論で煩雑に引用される」[12]論文の一つに掲載されたもので、南極で採取された氷柱（＝氷床コア）の分析に基づき、「過去一六万年の大気中の二酸化炭素濃度と気温の関係」を示した、あの有名なグラフである。シュナイダー氏の言うとおり、このグラフは、「雪の化学成分から推論される気温と、雪が固まって氷になったときに閉じ込められた空気中の二酸化炭素の量とのあいだに、著しい相関関係がある」[13]ことを示している。ただし、シュナイダー氏が読み取ったのは、あくまでも「相関関係」であって、因果関係ではない。これは重要なことだ。彼は、慎重にも、因果関係に対する明言は避けているのである。一方、ＩＰＣＣによる同様のデータ（ＩＰＣＣの挙げるグラフにはメタンが追加されている）に対する見解は、シュナイダー氏より一歩踏み込んだものになっている。ＩＰＣＣの報告書の記述は、以下のとおりである。

……一六万年に溯る氷床コアの測定により、地球の気温は、二酸化炭素とメタンの大気中の総量と密接に関連して変化したことが分かる（図2-21）。我々には、因果関係の詳細は分からないが、これらの温室効果ガスの濃度変化が、氷期と間氷期の間の地球全体の気温の大きな変動（五〜七度）の理由の、すべてではないが、一部であるということが計算によって示される。[14]

ここでは、二酸化炭素およびメタンの濃度変化が、気温の変動を規定する理由の一部だとされている。因果関係の詳細はともかく、大まかに言えば、二酸化炭素の濃度変化が原因の側にあり、気温の

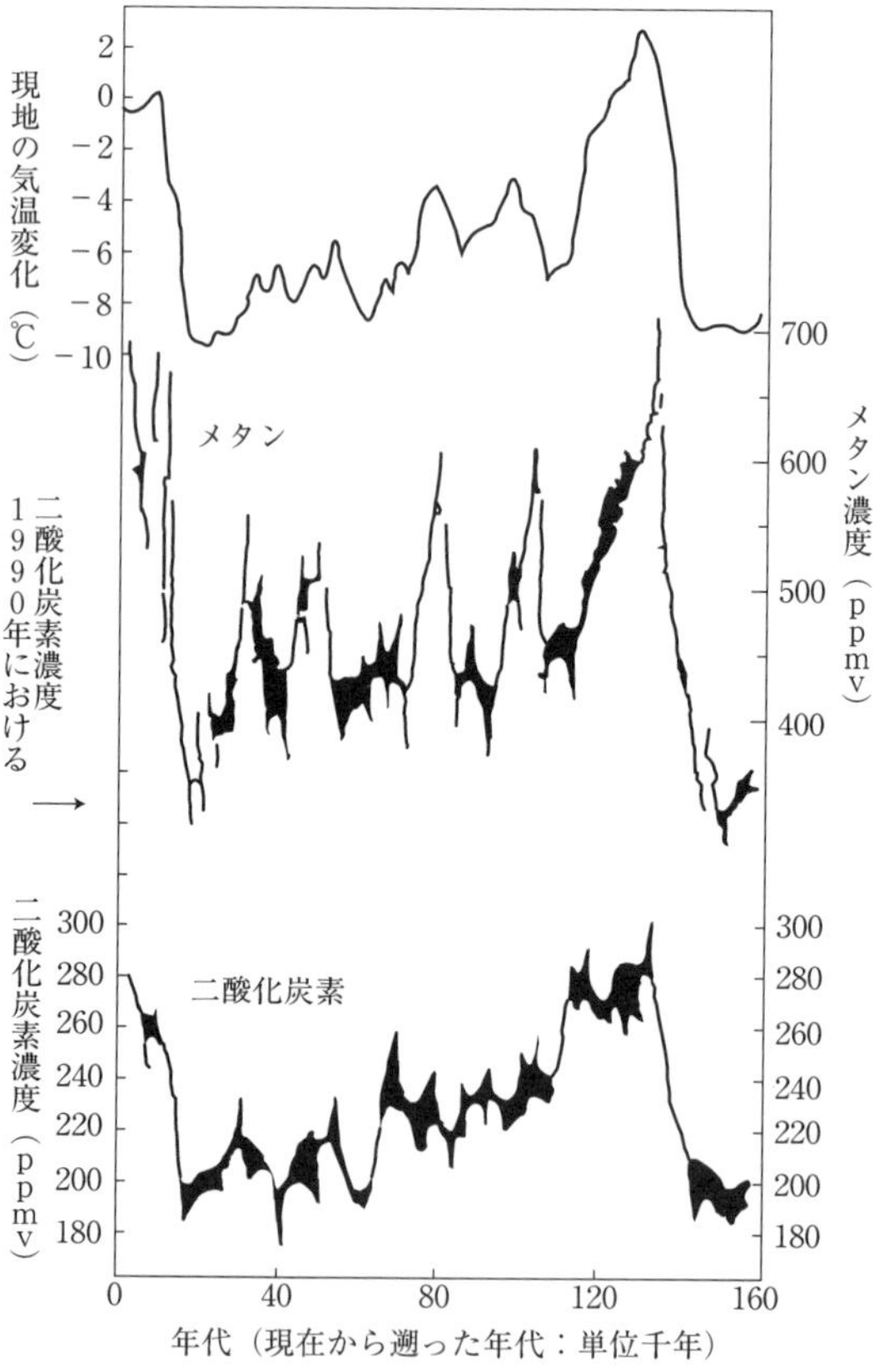

図 2-21　南極の氷床コアに捉えられた空気の分析によると、メタンと二酸化炭素の濃度は過去 16 万年にわたってその地域の気温と密接な関係がある。現在の二酸化炭素の濃度も示されている。

出所：霞が関地球温暖化問題研究会編訳『IPCC 地球温暖化レポート』中央法規出版、1991 年、43 頁。

変化は結果の側にあるということなのである。[15]

しかし、そもそも元データの出所である『ネーチャー(*Nature*)』誌の論文は、「もし気候強制力においてニ酸化炭素が重要な役割を果たしているとすれば、このような高い相関関係は当然であろう」[16]と記されるにとどまっている。シュナイダー氏と同様、二酸化炭素濃度が気温変化の原因であると断定することを、慎重に避けているのである。にもかかわらず、IPCCは、同様のデータに基づきながらも、二酸化炭素濃度を原因の側に置くのである。だが、このIPCCの見解が成り立つためには、少なくとも、二酸化炭素の濃度変化の方が、気温の変動に先立っていなければならない。原因の側が先に変化していなければおかしいからである。もし気温の変化の方が先であるならば、二酸化炭素の濃度が気温を規定するという説明は、完全に否定されてしまう。この重要な前後関係に対して言及している記述を三つ見つけることができたので、以下に紹介しておこう。

問題は、このような研究によって、少なくても南極大陸では、一つの氷期の始まりには(ボストークのコアほど長いものでも、氷期の開始期はたった一つしか含まれない)、二酸化炭素濃度の変化より先に気温の変化が始まっているという結果が出たことである。[17]

図……から読み取れるように、氷期の前半(一三万年前〜八万年前)においてCO_2濃度の減少が気温低下に遅れていることは、海洋大循環の体制(モード)の変化後、CO_2が海水に吸収された可能性を示唆する。[18]

この図で二酸化炭素の濃度変化と気温の変化とは良い対応を示しているが、二酸化炭素のみの影響で気温が変化したとは考えにくい。気温は太陽活動や公転軌道の変化などでも変化するからである。これに伴い大気中の二酸化炭素濃度も変化したと考えられている。[†19]

これらに指摘によると、まず気温の側が先に変化し、「これに伴い大気中の二酸化炭素濃度も変化した」ということである。もちろん、南極の氷床コアから得られた「データは、千年単位の粗っぽい気候変動」[†20]を示すものでしかないため、そこから細かな因果関係を特定することはできないのかもしれない。だが、因果関係とはいかないまでも、気温の変化が先なのか、それとも二酸化炭素濃度の変化が先なのかは、非常に重要な問題である。そして、このグラフを詳しく見る限り、気温の変化が二酸化炭素濃度の変化に先立つという現象が、実際に観察されていることだけは事実なのである。となると、ＩＰＣＣの解釈には大いに問題があると言わざるをえない。

ちなみに、氷柱と言えば南極の例が持ち出されるのが最近の傾向であるが、一九七〇年代には、別の例が知られていた。以下の記述は、地球寒冷化説が主流であった頃のものである。面白いので紹介しておこう。

デンマーク・コペンハーゲン大学のＷ・ダンスガール教授も氷河期周期説をとっている。教授たちは、グリーンランドの氷河をボーリングして、長さ千四百メートルの氷柱を切り出し、それぞれの深さの氷に含まれる酸素16と酸素18との比を調べた。大気中には、ふつうの酸素16のほかに、やや重い酸素18が〇・二パーセントほど含まれている。その量は、気温が上がると増え、下がると減る。だから、昔の氷のなかの酸素18の量を分析すれば、その氷ができたころの気温を推定できる。教授たちは約十二万年前までの氷を調べ、気温の変化には七十八年と百八十一年という二つの周期があることを発見した。このデータをもとに、教授たちは「一九八〇年代の後半まで、気温はさらに下がり続けるだろう」と予測している。[†21]

地球寒冷化説が主流であった時代には、グリーンランドの氷柱が、さらなる気温低下の証拠として新発見されたのである。そして、人為的な二酸化炭素排出による地球温暖化が話題になろうとする頃には、二酸化炭素濃度と気温変化の強い相関性を示す証拠が、都合よくも、南極で新発見されたのである。はたして、この次はどんな新発見がもたらされるのだろうか。まあ、それはともかくとして、なぜグリーンランドから採取された氷柱サンプルからは、かくも大外れの予想が導き出されたのだろうか。コンピュータ予想で先のことを論じる前に、まずその理由を教えてもらいたいものである。過去になされた予測の科学的総括をすることなく、新しい予測ばかりを次々に出されても、それを聞かされる一般市民は何を信じてよいのか戸惑うばかりであろう。

ともあれ、なぜ寒暖の変化が大気中の二酸化炭素濃度に先行しうるのか。その理由は比較的単純である。二酸化炭素は、冷たい水にはよく溶けるが、温かい水には溶けにくいという性質を持っている。ビールを熱燗にすれば気が抜けてしまうのと同じ原理である。すなわち、「大気と海洋の間では比較的多量の炭酸ガスの交換が日常的に行なわれて」[†22]いるのであるが、寒冷期には大気から海洋に溶け込む二酸化炭素が多くなり、水温の高い温暖期では――ビールの熱燗から気が抜けるように――海中の二酸化炭素が大気中に出て行くのである。また、気温が上がれば、一般に地上生物の活動が活発になり、呼吸量も増えるので、二酸化炭素の排出もその分だけ増えることになろう。これらのことは、次のように指摘されている。

氷期中の気温の低下時には、大気中の炭酸ガスは一時海水中に身を隠しているのである。氷期が終わると、海水中から再び大気中に戻る。[†23]

温度が上がれば生物の呼吸が活発になって二酸化炭素の排出が増えるし、海の温度が上がるとその中に融解していた二酸化炭素が大気に放出される。温度が下がればこの逆のことが起こる。[†24]

このように考えると、寒暖の変化がまず先に起こり、それに連れて大気中の二酸化炭素濃度が変動するという順序が理解できよう。たしかに、南極の氷床コアから得られたデータは、巨視的な時間軸に沿ったものであり、近代化以後の人為的活動による影響を見ることはできない。だが――気温と二酸化炭素濃度という二要素だけの関係に限れば――少なくとも自然界のメカニズムにおいては、寒暖の変化が大気中の二酸化炭素濃度の変化に先立つという順序が普通なのである。このことは、別の事例にも現れている。

その事例は、ハワイのマウナロア観測所における大気中の二酸化炭素濃度（図2–22）を長年測定

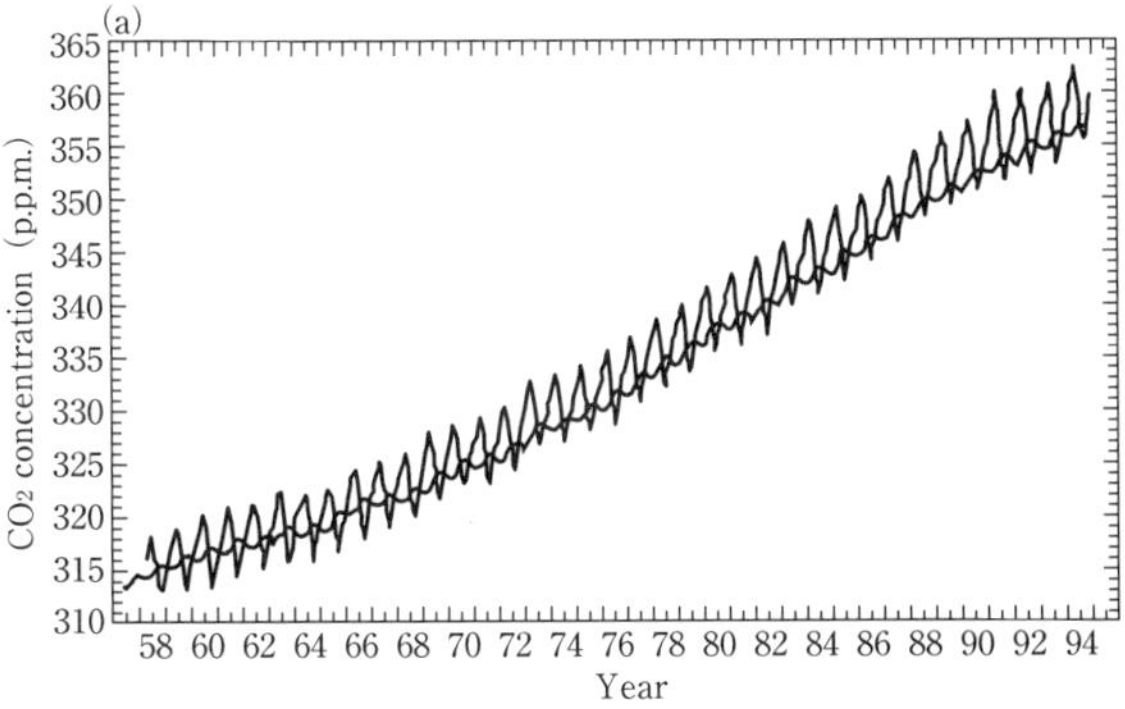

図2-22 マウナロア観測所での大気中のCO_2濃度

出所：C. D. Keeling *et al.*, "Internnual extremes in the rate of atmospheric carbon dioxide since 1980," *Nature*, Vol. 375, June 22, 1995, p. 667.

してきたことで有名な、チャールズ・D・キーリング氏らの研究成果である。キーリング氏らは、観測された二酸化炭素濃度から季節変動分と産業活動による増加分を差し引いて、純粋に経年的に変化する成分を取り出し、二酸化炭素濃度の「内的変化（internal variations）」[†25]の原因を探求したのである。[†26]

ここで、少し注釈を挿入しておこう。たしかに、大気中の二酸化炭素濃度は増加傾向にある。この増加傾向の中には、化石燃料消費による排出分も含まれている可能性がある。また、二酸化炭素濃度は季節ごとに大きく変動する。この季節変動の原因は、光合成と陸上生物相の呼吸であることが知られている。そこで、気温と二酸化炭素濃度の関係はどうなのか、あるいは、二酸化炭素濃度と海水面温度との関係はどうなのかなどといった、純粋な二者関係を抽出しようとするならば、これら外的な二要因を取り除いた上で考えなければならないのである。

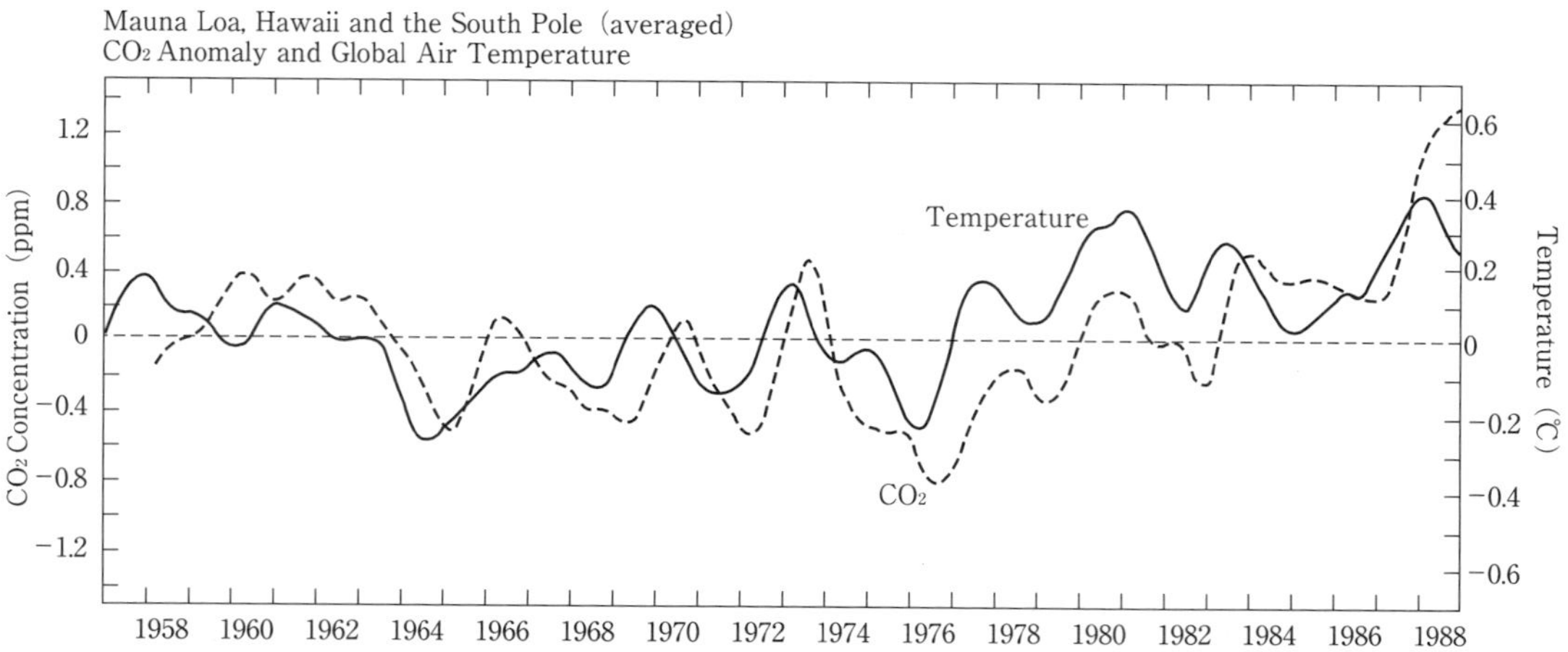

図 2 –23　気温の変化と CO_2 濃度変化の対応

出所：D. H. Peterson (ed.), *Geophysical Monograph 55 : Aspect of Climate Variability in the Pacific and the Western Americas*, American Geophysical Union, 1989, p. 210.

たとえば、仮に気温の高いときは二酸化炭素濃度も高いという現象が観察されたとしても、ただ単に測定数値を比べただけでは、因果関係は何も明らかにならない。なぜなら、気温上昇のせいで二酸化炭素濃度が上がったのではなく、単なる季節変動によるのかもしれないし、工業活動が原因なのかもしれないからである。

ともかく、キーリング氏らは、大気中の二酸化炭素濃度を変化させる内的要因に着目し、全球平均気温の記録と二酸化炭素濃度の記録を対比した結果、次のような見解に到達することになった。[†27] グラフ（図2−23）と合わせて確認して欲しい。

二つの記録は、エルニーニョ・イベントのタイムスケールにおいて、二酸化炭素の偏差が約六ヶ月〜一二ヶ月遅れとなりながら、著しい相関関係を示している。[†28]

より長いタイムスケールにおける（二酸化炭素）濃度のデータは、おそらく太陽の照射量の変化によってもたらされたであろう、約一一年の弱い周期性を示している。[†29]

グラフを見ても明らかなように、二酸化炭素濃度は気温の変化に遅れながら変化し、それでいて両者は著しい相関関係を示している。二酸化炭素濃度によって気温が変動するのではなく、まず気温が変化し、次いで二酸化炭素濃度がそれに連動しているのである。なるほど、近年の二酸化炭素濃度の増加傾向には、人為的活動が何らかの影響を及ぼしている可能性は否定できない。ただし、ここで問題にしているのは、二酸化炭素濃度が近年増加していることの原因ではない。気温変化と二酸化炭素濃度の純粋な二者関係に着目しているのであって、二酸化炭素濃度が高くなれば気温が上がるのか、気温が上がることによって二酸化炭素濃度が高まるのかということを問題にしているのである。そして、キーリング氏らのデータを見る限り、明らかに、気温の変化の方が先なのだ。つまり、気温が上がれば、その結果として二酸化炭素濃度が上昇するのであって、二酸化炭素濃度が高くなることで気温が上がるのではない。逆もまた同様である。要するに、寒暖の変化が大気中の二酸化炭素濃度の変化に先立つという順序が確認されたということなのである。

もちろん、これは人為的な二酸化炭素排出による増加分を除いた経年変化であるから、長期的な二酸化炭素濃度の上昇傾向は、また別の結果をもたらすのだと言うかもしれない。しかし、そんな証拠は未だ提出されていない。気温の変化が二酸化炭素濃度の変化に先立つという事実が、一〇〇年単位のスパンになれば逆転するなどという実測データは、どこにもないのである。いずれにせよ、二酸化炭素濃度が高くなれば温暖化するという図式は、どうも怪しげであるように思われる。少なくとも、気温と二酸化炭素濃度に強い相関関係があるからといって、二酸化炭素が地球温暖化の原因であるかのごとく論じることは、非常に問題があるのである。

しかも、地球における自然の炭素循環量と比べると、人為的産業活動が二酸化炭素の形で排出する割合など、たかが知れている。キーリング氏が差し引いた人為的活動分など、地球規模で見ればごくわずかな量に過ぎないのである。たとえば、田中正之氏は、次のような数値をあげている。

……光合成によって大気から生物圏に吸収される炭素量が、年間で一一〇ギガトンと見積もられています。逆に植物の呼吸によって大気に放出される炭素量が五〇ギガトン、植物の枯死体や土壌有機物の分解によって大気に放出される炭素量が六〇ギガトンで、合計して一一〇ギガトンになります。つまり、一一〇ギガトンの炭素が、年々大気と生物圏のあいだでやりとりされていて、収支相償っているということです。……大気から海洋に吸収される炭素量は一〇五ギガトン、海洋から大気に放出される炭素量は一〇二ギガトンとなり……。一方、人間が化石燃料を燃やして大気中に放出している二酸化炭素の近年の量は、炭素量で年間に五・五ギガトンです。……また、森林破壊によって年々大気中に放出される二酸化炭素は、炭素量で一～二ギガトンと見積もられています。自然界ですでに二〇〇ギガトンもの炭素がやりとりされているのですから、人間の出している量は、それと比べれば、ほんのわずかなものにすぎません。[30]

ここで、大気中への放出量を計算してみよう。生物圏から大気中に放出される炭素量が年間一一〇ギガトン（一一〇〇億トン）、海洋から大気へ放出される炭素量が一〇二ギガトン、合計すれば二一二ギガトンとなる。一方、化石燃料の人為的消費によって二酸化炭素の形で大気中に放出される炭素量は、年間五・五ギガトンとなっている。[31] つまり、化石燃料による排出分は、自然界からの排出分の約二・六％に過ぎない計算になる。要するに、森林破壊分を二ギガトンとして加算しても、人為的活動分は総計約三・五％にしかならない。キーリング氏が産業活動（all of the industrial CO_2 release to the air）の分だけ差し引いた二酸化炭素濃度を取り扱ったにしても、それは「ほんのわずか」な控除に過ぎないということなのである。ちなみに、世界的に化石燃料の消費が急伸したのはようやく一九五〇年代以後であるから、それ以前における二酸化炭素の人為的排出量など、「ほんのわずかなもの」よりも一段と少ないはずであろう。そんな程度で、二〇世紀前半の昇温傾向を説明できるのであろうか。

ここで、一つの仮説を立ててみることにする。まず、二酸化炭素は、温度の低い水にはよく溶けることを思い出そう。具体的には、「水温が零度Cのとき、一リットル中に一・七一五リットルの炭酸ガスが溶解し得るが……二四度Cでは〇・七八二リットルと、半分以下にまで減少する」[†32]のである。となると、太陽活動等、何らかの影響で海水温が高くなれば、海洋による二酸化炭素吸収は減ることになる。当然、人間が排出した二酸化炭素もまた、吸収されにくくなる。その結果として、大気中の二酸化炭素濃度も上昇するという論法も成り立つだろう。つまり、二酸化炭素濃度が増加したから気温が上がったのではなく、気温が上がったので二酸化炭素が海に充分吸収されることなく大気中に残ったという考え方である。これは間違っているのだろうか。

さらに、人為的活動による二酸化炭素の排出が、自然界の炭素循環からすれば「ほんのわずか」なのであるならば、その程度のことで地球環境が大きな悪影響を被るなどということが起こるのかという疑問も生じる。そもそも、近年における大気中の二酸化炭素濃度が、本当に自然の摂理に叛いて地球を破壊するほどの量なのだろうか。なぜ産業革命前の約二八〇ｐｐｍという値が、地球環境にとって最適の二酸化炭素濃度だと言えるのであろうか。この問題を考えるに当たって、まず、次の竹内均氏による指摘を読んでみよう。

> いま地表にある植物は、現在の大気中の二酸化炭素濃度の五倍くらいの状態で一番よく育つ。このことから植物が出現して生育した当時の大気には二酸化炭素が現在の五倍くらい含まれていたと考えられます。[†33]

これを読めば、大気中の二酸化炭素濃度がたとえ五倍になろうとも――人間の都合は別として――地球環境そのものが破壊されるわけではないように思われる。緑色植物は、言わば慢性的な二酸化炭素欠乏状態に置かれているのである。緑色植物にとって、大気中の二酸化炭素濃度の増大は、むしろ歓迎すべき事態であろう。二酸化炭素は、もし動物や微生物による大気への還元がないとすれば、陸上植物によって約一五年で消費されてしまう量に過ぎないのである。このような事態は、農作物を育てる際に人工的な二酸化炭素補給が行われていることからもうかがえる。田中正之氏は、次のように述べている。

> 植物の光合成工場は、フル操業の状態にあるのに、原料の二酸化炭素の供給が少ないために、供給量に見合っただけしか生産できないという状態です。そのため、大気中の二酸化炭素の濃度が高くなればなるほど、植物の光合成は活発になるという性質があります。温室内の二酸化炭素濃

度を高めて、メロンなどの促成栽培をするのも、この性質を利用したものです[34]。

二酸化炭素の人工的補給は、「きゅうり、ピーマン、いちご、トマト、枝豆、メロン、春菊、みつば、カーネーションなどの栽培[35]」にも用いられている。つまり、多くの緑色植物にとって、現在の二酸化炭素濃度は低すぎるのである。となると、自然界の炭素循環から比べると「ほんのわずか」に過ぎない人為的な二酸化炭素排出が、地球の環境そのものを破壊するとは考えにくいのではないだろうか。少なくとも、地球史的な視野から見れば、「現在の大気中の炭酸ガス濃度は異常ともいうべき、低水準[36]」であることもまた、事実なのである。

ここで再び――先に示した――キーリング氏らによる二酸化炭素濃度の観測値グラフ（図2－22）に立ち返ってみよう。それをよく見ると、「一九九二年から二年間、人間がCO_2の放出をやめたわけではないのに、大気中のCO_2濃度はまったく増えていない[37]」ことがわかる。そして、シュナイダー氏によると、まさにこの時期は「一九九一年にフィリピンのピナツボ山が噴火したことが原因と思われるが、九二年から九三年にかけて、地球表面の平均気温はそれまでの年よりもおよそ〇・二〇℃下がった[38]」時期なのである。気温低下の原因はともかく、両事実を照らし合わせれば、化石燃料の大量消費が続いていても、気温が下がれば二酸化炭素濃度は増えないということになろう。事実、そうなっているのだ。一九九二年と一九九三年の気温低下期に人為的に放出された二酸化炭素は、大気中に残らなかったのである。となると、その分はどこかに吸収されていなければならない。逆に言えば、何らかの原因で気温が低下すれば、人間が排出した二酸化炭素は、どこかに吸収されるということである。そして、常識的に考えれば、「気温が低下するにつれて、大気中の炭酸ガスは急速に海洋中にとけ、大気中の炭酸ガスは急速に減少する」[†39]という基本図式が、ここでも成り立っているように思えるのである。

たしかに、これとは違った考え方もまた、ありうると思われる。つまり、現に大気中の二酸化炭素濃度は増加傾向にあるのだから、より長いスパンで見れば、やがて増加した二酸化炭素による温暖化が起こるというものである。すなわち、温室効果による気温上昇は経年変化程度のスパンでは顕在化せず、二酸化炭素濃度の増大にかなり遅れてやってくるという論法である。シュナイダー氏は、この「未達成の温暖化」[†40]について、次のように論じている。

大気中の二酸化炭素の量を一九〇〇年の約三〇〇ｐｐｍから六〇〇ｐｐｍに変えて、コンピュータを使った最新式の三次元モデルによって計算すると、平均地表気温は二℃から五℃上昇したところで最終的に平衡に達する。……魔法のように大気中の二酸化炭素濃度を一か月で二倍にすることができたとしても、地球の気温は一世紀やそこらで新しい平衡に達することはない。[†41]

シュナイダー氏は、ここで「温暖化の遅れ」[†42]を指摘している。すなわち、二酸化炭素濃度が二倍になっても、それが気候に与える影響は、「一世紀やそこら（for a century or more）」で実現されるものではないというのである。なるほど、そう言われればそうかもしれないという気もする。だとすれば、

「魔法のように大気中の二酸化炭素濃度を一か月で二倍にする」のではなく、一七五〇年頃からから三〇〇年（＝一万五〇〇〇倍以上の期間）もかけて二倍にするのであれば、その影響が実現するのは、さらに数百年か千年以上先のことかもしれない。すなわち、現在の温室効果ガス排出の影響もまた、ずっと先にその本領を発揮することになろう。もしそうならば、今からでも現存する温室効果ガスを減らしておかなければ大変なことになると考えることもできる。だが、この説明は、同じ書物の中でシュナイダー氏が行っている説明と明らかに矛盾している。シュナイダー氏は、温暖化が人類の危機であることを強調したり、その対策が急務であることを指摘する文脈においては、次のように述べているのである。

地球全体で見ると、一℃や二℃の温度変化といえども、決して小さなものではない。しかも自然状態でなら、数百年も数千年もかかってそれだけ変化するのに、人間の手にかかると数十年で変化してしまうのである。[†43]

……氷河期のように大きな気候の変化が急激に起こった場合、人類にとって悲惨な状態になることは確かである。そして、繰り返し述べてきたように、人間はこのような規模の損害を一世紀という短い時間内にひき起こすかもしれないのだ。[†44]

……温室効果ガスが一般的に予測されているほど急速に増加するなら、そしてもし今後一世紀間に二℃から六℃ほど急速な温度上昇が起こるなら、海洋においては、大気との平衡は保てない……。[45]

シュナイダー氏は、「急速で先例のない――破壊的ですらある――気候変化[46]」の可能性までちらつかせることによって、温暖化対策の切迫性を主張しているのである。この主張に照らせば、「温暖化の遅れ」という弁明は、かなり怪しげであろう。そもそも、シュナイダー氏の主張は、文脈によって言うことが正反対になっている。これほど一貫性を欠いた理論が、なぜ世界中で信じられているのだろうか。また、人為的影響の急速性を主張しているのは、シュナイダー氏だけではない。多くの温暖化論者は、自然の気候変動の速度をはるかに超える人為的影響を警告してきた。温暖化問題を論じた書物を見れば、「急速な平均気温の上昇[47]」、「急激な気温上昇[48]」、「過去に文明社会が経験したことのない急激な変化[49]」、「きわめて急激で異常な変化[50]」等々といった言辞が、次々と登場するのである。

話を戻そう。実際の地球では、「魔法のように大気中の二酸化炭素濃度を一か月で二倍にする」ことは不可能である。となると、温暖化が実現するまでには、極めて長い時間がかかることになろう。だが、その一方で、シュナイダー氏は、人為的に排出された大量の二酸化炭素もまた、いずれは海洋に吸収されてしまうことを指摘しているのである。彼の言葉を紹介しよう。

多くの科学者が、現在の間氷期は終焉に近づいており、あと一〇〇〇年ほど――人間活動による二酸化炭素の汚染が最終的に海に吸収されてしまってから一世紀か二世紀後――で次の氷河期に向かいはじめるだろう、と言っている。[51]

氷河期の問題はここでは触れない。ここで注目すべきは、シュナイダー氏が、あと八〇〇年から九〇〇年の間に「人間活動による二酸化炭素の汚染が最終的に海に吸収されてしま」うとわざわざ指摘している点である。すなわち、「大気から二酸化炭素がゆっくり取り除かれるのは、おもに海洋での生物学的作用によるもので、何十年から何百年もかかる」[↑52]ということらしい。いずれにせよ、「何十年から何百年」も先には、人為的に排出された二酸化炭素もまた、海洋に吸収されてしまうのである。二酸化炭素が海に吸収されてしまうと、当然、その分の温室効果もなくなる。温暖化も遅れてくるが、二酸化炭素の吸収もまた、遅れ馳せながら必ずやってくるのである。はたして、海洋による二酸化炭素の吸収と、「温暖化の遅れ」による気温上昇とでは、どちらが早いのであろうか。問題は、シュナイダー氏をはじめとする温暖化論者たちが、このような初歩的疑問に答えていないことである。温暖化は急なのかゆっくりなのか、ゆっくりだとしたら海洋による二酸化炭素吸収はそれに追いつかないのか、これらの点について科学的に明確な説明がない限り、人為的温暖化論に納得することはできないであろう。

しかも、「温暖化の遅れ」という論法は、実際の出来事と合致していないように思われる。多くの人為的温暖化論者が主張するように、二〇世紀の前半は昇温傾向が顕著であった。このこと自体は、一七五〇年頃から増大し始めた二酸化炭素による温暖化が、ようやく二〇世紀前半になって始まったということで理解できるかもしれない。ここまでは、「温暖化の遅れ」という図式が成り立つ。だが、一九五〇年代〜一九七〇年代前半にかけては、昇温傾向は止まり、寒冷化さえ見られたのである。人為的な二酸化炭素排出は増え続け、特に一九五〇年代からは急伸したにもかかわらず、すでに始まっている温暖化さえ止まってしまったのだ。二酸化炭素濃度が増加を続けているならば——温暖化が遅れてやってくるのであればなおさら——後になればなるほど昇温が顕著にならなければおかしい。もちろん、当時の寒冷化の原因に関しては、大気汚染のせいだとか火山噴火によるだとか、色々な弁解があるかもしれない。だが、もし仮にそうだとしても、温室効果ガスの人為的排出の急伸期でさえ、何か他の要素が加味されれば、一度始まった温暖化でさえ止まってしまうという事実を否定することはできない。そもそも、温暖化だけが遅れて実現し、大気汚染や火山の影響の方は即効性があるというのも、とても誠に極めて何とも説明不足なのである。少なくとも、一九五〇年代〜一九七〇年代前半にかけての寒冷化現象は、「温暖化の遅れ」という図式と矛盾している。このことだけは事実であろう。

最後に、大気中の二酸化炭素濃度の観測で有名な、マウナロア観測所の話をつけ加えておこう。一九八〇年代末以来の人為的地球温暖化論の隆盛にともなって、マウナロア観測所の名は、日本でも広く知られるようになった。しかし、マウナロア観測所が有名になったのは、これが初めてではないのである。一九七〇年代、マウナロア観測所は、次のような記述の中にしばしば登場していたのである。[†53]

ハワイ諸島のマウナロア山頂での観測では、過去一〇年間で大気の混濁度は三〇%も増加しており、中央アジアの氷河上に堆積された細塵は、五〇〜一〇〇年前の二〜三倍にも達しているという。その原因はいうまでもなく、自動車、飛行機、工場、廃棄物焼却、山林の伐採の結果としておこる土壌の風蝕等である。アメリカの環境科学情報提供部門のアール・W・バレット博士は、大気中に吐き出され、そこに残留していく塵粒子が五、〇〇〇万トンになれば、地球の平均気温をいまの一五度Cから四度C——ほとんどの生物が生き残ることのできない温度——にまで下げるだろうと述べている。[†54]

面白いことに、地球寒冷化説が隆盛していた時代には、マウナロア山での観測データが、それを裏づけるものとして取り上げられていたのである。当時は、観測データのうち、日射を遮る細塵の方に注目が集まっていた。〝マウナロアでの観測でも明らかなように、このままゆけば地球はますます寒冷化する〟と言われていたのである。そして、一九八〇年代末頃以後、人為的温暖化論が隆盛してくると、今度は二酸化炭素濃度ばかりが取り上げられるようになり、再びマウナロアの名が有名になった。〝マウナロアでの観測でも明らかなように、このまま二酸化炭素濃度が上昇し続ければ地球はますます暑くなる〟と言われているのである。まあ、気候のことであるから、当然、風向きもまた変わりやすいものなのであろう。

まとめよう。人為的に排出された二酸化炭素等の温室効果ガスが地球温暖化の原因であるとするならば、少なくとも、二酸化炭素濃度の変化が気温変化に先立っていなければならない。だが、実際にはそうなっていない。南極の氷柱を見ても「二酸化炭素濃度の変化より先に気温の変化が始まっている」し、ワットによる蒸気機関の開発以前から二酸化炭素濃度は増え始めたし、キーリング氏らの観測でも、二酸化炭素濃度の変化は気温変化に遅れているのである。さらに、全地球上での大気中への二酸化炭素放出のうち、人為的起源のものは「ほんのわずか」にすぎない。となると、その程度で地球環境が破壊されるのかどうか、非常に疑問である。たとえば、太陽活動が「ほんのわずか」に変化すればどうなるのか。火山活動が「ほんのわずか」に変化すればどうなるのか。大気汚染が「ほんのわずか」に進行すればどうなるのか。これらの点もまた充分に考慮しなければ、気候の予測などできないはずである。なのに、二酸化炭素ばかりが注目されるのはどうしてなのか。しかも、一九九二年から一九九三年にかけては、人為的な温室効果ガスの排出は続いているのに、気温は下がり、二酸化炭素濃度も増えなかった。この事実をどうやって説明するのか。考えれば考えるほど、疑問はつのるばかりなのである。

注

1 佐和隆光『地球温暖化を防ぐ―二〇世紀型経済システムの転換』岩波書店、一九九七年、一一頁。
2 A. Neftel, E. Moor, H. Oeschger and B. Stauffer, "Evidence from polar ice cores for the increase in atmospheric CO_2 in the past two centuries," *Nature*, Vol. 315, May 2, 1985 (pp. 45-47), p. 47.
3 スティーブン・H・シュナイダー『地球温暖化の時代―気候変化の予測と対策』内藤正明・福岡克也監訳、

ダイヤモンド社、一九九〇年、四八頁。

4 宇沢弘文『地球温暖化を考える』岩波書店、一九九五年、三二頁。（段落は無視）

5 宇沢『地球温暖化を考える』前掲書、八五頁。なお、大気圧を利用した初歩的な蒸気機関は、一七一二年にニューコメンによって開発されているが、蒸気の圧力を直接利用する実用化的な蒸気機関は——宇沢氏の指摘するとおり——ワットによって発明されたものである。

6 宇沢『地球温暖化を考える』前掲書、三二頁。

7 田中正之「二酸化炭素濃度の変動」『科学』第五九巻九号、一九八九年（五六六—五七三頁）、五六九頁。

8 都留重人編『岩波経済学小辞典』〔第三版〕岩波書店、一九九四年、一二七頁。

9 高橋泰蔵・増田四郎編集『体系経済学辞典』〔第六版〕東洋経済新報社、一九八四年、一三五頁。

10 ポール・B・シアーズ『エコロジー入門』柳田為正訳、一九七二年、講談社、一三四頁。

11 田中正之『温暖化する地球』読売新聞社、一九八九年、四九頁。なお、田中氏自身は、この単純な考えをそのまま主張しているわけではない。

12 米本昌平『地球環境問題とは何か』岩波書店、一九九四年、二〇頁。

13 シュナイダー『地球温暖化の時代—気候変化の予測と対策』前掲訳書、四八頁。

14 霞が関地球温暖化問題研究会編訳『ＩＰＣＣ地球温暖化レポート』中央法規出版、一九九一年、四四頁。

15 なお、高木善之氏は、次のように述べている。

南極の氷のなかの気泡を調べることで、過去一六万年間の大気の組成を知ることができました。……これまでの地球一六万年の歴史のなかで、最も寒かったのは氷河期です。この時二酸化炭素の量は最も少ない二〇〇ｐｐｍでした。最も暖かい時期の地球、温暖期の二酸化炭素は最も多く二八〇ｐｐｍでした。この差は八〇ｐｐｍです。……ところが、近年急激に増加した二酸化炭素は、現在値で三六〇ｐｐｍを超えています。つまりごくわずかの期間で、温暖期の二八〇ｐｐｍよりさらに八〇ｐｐｍも増えてしまったわけです。これは、「氷河期と温暖期の温度差と同等の温度が上がる」ことを意味しています。……つまり地球の平均温度が四・五度上がることを意味しています。（高木善之『地球大予測―選択可能な未来』総合法令出版、一九九五年、二八―三〇頁）

それにしても、二酸化炭素濃度の上昇量が同じ（＝八〇ｐｐｍ）であれば温度上昇幅も同じ（＝四・五度）であるという見解は、どこから出てきたのであろうか。その根拠を知りたいものである。

16　J. M. Barnola, D. Raynaud, Y. S. Korotkevich and C. Lorius, "Vostok ice core provides 160,000-year record of atmospheric CO_2," *Nature*, Vol. 329, October 1, 1987 (pp. 408-414), p. 413.

17　ジョン・グリビン『地球が熱くなる・人為的温室効果の脅威』山越幸江訳、地人書館、一九九二年、九九頁。

18　岩田修二「氷河時代はなぜ起こったか」『科学』第六一巻一〇号、一九九一年（六六九―六八〇頁）、六七八頁。

19　大前巌『二酸化炭素と地球環境―利用と処理の可能性』中央公論新社、一九九九年、四〇―四一頁。

20　米本『地球環境問題とは何か』前掲書、二五頁。

21　朝日新聞科学部編『異常気象』朝日新聞社、一九七七年、二八頁。（段落は無視）

22　長尾隆・星野常雄『炭酸ガスと地球環境の変遷』地人書館、一九九一年、一七二頁。

23　長尾・星野『炭酸ガスと地球環境の変遷』前掲書、一九頁。

24　米本『地球環境問題とは何か』前掲書、二三頁。

25　C. D. Keeling, R. B. Bacastow, A. F. Carter, S. C. Piper, T. P. Whorf, M. Heimann, W. G. Mook and H. Roeloffzen, "A Three-Dimensional Model of Atmospheric CO_2 Transport Based On Observed Winds:

1. Analysis of Observational Data," D. H. Peterson (ed.), *Geophysical Monograph 55 : Aspects of Climate Variability in the Pacific and the Western Americas*, American Geophysical Union, 1989 (pp. 165–236), p. 165.

26　このキーリング氏らの研究成果については、槌田敦氏（「CO_2温暖化脅威説は世紀の暴論」二三〇—二三二頁）および根本順吉氏（『超異常気象』二一二—二一四頁）によって紹介されている。

27　キーリング氏らのこの研究成果の内容は、日本でも広く知られているはずである。たとえば、佐伯理郎氏は次のように記述している。

> 大気中の二酸化炭素濃度の年々変動を引き起こす要因の一つとして、エルニーニョ現象が考えられています。いろいろな調査・研究で、ハワイのマウナロアで観測している二酸化炭素濃度の増加率が、南方振動指数に対して五か月遅れで負相関があること、また、東部太平洋赤道域の海面水温偏差に対して数か月遅れで正相関があることなどが示されています。（佐伯理郎『エルニーニョ現象を学ぶ』成山堂書店、二〇〇一年、一三七頁）

ちなみに、エルニーニョ現象と南方振動指数は負相関にあるので、二酸化炭素濃度はエルニーニョ現象に対して遅れた正相関があることになる。

28　Keeling *et al.*, "A Three-Dimensional Model of Atmospheric CO_2 Transport Based on Observed Winds : 1. Analysis of Observational Data," *ibid.*, p. 211.

29　*op. cit.*, p. 165.　もちろん、約一一年というのは、太陽黒点の周期に一致している。

30　田中『温暖化する地球』前掲書、八二—八五頁。ただし、段落は無視した。

31　化石燃料による排出量はさらに増加し、一九九八年には約六・四ギガトンに達したという指摘もある。ただし、キーリング氏らの計算がそもそも一九八〇年代のものであるから、それを論じるには、五・五ギガトンとしても問題はないであろう。ちなみに、六・四ギガトンという量は、一九五〇年当時の約四倍に当たる。逆に言えば、二〇世紀半ばの二酸化炭素排出量は、世紀末の約四分の一に過ぎなかったということである。

32 長尾・星野『炭酸ガスと地球環境の変遷』前掲書、一五四頁。ただし、海水は塩分を含むので、若干溶解度が低くなる。

33 竹内均・西丸震哉・根本順吉「異常気象の行きつく先は?」『科学朝日』一九七六年一〇月号(五四―六〇頁)、五六頁。

34 田中『温暖化する地球』前掲書、九〇頁。

35 大前『二酸化炭素と地球環境―利用と処理の可能性』前掲書、七五頁。

36 長尾・星野『炭酸ガスと地球環境の変遷』前掲書、一一九頁。

37 槌田敦「CO_2温暖化脅威説は世紀の暴論―寒冷化と経済行為による森林と農地の喪失こそ大問題」環境経済・政策学会編『地球温暖化への挑戦』東洋経済新報社、一九九九年、二三五頁。

38 スティーヴン・シュナイダー『地球温暖化で何が起こるか』田中正之訳、草思社、一九九八年、一二〇頁。

39 長尾・星野『炭酸ガスと地球環境の変遷』前掲書、二六頁。

40 シュナイダー『地球温暖化の時代―気候変化の予測と対策』前掲訳書、一二一頁。

41 シュナイダー『地球温暖化の時代―気候変化の予測と対策』前掲訳書、一二一頁。

42 シュナイダー『地球温暖化の時代―気候変化の予測と対策』前掲訳書、一二一頁。

43 シュナイダー『地球温暖化の時代―気候変化の予測と対策』前掲訳書、三四頁。

44 シュナイダー『地球温暖化の時代―気候変化の予測と対策』前掲訳書、八九頁。

45 シュナイダー『地球温暖化の時代―気候変化の予測と対策』前掲訳書、一三二頁。

46 シュナイダー『地球温暖化の時代―気候変化の予測と対策』前掲訳書、二四三頁。

47 宇沢『地球温暖化を考える』前掲書、五三頁。
48 環境庁地球環境部編集『改訂 地球環境キーワード事典』中央法規出版、一九九三年、三四頁。
49 気象ネットワーク編『よくわかる地球温暖化問題』中央法規出版、二〇〇〇年、一八頁。
50 和田武『地球環境論―人間と自然との新しい関係』創元社、一九九〇年、六二頁。
51 シュナイダー『地球温暖化の時代―気候変化の予測と対策』前掲訳書、七三頁。
52 シュナイダー『地球温暖化の時代―気候変化の予測と対策』前掲訳書、一一八頁。
53 G・R・テイラー『地球に未来はあるか―地球温暖化・森林伐採・人口過密』〔新版〕大川節夫訳、みすず書房、一九九八年、五一―五二頁にも同様の指摘がある。また、根本順吉『異常気象を追って―一一年間の記録』中央公論社、一九七四年、一三九頁には、「ハワイのマウナロアで観測した混濁係数年変化」のグラフが紹介されている。
54 中村広次『迫りくる食糧危機』三一書房、一九七五年、六四―六五頁。

第3章 社会問題としての地球温暖化問題

1 見えない権威への従属――危機の重さと行為の軽さ

一般向けに地球温暖化論を紹介する書物では、多くの場合、IPCC（気候変動に関する政府間パネル）の報告が援用されている。簡単に言えば、国際的に権威を付与された機関の見解を示すことによって、人為的地球温暖化論の正統性の根拠としているのである。

ところで、IPCCとはいったい何なのか。念のため、ここでその概略を確認しておこう。一九八八年六月のハンセン氏の「九九％証言」が引き金となって、地球温暖化問題が国際政治の新たな関心事として注目を浴びるようになったことはすでに述べた。そのような状況下、同年一一月、初めての公式の政府間の検討の場として、国連環境計画（UNEP）と世界気象機関（WMO）の共催によって設置されたのが、IPCC（Intergovernmental Panel for Climate Change）なのである。さらに、同年「十二月六日、国連決議（53／43）『人類の現在および将来の世代のための地球気候の保護』が採択され、このなかでＩＰＣＣ（気候変動政府間パネル）を国連が支援する正式の活動として認知[†1]」した。その後、一九九二年の地球サミット（環境と開発に関する国連会議）において、「気候変動に関する国際連合枠組条約[†2]」が調印されたのである。なお、温暖化防止京都会議（ＣＯＰ３）というのは、この条約第７条に規定された「締約国会議」の一つ（第三回目）である。

ＩＰＣＣは、設立初期から、あたかも国際的な権威のような形で、その強い影響力を発揮し続けている。たとえば、次のような記述には、その一端が現れていると言えよう。

……一九九〇年五月、世界の気象学者がこれを、気候変動に関する政府間パネル（ＩＰＣＣ）の報告書のなかで、はっきりとしたかたちにまとめあげた。ＩＰＣＣは、世界の気候変動の深刻さを各国の指導者たちに進言する目的で、一九八八年の国連総会で創設された機関である。二〇か国以上から集まった三〇〇人以上の科学者たちは、「われわれは確信する」として、次のように述べた。「人間活動に起因するさまざまな排出物が、温室効果ガスの濃度を現実に上昇させている。この上昇によって温室効果が進み、地表面の温度はいっそう上昇するだろう[†3]」。

ＩＰＣＣは世界気象学会及び国連環境プログラムによって構成された世界中の科学者の研究を総合する機構で、過去五年間に世界中の二五〇〇人以上の科学者が、この機構の調査、分析に関わってきました。ここでの仕事は、すべて厳密な吟味、検証を経てなされています[†4]。

これらを読めば、ＩＰＣＣの報告とは、世界中の科学者の研究を厳密な検証を経て集約した成果のように受け取れる。日本の気象庁にしても、ＩＰＣＣ第二次報告書を刊行する際に、わざわざ「世界の第一線の科学者による最新の報告」という大仰な副題を付しているのである。きっと、世界の一流ブランドによる最新のファッションのごとき大権威だということなのであろう。それにしても、ＩＰＣＣにはなぜそれほどの権威と正統性があるのであろうか。ＩＰＣＣそのものを非難しようしているのではない。問題は、少なくとも多くの一般市民にとって、突如として有名になったＩＰＣＣなる存在の権威と正統性の源泉が見えないことである。ほとんどの一般市民は、ＩＰＣＣの仕事に参加したとされる二五〇〇人の科学者の名前を、一人として暗記してはいないだろう。たとえ名前くらいは憶えていたとしても、その人物の研究業績に関する専門知識はほとんどないであろう。それが普通なのである。にもかかわらず、ＩＰＣＣの見解は、広く一般に受け入れられている。この事態は、人々が自分では何かよく分からない対象を、真理を垂れる権威として信じ込まされているような状況である。重要な問題は、ＩＰＣＣの見解や人為的地球温暖化論が正しいか否かよりも、正しいかどうか深く考えもせず、それを権威や真理のごとく信じ込むような態度なのである。そのような態度の下で、国家の政策が決定され、国際世論が形成されている。われわれは、この事態を直視しなければならない。要するに、何だかよく分からない権威から真理が啓示され、いつの間にか既成事実が積み重なっているのである。

そもそも、地球温暖化問題を少し調べれば、ＩＰＣＣに対する否定的な見方も数多く見つけることができる。一般には絶大なる権威を認められているＩＰＣＣであるが、それに対する批判もまた存在するのである。たとえば、次の指摘を読んでみよう。

……科学的なアセスメント――アメリカ国家研究会議や国連の「気候変動に関する政府間パネル」、あるいはすでに特別な例としてあげたカーネギー・メロン大学のグループが実施しているような――は、少数意見を異端的と決めつけて、主流から孤立させようとする。ときには、主流をはずれた意見が正しい場合もあるので、彼らの意見にも耳を貸さなければならない。[†5]

これを書いたのは、シュナイダー氏である。人為的地球温暖化論のリーダー的存在であるシュナイダー氏でさえ、ＩＰＣＣの態度を「少数意見を異端的と決めつけて、主流から孤立させ」ていると批判しているのだ。さらに、ＩＰＣＣに批判的なのは、シュナイダー氏だけではない。シュナイダー氏の論敵とされるリンゼン氏もまた、ＩＰＣＣに対する厳しい批判を展開しているとのことである。

『ニューズウィーク』（日本版）は、その批判を次のように紹介している。

先ごろ、英インデペンデント紙は国連主催の「気候変動に関する政府間パネル（ＩＰＣＣ）」の報告書概要を掲載した。そこには「人間の活動を原因とする温暖化は進行しており、地球に破滅的影響を与えかねないと、第一線の気象学者たちは主張した」とある。リンゼンは驚いた。彼もこの報告書の作成に協力していたが、広く流布された「政策決定者のための概要」の執筆には参加しなかった。「あれが『科学者のコンセンサス』だなんて、とんでもない。あの概要は、たった一四人の学者が書いたものだ」と、彼は言う。この点については同意する学者が少なからずいる。どうやらＩＰＣＣは、温暖化防止の具体的な行動を急ぐあまり、科学的な知見をふくらませて極端な結論を導いてしまったようだ。†6

日本の朝日新聞もまた、英インデペンデント紙と同様、この報告書を紹介した。色刷十段抜きの扱いで報じ、「今回の第三次報告書のとりまとめには、世界中から科学者約三千人が参加した」と説明している。†7 たしかに、参加した人数は三〇〇〇人なのだろう。リンゼン氏だって一応「参加」だけはしたのだ。しかし――『ニューズウィーク』（日本版）によると――その実態は、三〇〇〇人の科学者のコンセンサスにはほど遠く、ごく少数の科学者たちが「科学的な知見をふくらませて極端な結論」を導き出したものに過ぎないと言われているのである。ＩＰＣＣのこのような性格は、設立初期から指摘されていた。すなわち、ＩＰＣＣは、ごく少数の中心的人物によって主導されているというわけである。たとえば、次の指摘を読んでみよう。

「通貨マフィア」という言葉がある。……国際経済の基軸ともいうべき通貨を操るごく少数の担当者たち。その仕事ぶりは「マフィア」と多少秘密めかしていうのも似つかわしい。ＩＰＣＣで作業を続ける各国の行政担当者や学者たちの姿も、一面こうした通貨マフィアに似ているところもある。「気候マフィア」といったところだろうか。†8

これは、一九九〇年の記述である。この後一〇年以上経っても、ＩＰＣＣのあり方は変わっていないようである。なお、ごく一部のメンバーによる独占的主導という形は、大規模な国際的会議でも同様である。たとえば、「気候変動に関する国際連合枠組条約」が調印された「地球サミット」について、根本順吉氏は次のような感想を残している。

地球サミットの成果についての評価はさまざまである。……この会議からきわだった学問的成果を期待することは無理であろう。……およそ八〇〇人の専門家が一堂に会して、新しい成果を生み出すというようなことができるのか。そこには数少ない指導的役割をする専門家がいて、その他は雷同し、数にものを言わせて権威づけしているような点がみられるのである。[†9]

おそらく、そのとおりなのであろう。「数少ない指導的役割をする専門家」と「数にものを言わせて権威づけ」という構図は、ＩＰＣＣと同様である。事実、ＩＰＣＣの「政策決定のための概要」はたった一四人で書かれたのに、「今回の第三次報告書のとりまとめには、世界中から科学者約三千人が参加した」と説明されているのである。たとえウソではないにしろ、このような書き方には大いに問題があると言えよう。そこに、数の威力を示すという政治的効果が発揮されていることは事実なのである。政治である限り、数こそ力なのだ。元来、ＩＰＣＣは、その政治性もまた強く指弾されて来た。その科学的立場は、政治的に歪曲されているのではないかとの懸念さえも示されてきたのである。たとえば、江澤誠氏は次のように論じている。

ＩＰＣＣは科学者が研究を自主的に進めるためのものではなく、国連の機関が音頭を取って集めた組織であるから、メンバーは「各国を代表」する科学者によって構成されている。……ＩＰＣＣの場合は科学を政治が利用したのである。そこでは「科学」の領域は徐々に後退し、むしろ地球の温暖化という環境破壊をいかに利用し、そこからいかに利益を得るかといった、政治と経済の世界が展開していくことになる。……また、「各国を代表する科学者」を集めたというのは、具体的には各国の政府が人選したのであるから、官僚が含まれることもあろうし、優れた実績を持っていても体制に批判的な科学者は選ばれにくいだろう。[10]

もちろん、政府の官僚が中心的に参加すること自体が悪である必然性はない。だが、江澤氏の批判もまた、的を射たものであろう。ちなみに、ＩＰＣＣ第一次報告書の邦訳には、そのとりまとめに参加した日本人として、気象庁気象研究所の時岡達志氏、環境庁参与の橋本道夫氏、通産研究所の横堀恵一氏の三人の名が記されている。[11]

また、江澤氏の問題視する「『科学』の領域の後退」に関しては、具体的な科学的問題点をあげた批判も存在する。たとえば、松野太郎氏は、ＩＰＣＣの第一次報告書について、「特に海洋の役割について、疑問な点や内部で整合性のとれていないところが気になった」[12]とした上で、「本職の海洋物理学者から声があがらないのを不思議に思っている」[13]と指摘しているのである。さらに言えば、イギリスの『ネーチャー（*Nature*）』誌もまた、ＩＰＣＣの報告書に対して、痛烈に批判を浴びせている。

疑いなく、それは、過去数十年の間にコンピュータ・モデルによって立てられた、気候変動を追跡するための予言の寄せ集めを、まさに体現しているのであって、それは、残された物理的な不確実性に関して、尊重に値する議論をしてきた懐疑論者たちを納得させうるような鋭い議論を欠いている。[†14]

IPCCの第一次レポートが寄せ集めであることは、先の松野氏の論文を読めばよく分かる。たしかに、IPCCはその後も修正した最新報告を刊行している。だが、人為的地球温暖化論そのものの社会的正統化は、すでに第一次報告書の時点で成立しているのである。問題は、これほどの難点が指摘されているにもかかわらず、IPCCの見解が権威や真理として受け入れられてしまっている点にある。深く考えることもなくIPCCを盲信することは、温暖化真理教とでも称すべき態度であろうか。

ともかく、今日広く一般に読まれている地球温暖化問題の解説書は、少なくとも科学的論点に限って言えば、IPCCの見解をほぼそのまま紹介しているようなものが大半である。言わば、中身の見えない（見ようともしない？）権威に多くの人々が追従しているような事態であろう。そして、この権威のやっていることはと言えば、コンピュータ・シミュレーションによる予想に他ならない。得体の知れない権威からコンピュータによる預言が授けられ、人々は人類救済計画に駆り立てられるというわけである。急げ、「早めの一手が地球を救う」[†15]のだ、「ぐずぐずしていては、取返しのつかない事態を招く」[16]だろう……といった言説が世間に広まり、既成事実化しつつあると言えよう。だが、そこから導かれる行動は、少なくとも一般市民のレベルにおいては、必ずしも事態の深刻さに釣り合っていないように思えるのである。

IPCCブランドと、それを宣伝するマスコミによってお墨付きを与えられたこともあってか、人々はまるで最新の流行のように温暖化危機説を受け入れている。語られている危機の深刻さに比べて、その受け入れ方はいかにも軽い。人々は、人類に迫った未曾有の危機を、否定するのでもなく、顔面蒼白になって受け入れるのでもなく、非常に軽い感覚で受け入れているのである。たしかに、国策的なレベルでは、原子力発電の推進、堤防や防波堤の建設、炭素税の徴収といった、温暖化対策の大事業が検討されている。だが、それは一般の人々の感覚を直接反映したものではないし、個々人でどうこうできるものでもなく、ある意味で日常生活からは遠く感じられる世界の出来事であろう。あるいはまた、国策的大事業の重さと比べても、個々人の感覚は軽いと言えるのである。実際、ある環境NGOが出している本は、次のように呼びかけている。

もし温暖化が気になっているようでしたら、ショッピングをするような気持ちで、どの取り組みが自分にあっているのか、選んでみたら面白いと思います。楽して減らす、そんな賢い生活で温暖化を止めてみてはいかがでしょうか。[17]

これが、地球規模の危機を直視した者たちの言葉であろうか。別に非難しているわけではない。ただ、「国土が海面下に沈んでしまう国も出てくる」だとか、「世界の森林の三分の一で植生が変わる」だとか、「台風やハリケーンといった熱帯性の低気圧が猛威を振るう」だとか、「穀物生産が大幅に減少し、世界的な飢餓が訪れる」などという、[†18]この世の終わりのような危機に直面しているのであれば、とても「ショッピングをするような気持ちで」などいられないような気がするのである。こうした軽い感覚を責めているのではない。むしろ、このような感覚は、善意と常識に由来することは認めてもよい。ここで注目しているのは、この種の感覚の軽さが、世間一般に広く共有されているという事実なのである。次の記述なども、この事実を見事に体現している。

自動車業界は今「エコ」がちょっとしたブーム、なーんて書き方をすると、「環境問題」というブランドがあって、とりあえずそこの服を着ておけば安心とばかりに自動車メーカーがこぞって環境問題ブランドでめかしこんでいるように聞こえるだろう。まあ、実際そういう側面もあるが、ガソリンと電気で走るハイブリッドカーが、急速に現実味をおびてきているのだ。……プリウスのエコロジーぶりは画期的だ。吐き出す二酸化炭素は通常のクルマの約半分……。……だからこそ、今わざわざプリウスに乗っている人は、本気のエコ・コンシャスといえる。もし、ボーイフレンドか誰かがプリウスに乗っていたら、こういう選択ってかっこいいね、といってあげたい。……ファッションとしてのエコロジー、それがかっこいいと思う。[†19]

自動車業界だけではない。今や酒造会社もタイヤメーカー等も、二酸化炭素排出量削減を謳い文句にしたCMを流していることを見れば、エコが社会全体のブームになっていることが理解できよう。[20]われわれの社会は、地球規模の一大危機に対して、「『エコ』がちょっとしたブーム」という感覚で対応しているのである。ちなみに、右の記述は、もともと『FRaU』（講談社）という雑誌に掲載されたもので、発行元のホームページによると、この雑誌は「いわゆる30ans（トランタン）予備軍と呼ばれる女性をターゲットにした都会派女性誌」とのことである。雑誌の性格上当然のことながら、右の記述は、地球環境問題と真正面から取り組むという態度で書かれているものではない。ただし、『FRaU』誌にまで「二酸化炭素」が登場しているのだから、いかに温暖化危機が世間に浸透しているのかが見て取れるだろう。ともあれ、右の記述は軽い読み物として書かれたものである。しかし、そこで述べられている内容は、シュナイダー氏の『地球温暖化の時代―気候変化の予測と対策』に書かれていることとほとんど同じなのである。『FRaU』誌に書かれているから軽いのではない。シュナイダー氏にしても、一般市民に対する温暖化対策の勧めとして、次のように述べているのである。

だれでも車を買い換えることがありますが、その時に燃費を調べましょう。大きくて速い車をもつことが、そんなに大切でしょうか。どうして、環境と財布にとっていいことをしようとしないのでしょう。もっと、燃費のいい車を買ってください。[21]

ある意味で、シュナイダー氏もまた、先の『FRaU』誌の記述と感覚を共有していると言えよう。

燃費のいい車を買うことが環境によい行いだというのは、間違いではないのかもしれないが、彼の語る危機の大きさから見れば、いかにも軽い指摘である。シュナイダー氏は、声を大にして、「未来の世代を空前の大変動のなかに放り出す」[†22]ほどの危機が迫っていると叫んでいるのである。それほどの重篤事態であるならば、食料配給制や衣料品切符制くらいのことを言い出してもよさそうなものであろう。燃費のよい自動車を勧めるより、風力発電施設の建設のために金属回収令を主張してもよさそうなものである。別に冗談を言っているわけではない。普通に考えれば、食糧配給制や衣料品切符制でもしない限り、「空前の大変動」に釣り合う対策にはならないと思われるのである。

ともかく、危機の大きさに比べて、それを受け止める感覚が軽いのだ。新聞記事を見ても、この種の軽さがしばしば登場する。一例をあげれば、次のような記事である。

地球温暖化をくい止めるには、どんな行動をとったらいいか、遊びながら考えてもらうすごろく「ストップ！温暖化ゲーム」が好評だ。神奈川県川崎市にある環境教育のシンクタンク「エコ企画」（藤村コノヱ代表）が作った。[†23]

この「すごろく」自体に文句はないが、地球温暖化危機というのは、「遊びながら考え」る程度の問題なのかという疑問は生じる。遊んでいる場合なのであろうか。だいたい、すごろくを作るための資源消費や生産活動の方が問題ではないのだろうか……。まあ、すごろくという発想は名案かもしれない。何だか、冷房がきいた部屋でハンバーガーを食べながら、トラックで配達されてきたすごろくを楽しむ子どもたちの微笑ましい姿が目に浮かぶようである。

要するに、地球温暖化の危機が広く知れわたり、多くの人々がその対策のために行動しているにしても、そこに働いているのは、悩み調べ考え抜いた上での危機感ではないのである。本当に自分の生活が危ういのであれば、子や孫の生存が脅かされるのであれば、「ショッピングをするような気持ち」で「遊びながら考え」るような感覚にはとてもなれないであろう。むしろ、顔面蒼白にでもなっていなければおかしい。そして、自分や家族や子孫の命を本気で心配するのであれば、たとえ食糧配給制でも衣料品切符制でも鉄材供出でも勤労奉仕でも何でも受け入れるだろう。すごろくをしたり買い換える車の燃費を調べたりしている場合ではないのである。ここで、このような状況を嘆いているのではない。非難しているのでもない。大切なことは、なぜこのような社会的状況――危機の重さと行為の軽さの共存――が成立しているのかを、冷静に分析することなのである。

この種の軽さは、実は、その背後に巨大な力を秘めている。われわれは、この力から逃れられない。たとえば、たとえ軽い感覚であれ、車を買うときに燃費を気にするようにと、密かに脅迫されているのである。もし必要以上にバカでかい超豪華車でも買おうものなら、環境に対する意識の低いアホな人間というレッテルを貼られてしまうことになる。誰もがそれを恐れている。特に、社会・経済的地位の高い人ほどそうだろう。逆に、自分が「エコ・コンシャス」だということが、世間体をよくする。つまり、「かっこいい」のだ。誰もがそれを感じている。そして、誰も、この静かな脅迫から逃れることはできないのである。この静かな脅迫は、頭ごなしの一方的命令ではない。有無を言わせぬ力ずくの強制でもない。この脅迫をもたらす、目立たぬが実は強力な作用こそ、「抑止」と呼ばれるものなのである。われわれは、この抑止から逃れることができない。次節では、この抑止（=抑止力）の問題を考察しよう。

注

1　米本昌平『地球環境問題とは何か』岩波書店、一九九四年、七二頁。

2　平成六外告三五〇。

3　ジェレミー・レゲット編著『グリーンピース・レポート　地球温暖化への挑戦―政府・企業・市民は何をなすべきか』西岡秀三・室田泰弘監訳、ダイヤモンド社、一九九一年、i頁（日本語版への序文）。それにしても、グリーンピースが、各国政府の代表の集まりであるIPCCを支持するのは、別に悪いとは言わないが、何だか違和感を覚える。さらに、日本の官庁がグリーンピースのデータを採用している環境庁地球環境部編『地球温暖化日本はどうなる?』というのも、隔世の感がある。

4　世界教会協議会（WCC）「正義・平和・創造」部局『地球温暖化とキリスト教―「持続可能な社会」のために』新教出版社、一九九九年、八頁。ちなみに、この主張に立てば、IPCC第二次報告書にある「原子力エネルギーへの転換」という政策もまた、世界中の科学者による調査・分析であり、しかも厳密な吟味、検証を経たものである以上、是非とも尊重しなければならないことになろう。

5　スティーヴン・シュナイダー『地球温暖化で何が起こるか』田中正之訳、草思社、一九九八年、二五七頁。

6　フレッド・グタール「温暖化なんて怖くない」『ニューズウィーク』（日本版）第一六巻二九号、通巻七

六八号、二〇〇一年八月一日（二二―二七頁）、二四頁。（段落は無視）
7 朝日新聞、二〇〇一年四月一一日。
8 NHK取材班『地球は救えるか2 温暖化防止へのシナリオ』日本放送出版協会、一九九〇年、一四頁。（段落は無視）
9 根本順吉『超異常気象―三〇年の記録から』中央公論社、一九九四年、九一頁。
10 江澤誠『欲望する環境市場―温暖化防止条約では地球は救えない』新評論、二〇〇〇年、六八頁。
11 霞が関地球温暖化問題研究会編訳『IPCC地球温暖化レポート』中央法規出版、一九九一年。
12 松野太郎「地球温暖化と海―IPCC報告の問題点」『科学』第六二巻一〇号、岩波書店、一九九二年（六〇三―六〇六頁）、六〇三頁。
13 松野太郎「地球温暖化と海―IPCC報告の問題点」『科学』前掲論文、六〇六頁。
14 "Next steps on global warming," *Nature*, Vol. 348, November 15, 1990 (pp. 181－182), p. 182.
15 朝日新聞、二〇〇一年四月一一日。
16 スティーブン・H・シュナイダー『地球温暖化の時代―気候変化の予測と対策』内藤正明・福岡克也監訳、ダイヤモンド社、一九九〇年、三七頁。
17 地球環境と大気汚染を考える全国市民会議（CASA）編『温暖化を防ぐ快適生活』かもがわ出版、一九九八年、三頁。
18 地球環境と大気汚染を考える全国市民会議（CASA）編『温暖化を防ぐ快適生活』前掲書、五―六頁を参照。
19 甘糟りり子『贅沢は敵か』新潮社、二〇〇一年、一三五―一三七頁。
20 企業がエコ・ブームに遅れまいとする姿は、他にも見受けられる。スーパーマーケット業界の例もある。

二〇〇〇年五月六日の朝日新聞夕刊には、「ケナフ普及スーパーが『助っ人』」という見出しのもと、次のような事例が紹介されていた。

「地球温暖化防止に役立つ植物」と注目されているケナフ栽培の輪を広げようと、環境教育団体の「エコパートナー21」（森正代表、奈良市）と大手スーパーのジャスコ・近畿カンパニー（大阪市福島区）が連携し五日から、近畿、北陸地方の五十六店舗でケナフのタネを配っている。昨年まで郵送中心で配っていたが、反響が大きく発送作業は限界に。リサイクル活動などで付き合いのあるジャスコに協力を求めた。

ちなみに、これが掲載された二日後（二〇〇〇年五月八日）の同じ朝日新聞紙上に、畠佐代子氏の研究を紹介する記事が載り、次のように記されていた。

五月、全国各地でケナフの種まきが始まる。「環境にやさしいという名目で自然植生を破壊するのが見過ごせません」……ヨシやオギをケナフが駆逐しないかと心配だった。あるケナフの会のホームページを見たが、生態系への影響には全く触れてなかった。

21 シュナイダー『地球温暖化の時代―気候変化の予測と対策』前掲訳書、二八一頁。
22 シュナイダー『地球温暖化の時代―気候変化の予測と対策』前掲訳書、三三三頁。
23 朝日新聞、二〇〇〇年九月二六日。

2 抑止力と恐喝管理による未来――もし……しなければ

二〇〇一年の成人式が、全国的に荒れ模様になった話は有名である。新聞もまた、「大荒れ成人式」[†1]といった見出しを掲げ、その様子を報じている。その記事によると、「各地で開かれた成人式で飲酒をしたり、やじを飛ばしたり、クラッカーやおもちゃの鉄砲を壇上に向けて撃ったりする新成人が相次」いだとのことである。高松市の成人式では、「五人を威力業務妨害の容疑で高松地検に送検、同地検では五人全員について十日間の拘留を高松地裁に求める方針」[†2]という事態にまで発展したらしい。その理由は、「市長に向けてクラッカーを鳴らし、打ち殻を投げつけるなど身体的危機感を与えたうえ、式の進行を妨害した」[†3]というものである。当然のことながら、新成人のこのような態度には、各方面から非難の声が浴びせられた。たとえば、河上和雄氏は、「放置すれば、公の場では何をしてもかまわないという風潮を助長することになり、今後の成人にも影響を与える」[†4]とのコメントを寄せている。実際、演壇上の市長に向けてクラッカーを鳴らすなど、大人のやるような行為ではなく――どの程度の罰が妥当であるのかは別としても――批判を受けるのは当然であろう。それでは、壇上の国務次官にパイを投げつけるというのはどうであろうか。

大荒れの成人式の四〇数日前、オランダのハーグでは、気候変動枠組み条約第六回締約国会議（C

OP6）が開催されていた。一一月二二日、ハーグの国際会議場の記者会見室で、次のような出来事が起こったのである。

気候変動枠組み条約第六回締約国会議（COP6）で二二日夕、米政府代表団の記者会見の開始直後、女性活動家が声明を読み上げていた米国のフランク・ロイ国務次官の顔にパイを投げつけた[†5]。

この出来事に対しては、非難の声は全く報じられていない。新成人の乱行に対しては批判的だった新聞各紙が、この行為には何の批判も加えていないのである。なぜだろう。クラッカーはいけなくて、パイはよいのだろうか。理由は、そんなことではない。もし、パイなら許されるというのであれば、来年から、成人式に出席する若者たちはパイを持って行けばいいことになってしまう。これら二つの出来事の違いは、一方が、地球温暖化阻止という錦の御旗の下で行われたということにある。地球温暖化阻止という旗印があれば、多少のことは許されてしまうような構図が、この世界に成立しているのである。たしかに、パイを投げつけた活動家は、本心から地球の将来を心配し、言わば人類救済計画の一環としてこのような行為を行ったのかもしれない。その善意自体は、否定すべきものではない。だが、だからと言って、一国の代表にパイを投げつけてもよいのだろうか。

地球温暖化問題に対して反論を唱えることは容易ではない。そこには、反論しがたいような構図が成立しているのである。その理由は、人為的温暖化論者たちに権威があるからだとか、温暖化論者が多数派だからといったものではない。また、地球温暖化論者諸氏が特に不寛容だというわけでもない。そこには、もっと根の深い、社会的構造に由来する理由がある。人為的温暖化論に異議を唱えようとすると、おそらく、次のような答えが返ってくるだろう。もし何の対策も取らなければ、ひょっとしたら全球平均気温が五℃以上も上昇してしまうかもしれないのですよ、と。未来の詳細は誰にも分からない以上、これには反論できない。この「もし何の対策も取らなければ……」という論法自体に、反論や反対を封じてしまう抑止力が潜んでいる。そして、この種の抑止力が、今やわれわれの社会全体に浸透しつつあるのである。

地球温暖化問題は、われわれに対して、得体の知れない抑止力を発揮している。少なくとも、社会の圧倒的大多数の人間にとっては、そのような現実として経験されているのである。実際、シュナイダー氏は——たとえ彼自身の意図がどうであれ——地球温暖化対策の本質を、「抑止」という言葉にたとえている。シュナイダー氏の記述を読んでみよう。

……四℃以上の温暖化になって、異変が起こりかねない確率が、小さいながら、見過ごせない程度にあるというのだ——一〇℃以上もの温暖化が起きる、まさに気候異変のシナリオを描いた者もいた。……大災害が起きる可能性が一〇パーセントとなれば、ビジネス界のリーダーや個人は、当然ながら、保険に入ってその結果としてこうむる被害を回避しようという気になるか、あるいは、その可能性を縮小させる対策に乗りだそうとするだろう（戦略安全保障にたずさわる人びとの討論では、「抑止（deterrence）」という言葉が使われる）[†6]。
言葉の上では——昇温の予測数値は別として——ごく常識的なことを述べているように見えよう。最近流行の「後悔しない対策（ノー・リグレット・ポリシー）」の典型のような考え方である。だが、この「後悔しない」という言辞が曲者なのだ。将来になって「後悔しない」ようにという言い方は、将来を人質に取る論法だ。これこそ、典型的な抑止なのである。ここで、抑止（dissuasion〔仏〕／deterrence〔英〕＝抑止力）とはいったい何なのか、もう少し詳しく説明しておく必要があろう。フランスの社会学者ジャン・ボードリヤール氏は、「抑止」の本質を次のように解説している。

> 脅迫は禁止より悪質だ。抑止は処罰より悪質だ。抑止にあってはもはや次のようには言わない、《そんなことはしてはいけません》。そのかわりに《もしそうしなければ……》と。しかもそれ以上は言わない——もしかしたら何かが起こりうるというおびえが宙ぶらりんになったままだ。……このことは禁止という暴力を拠りどころにしていたタイプとは全く違ったタイプの人間関係と権力を生み出す[†7]。

さらに、ボードリヤール氏は、「人質と恐喝は抑止力のもっとも純粋な産物[†8]」であることも指摘している。少し分かりにくいかもしれないので、身近なたとえ話で説明しよう。

ちっとも勉強しない子どもに、「遊んでばかりではいけません！」と叱りつけたり、玩具を取り上げたり、無理やり机の前に連れて行ったりするのは、古典的なやり方である。これは——その善し悪しは別として――強制や命令や暴力であっても、抑止ではない。抑止というのは次のようなやり方だ。

高校受験が近いのに遊んでばかりいる中学生に、コンピュータのディスプレイを見せる。このコンピュータ・システムは、世界の第一線の科学者たちによって開発されたものである。そこには、ボロをまとって肩を落としながら、あてもなくトボトボ歩く一人の人物の姿が映し出されている。それは、この中学生の将来像のモデル予測である。もし勉強しなければ将来はこうなるかもしれませんよ、という予言である。その上で、いくつかのシナリオが示される。このまま遊び呆けた場合、少しは努力した場合、最大限の努力をした場合……というオプションが提示されるのである。そして、このような予測を見せられた中学生が、受験勉強を始めたならば、そのように仕向けた力こそが、まさに抑止力なのである。抑止にあっては、「遊んでばかりではいけません」とは言わない。強制も命令も体罰もない。その代わりに、「もしこのまま遊び続ければ……」と言うのである。この中学生は、将来の自分自身を人質に取られている。すなわち、もし勉強しなければ、この人質（＝将来の自分）を見殺しにするかもしれませんよ、という恐喝を受けているのである。

もちろん、コンピュータ予想が正しいのか否か、本当のところは誰にも永遠に分からない。もしかしたら正しいかもしれないという、宙ぶらりんの不安感だけが与えられるのである。そもそも、複数のシナリオが提示されたにしても、実現しうるのはそのうちの一つだけであって、他のシナリオが当たったのかどうかは判定しようがない。また、この中学生が遊び呆けたままで、予測どおり実際に暗い将来にたどり着いたとしても、それは予想を見せられて無気力になった結果に過ぎないのかもしれない。予測さえ見ていなければ、結果は変わっていたかもしれないのである。いずれにせよ、予測そのものが当たるかどうかは、誰にも分からないし、検証しようがない。[†9] しかし、たとえ予測が外れる可能性があるにせよ、後悔しない人生を送るには……という形の抑止力は作用する。これに反論するのは、非常に難しい。

温暖化問題に戻ろう。シュナイダー氏は、トロント会議の声明文を作成する際、「『……すべき』という強圧的な書き方にはせず、提案という形[†10]」を取るように主張したとのことである。そして、気候変化の影響を論じる文脈では、「『もし……したらどうなるか』の問題を詳しく取り上げてみようではないか[†11]」とした上で論を展開している。事態はもはや明らかであろう。そう、食糧配給制だとか衣料品切符制のような強制的命令は決して発しないのである。「『……すべき』という強圧的な」言い方もしない。その代わりに、「もし……したらどうなるか」と言うのである。たとえシュナイダー氏自身の意図がどうであれ、これこそ、まさに抑止の典型的な戦略に他ならない。そして、地球温暖化論が人質に取っているのは、われわれ自身の子孫である。次の記述を読んでみよう。シュナイダー氏は、自らの著書を締めくくるに当たって、次のように述べているのである。

最後に、いままで議論してきた大気の問題に関連して、倫理的な問いかけがある。すなわち、積極的に防止策や対抗策を講じないまま、あるいは少なくとも予測しようとしないままに未来の世代を空前の大変動のなかに放り出す権利が、われわれにあるのだろうか、という問いである。……やがて地球温暖化の時代を引き継ぐ子どもたちから、地球温暖化の時代が始まるときにわれわれが何をしたか――あるいは、しなかったか――をたずねられたら、われわれは何と答えればいいのだろうか。[†12]

この倫理的な問いかけこそが、抑止力を作動させているのである。すなわち、人質を取った上で、人々の不安に訴えているのである。もし温暖化対策をしなければ、自分たちの子や孫の将来を見殺しにするかもしれませんよ、というわけである。われわれは皆、先の例における中学生と同じなのだ。コンピュータ予想のシナリオを示され、宙ぶらりんの不安にさらされている。すなわち、コンピュータ予想によると人類の将来にとって破壊的な危機が発生する可能性がありますよ、今すぐ対策を立てなければどうなるか分かりませんよ、と脅迫されているのである。このようなシナリオを見せられて、人々が「エコ・コンシャス」に仕向けられたとき、その背後には、静かだが、逃れがたい抑止力が働いているのである。さらに、温暖化対策のためと言われれば、堤防の大建設や新税の徴収や原子力推進(これには他の環境問題が絡むので例外かもしれない)に対しても、正面から異議を唱えることが難しくなる。抑止力が国家権力のレベルで作用すると、このような事態になる。金属回収令や食糧配制のような直接的な禁止や強圧的な命令は何もないが、静かな動きが、着々とわれわれを取り囲んでゆくのである。

もちろん、人為的温暖化論者に悪意や支配欲があるわけではないのであろう。むしろ、善意と良心を持って行動していることは認めてもよい。だが、意図がどうであれ、人為的な行為が社会に影響を与えていることもまた、事実なのである。産業革命を担った人々が、何も人為的地球温暖化を企てていたのではないのと同じことである。いずれにせよ、この種の抑止力は、われわれの社会に少しずつ浸透しつつある。自分たちの子孫を人質に取られ、不安になり、環境保護的な行為に走らずにはいられないような状況が生み出され、それによって、「エコストレス」を抱え込む人々さえ出てきているのである。たとえば、次の記述を読んでみよう。

> ダイオキシン、環境ホルモン、地球温暖化など、環境悪化の報道は連日やむことがない。危機感を持って、環境に優しいエコライフを研究、実践する人たちも増えているが、それを巡って、実は様々なストレスが生まれている。[†13]

具体的には、「サークルのエコ仲間一〇人のうち、ただ一人、生ゴミの堆肥処理をしていない」人が「負い目」を感じているだとか、ゴミ分別が不完全だった人が、「中途半端で、自分勝手なエコ」を「情けないとも思う」と語っているといった例があげられている。[†14] また、「地球に優しいんだから、家や服が汚くても平気、と割り切ればいいのですが、いい格好をしたいという見えも捨てきれない」[†15] といった悩みも紹介されている。この人は、窓拭きに合成洗剤を使ってしまったことを悔い、「これで、どこかの川の魚が死んじゃうのかも」とため息をついているとのことである。まさに、ほとんど強迫観念とも言うべきストレスであろう。抑止力は、高圧的な命令はしない。力ずくの強制もしない。禁止もしない。その背後に悪意や暴力があるわけでもない。それでいながら、誰も反論や反対ができないような状況を静かに生み出している。しかも、「これからは人間の良識が環境政策を支配していくだろう[†16]」などと言われれば、良識的でありたいと思えば思うほど、誰もそれに逆らえなくなるだろう。われわれは、何が禁じられているわけでもないのに、豪華な大型自動車を買うことに負い目を感じ、こっそりと冷房を強め、隠れて残飯を捨てるようになる。そして、もしかしたら、自分の「エコ・コンシャス」ぶりを示すためにハイブリッドカーを買って、必要もないのに乗り回すのかもしれない。

われわれは、今、このような抑止力管理の社会へと進みつつある。この方向性の、少なくともその一部分は、人為的地球温暖化問題等の環境問題によってもたらされたものである。言うまでもなく、地球環境を守ることは大切である。そのための行動は必要である。そして、多くの善意が、その行動を支えている。だが、その社会的副作用は、非常に不気味である。たとえ環境が守られたにしても、われわれは、予言機械（コンピュータ・シミュレーション）のもたらす抑止力に従属するような人間生活を容認できるのであろうか。それは、極端に言えば、全てが予知され、全てが管理され、全てが保険にかけられ、生まれる前から死ぬまでの計画が立てられているような社会である。そして、その管理された計画に逆らうことが許されない抑止的社会でもある。実際、シュナイダー氏は、「予防原理[†17]」

を提唱し、「地球環境をコントロールする」[18]こと、「地球という惑星を管理する」[19]こと、「気候変化の脅威をコントロールする」[20]ことなどを主張している。あらゆることをコンピュータで予測し、この地球全体を予防原理に基づいて完全管理しようというわけである。それは、完全なる自然をコンピュータ管理によって復元した人工物としての自然のような世界であろう……。これから先、地球温暖化論、およびそれが語りかける危機と対策は、人類の未来社会についてどのような影響を与えるのだろうか。温暖化対策がもたらす未来は、完全に管理された惑星、詳細に予見された未来、保険に守られながら決められたシナリオを忠実にたどるだけの生活……かもしれない。いや、こんなことを考えても致し方ないのかもしれない。残酷な未来というものがあるのではなく、未来は、それが未来だということで、すでに本来的に残酷なのだから。

反論が聞こえてきそうである。そんなことをいくら言っても、もし温暖化対策をしなければ大変なことになるかもしれないんだぞ、と。

注

1　朝日新聞、二〇〇一年一月九日。
2　朝日新聞、二〇〇一年一月一三日夕刊。
3　朝日新聞、二〇〇一年一月一一日。
4　朝日新聞、二〇〇一年一月一二日。

5 朝日新聞、二〇〇一年一一月二四日。
6 スティーヴン・シュナイダー『地球温暖化で何が起こるか』田中正之訳、草思社、一九九八年、二五三頁。
7 ジャン・ボードリヤール『宿命の戦略』竹原あき子訳、法政大学出版局、一九九〇年、五〇頁。
8 ジャン・ボードリヤール『湾岸戦争は起こらなかった』塚原史訳、紀伊國屋書店、一九九一年、一七頁。
9 いわゆるY2K問題（西暦二〇〇〇年にコンピュータが誤作動するといわれた問題）を思い出そう。大きな混乱はないと予測した人は、やはり何も起きなかったではないか、と言う。一方、大混乱を懸念していた人は、われわれが対策を立てたから助かったのだと言う。大混乱が起きなかったのは、対策を立てたからなのか、対策を立てなくてもよかったのか、誰にも検証しようがないのである。
10 スティーブン・H・シュナイダー『地球温暖化の時代―気候変化の予測と対策』内藤正明・福岡克也監訳、ダイヤモンド社、一九九〇年、三一七頁。
11 シュナイダー『地球温暖化の時代―気候変化の予測と対策』前掲訳書、一五五頁。
12 シュナイダー『地球温暖化の時代―気候変化の予測と対策』前掲訳書、三三三頁。
13 向井香・江口和裕「エコストレスひそかな悲鳴」『アエラ』二〇〇一年四月九日号（八―一一頁）、九頁。
14 向井・江口「エコストレスひそかな悲鳴」『アエラ』前掲記事、九―一〇頁。
15 向井・江口「エコストレスひそかな悲鳴」『アエラ』前掲記事、一一頁。
16 シュナイダー『地球温暖化の時代―気候変化の予測と対策』前掲訳書、二八七頁。
17 シュナイダー『地球温暖化で何が起こるか』前掲訳書、二〇一頁。
18 シュナイダー『地球温暖化で何が起こるか』前掲訳書、一七頁。
19 シュナイダー『地球温暖化で何が起こるか』前掲訳書、二〇〇頁。
20 シュナイダー『地球温暖化の時代―気候変化の予測と対策』前掲訳書、iii頁。

おわりに

なぜこんな本を書かねばならなかったのか、自分でもよく分からない。ただ、書かずにはいられなかった。そして、こんなに苦しい仕事になるとは、思っても見なかった。ともかく、私の仕事はこれで終わった。これから先、もう二度と地球温暖化問題に関して発言することもないだろう。瓶に詰めた手紙を海に流すように、今、私はこの本に別れを告げている。願わくは、一人でも、二人でも、本書の挑戦を乗り越えてゆく人が現れて欲しい。今はただ、それだけである。

なお、一冊の書物は、著者一人の力で出来上がるものではない。本書は、八千代出版企画部の山竹伸二さん、同編集部の中澤修一さんと共に作ったものである。

薬師院仁志

薬師院仁志（やくしいん・ひとし）
一九六一年大阪に生まれる。
京都大学大学院博士後期課程中退。
京都大学助手を経て、
現在、帝塚山学院大学教授。
専攻：社会学。

地球温暖化論への挑戦

二〇〇二年 二月一五日第一版一刷発行
二〇〇九年一二月二五日第一版四刷発行

著　者―薬師院仁志
発行者―大 野 俊 郎
発行所―八千代出版株式会社
〒一〇一-〇〇六一　東京都千代田区三崎町二-二-一三
TEL　〇三-三二六二-〇四二〇
FAX　〇三-三二三七-〇七二三
振　替　〇〇一九〇-四-一六八〇六〇
印刷所―㈱ 誠 信 社
製本所―渡邊製本㈱
＊定価はカバーに表示してあります。
＊落丁・乱丁本はお取替えいたします。

ISBN978-4-8429-1228-8